职业教育
计算机
系列教材

MySQL数据库
项目案例教程

（微课视频版）

主　编◎黄传禄　柯　华　陈宁霞
副主编◎叶晶晶　余燕萍　吴　刚

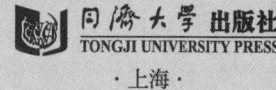

·上海·

内 容 简 介

本书从技术应用出发，以企业"在线购物商城"项目为载体，以任务驱动、工单引领的方式展开，通过大量案例深入浅出、循序渐进地介绍了数据库基础、MySQL 实训环境的搭建、数据库的创建和管理、表与数据管理、数据查询、视图与索引、MySQL 编程、MySQL 日志管理、数据库安全与性能优化和访问 MySQL 数据库。全书按照专业教学标准，对照岗位职业要求，根据职教学生认知规律，围绕"数据库设计—数据库创建—数据库实施—数据库运行和维护"的工作过程设计了 10 个教学项目、30 个工作任务及相应任务工单，力求让读者在短时间内掌握 MySQL 数据库管理方法和应用技术。本书有丰富的配套资源，包括微课视频、课件、代码数据等，读者可扫描书中二维码获取。

本书适合作为普通本科和高职高专 MySQL 程序设计相关课程的教材，同时也可供各类数据库管理人员、数据库开发人员以及程序员使用。

图书在版编目(CIP)数据

MySQL 数据库项目案例教程：微课视频版/ 黄传禄，柯华，陈宁霞主编. -- 上海：同济大学出版社，2023.12
ISBN 978-7-5765-0983-0

Ⅰ.①M… Ⅱ.①黄… ②柯… ③陈… Ⅲ.①SQL 语言-数据库管理系统-教材 Ⅳ.①TP311.132.3

中国国家版本馆 CIP 数据核字(2023)第 224472 号

MySQL 数据库项目案例教程(微课视频版)

主　编　黄传禄　柯　华　陈宁霞
副主编　叶晶晶　余燕萍　吴　刚

责任编辑	张　莉
助理编辑	屈斯诗
责任校对	徐逢乔
封面设计	渲彩轩

出版发行	同济大学出版社　　www.tongjipress.com.cn	
	(地址：上海市四平路1239号　邮编：200092　电话：021-65985622)	
经　　销	全国各地新华书店	
排　　版	南京月叶图文制作有限公司	
印　　刷	启东市人民印刷有限公司	
开　　本	787mm×1092mm　1/16	
印　　张	17.75	
字　　数	432 000	
版　　次	2023 年 12 月第 1 版	
印　　次	2024 年 12 月第 2 次印刷	
书　　号	ISBN 978-7-5765-0983-0	

定　　价　68.00 元

本书若有印装质量问题，请向本社发行部调换　　　版权所有　侵权必究

前　言

党的二十大报告指出，"教育、科技、人才是全面建设社会主义现代化国家的基础性、战略性支撑"。为了深入贯彻党的二十大对高等教育和教材建设的精神，根据《国家职业教育改革实施方案》提出的"三教"改革要求，本书针对当前各高校对"MySQL 数据库应用技术"课程数字化建设的需要，由长期从事数据库教学的一线教师和企业工程师总结多年教学和实践经验编写而成。

课件及脚本
数据下载

大数据时代，数据库技术成为现代科技发展的重要组成部分。MySQL 作为目前流行的关系型数据库管理系统，由于其体积小、稳定性高、跨平台、速度快、开放源码等优点，是中小型网站开发首选的数据库产品，也是目前各类院校学习数据库技术的首选数据库产品。为了能够更好地满足职业岗位的需求，本书编写组与企业深度合作，以推动"岗课赛证融通"、培养高技能人才为目标编写本书。本书以企业"在线购物商城"数据库管理和维护为主线，依据主线创设真实的工作任务。

本书的编排特色如下：

1. 结合企业的"在线购物商城"项目，贯穿数据库中的每个知识点，让读者能够在其中真正通过企业项目、实战案例掌握数据库的核心知识点。

2. 结构合理。从全新的项目角度出发，以"项目导读—项目目标—思政小课堂—任务工单—相关知识—任务实施"的结构形式，全面介绍了 MySQL 数据库的在企业中的实际应用。

3. 教材内容结合企业实际案例，融入思政元素，在每个任务下设有任务工单，在内容上力求由浅入深、循序渐进、突出重点，每个任务实施步骤详尽，图文并茂，让读者更易理解，充分体现教材育才和育人的功能。

4. 课证融合，强调实践能力的培养。每个项目后面都安排了自测习题和项目拓展实训，并在其中融入了"1+X"证书和数据库系统工程师考试相关真题，达到课证融合，满足实际应用需求。

5. 配套资源丰富、方便教学。本书配套微课视频、电子课件、课程标准、数据库文件等教学资源，同时在超星学习通上上传全套的课程学习资源。利用本书资源，教师可开展线上与线下相结合的教学活动。

本书由黄传禄、柯华、陈宁霞担任主编，叶晶晶、余燕萍和吴刚担任副主编，黄传禄负责全书的统稿工作。黄传禄负责项目 7、8 的编写，柯华负责项目 3、10 的编写，陈宁霞负责项目 6、9 的编写,余燕萍负责项目 1、2 的初稿编写,吴刚负责项目 1、2 的修订,叶晶晶负责项目 4、5 的编写。本书在编写过程中得到了校企合作企业天心天思集团、江西优凯科技有限公司等的大力支持,并参考了大量的相关文献,在此表示诚挚的谢意。

由于编者水平有限,加上时间仓促,书中不足之处在所难免,敬请广大读者批评指正。

编　者

2023 年 10 月

目　录

前言

项目 1　认识数据库 ··· 1
　　任务 1.1　初识数据库基础 ·· 2
　　任务 1.2　认识 MySQL 数据库 ··· 14
　　项目拓展实训　数据库设计 ·· 18
　　项目小结 ··· 22
　　自测习题 ··· 22

项目 2　MySQL 实训环境的搭建 ·· 24
　　任务 2.1　MySQL 服务器的安装与配置 ·· 25
　　任务 2.2　常用图形化管理工具安装与使用 ··· 34
　　项目拓展实训　数据库配置和图形化工具的安装与使用 ································ 39
　　项目小结 ··· 40
　　自测习题 ··· 40

项目 3　"在线购物商城"系统的数据库创建和管理 ·································· 41
　　任务 3.1　"在线购物商城"系统的数据库创建 ·· 42
　　任务 3.2　"在线购物商城"系统的数据库管理 ·· 51
　　项目拓展实训　数据库的创建与管理 ·· 55
　　项目小结 ··· 56
　　自测习题 ··· 56

项目 4　"在线购物商城"系统的表与数据管理 ··· 58
　　任务 4.1　"在线购物商城"系统的表创建 ·· 59
　　任务 4.2　"在线购物商城"系统的表管理 ·· 70
　　任务 4.3　"在线购物商城"系统的表记录操作 ·· 77
　　项目拓展实训　数据表与数据管理 ··· 83
　　项目小结 ··· 87
　　自测习题 ··· 87

项目 5　"在线购物商城"系统的数据查询 ·· 89
　　任务 5.1　"在线购物商城"系统的简单查询 ·· 90
　　任务 5.2　"在线购物商城"系统的连接查询 ·· 99
　　任务 5.3　"在线购物商城"系统的嵌套查询 ··· 104
　　任务 5.4　"在线购物商城"系统的合并查询 ··· 108
　　项目拓展实训　数据综合查询 ·· 110
　　项目小结 ··· 113
　　自测习题 ··· 113

项目 6　"在线购物商城"系统视图和索引的创建与管理 ·································· 115
　　任务 6.1　"在线购物商城"系统的视图创建与管理 ································· 116
　　任务 6.2　"在线购物商城"系统的索引创建与管理 ································· 128
　　项目拓展实训　视图和索引的操作 ··· 138
　　项目小结 ··· 139
　　自测习题 ··· 139

项目 7　"在线购物商城"系统的 MySQL 编程 ··· 141
　　任务 7.1　MySQL 编程基础知识 ··· 142
　　任务 7.2　"在线购物商城"系统的存储过程创建与管理 ························ 160
　　任务 7.3　"在线购物商城"系统的函数创建与管理 ································ 167
　　任务 7.4　"在线购物商城"系统的触发器创建与管理 ···························· 173
　　任务 7.5　"在线购物商城"系统的游标创建与使用 ································ 179
　　任务 7.6　事件的创建与管理 ··· 184
　　项目拓展实训　MySQL 综合业务数据处理 ··· 189
　　项目小结 ··· 191
　　自测习题 ··· 192

项目 8　"在线购物商城"系统的 MySQL 日志管理 ····································· 195
　　任务 8.1　二进制日志管理 ··· 196
　　任务 8.2　错误日志管理 ··· 202
　　任务 8.3　通用查询日志管理 ··· 205
　　任务 8.4　慢查询日志管理 ··· 208
　　项目拓展实训　MySQL 日志操作 ··· 211
　　项目小结 ··· 211
　　自测习题 ··· 212

项目 9　"在线购物商城"系统的数据库安全与性能优化 ······························· 213
　　任务 9.1　"在线购物商城"系统数据库用户与权限 ································ 214
　　任务 9.2　"在线购物商城"系统数据库备份和恢复 ································ 227

任务 9.3 "在线购物商城"系统数据库性能优化 ………………………… 244
项目拓展实训 数据库安全与性能优化的操作 ………………………… 254
项目小结 ………………………………………………………………… 255
自测习题 ………………………………………………………………… 255

项目 10 "在线购物商城"系统数据库访问 ………………………… 257
任务 10.1 Python 访问"在线购物商城"系统的数据库 ………………… 258
任务 10.2 Java 访问"在线购物商城"系统的数据库 …………………… 266
项目拓展实训 开发语言访问操作 MySQL 数据库 …………………… 271
项目小结 ………………………………………………………………… 272
自测习题 ………………………………………………………………… 272

参考文献 ………………………………………………………………… 274

项目 1　认识数据库

 项目导读

　　数据库技术是计算机学科的一个重要分支,是各类信息系统的核心技术和重要基础,所有与数据信息有关的业务及应用系统都需要数据库技术的支持。本项目围绕数据库系统的基础知识而展开,详细介绍了数据库的基本概念、数据库的体系结构、关系型数据库的基本知识、数据库的设计方法、MySQL 数据库和结构化查询语言等内容,重点以"在线购物商城"数据库为教学案例,介绍了 MySQL 数据库的设计方法和步骤。这些内容对学习掌握 MySQL 数据库操作及应用开发是十分必要的。

 项目目标

➢ 知识目标
1. 了解数据库的相关概念。
2. 了解数据库的基本应用及系统体系结构。
3. 掌握关系型数据库设计。
4. 熟悉 MySQL 数据库的特点。
5. 掌握结构化查询语言。

➢ 技能目标
1. 能够根据具体的数据库系统的应用背景,科学、高效地进行系统的需求分析和功能分析。
2. 能够绘制 E-R 图,建立数据库概念模型。
3. 能够将 E-R 图转换为关系型数据模型。
4. 能够根据关系模式完成物理结构设计。

➢ 素质目标
1. 培养分析问题,解决问题和自主学习的能力。
2. 培养爱国情怀,强化责任意识。
3. 培养科学严谨、勇于创新的精神。

 思政小课堂

　　随着信息技术的迅猛发展,全球数字化浪潮席卷而来。我国在数字化转型中扮演着重要角色,推动了国内企业和机构对高效数据管理的需求。因此,发展国产数据库成为满足国内需求、提升自主创新能力的战略选择。国内数据库企业如华为、阿里云、腾讯云等,通过大力投入研发,不断提升国产数据库的技术水平,涵盖关系型数据库、分布式数据库、NoSQL 数据库等多个领域,具备高性能、高可用性和先进安全性。在市场方面,国产数据库逐渐占据国内市场份额,在国际市场上也取得了一定成就。

　　国产数据库的发展既面临着巨大机遇,也面临着严峻挑战,应不断追求技术创新,以更好地满足数字化时代的需求,推动我国数据库产业的全面发展。

任务 1.1　初识数据库基础

任务工单

完成创建"在线购物商城"数据库的设计任务,见任务工单 1-1。

任务工单 1-1　"在线购物商城"数据库设计

任务名称	"在线购物商城"数据库的设计		课时	
组别		成员	小组成绩	
学号		姓名	综合成绩	
任务情境	作为数据库系统初学者,首先需要了解数据库技术中的基本概念、数据库的基本应用及系统的体系结构。通过学习数据库设计的基本步骤和方法,设计满足客户需求的数据库。			
任务目标	1. 知识目标:深刻理解数据库设计中的基本概念和熟悉数据库设计的方法与步骤。 2. 技能目标:实现数据库系统的概念设计、逻辑设计和物理设计。 3. 素质目标:培养创造力和解决问题的能力,将理论知识与实际应用相结合;培养精益求精的工匠精神和勇于探索的创新意识。			
任务要求	按本任务后面列出的具体任务内容,完成数据库的设计。			
课前知识链接	1. 观看在线学习平台上发布的课前视频。 2. 完成课前发布的任务测试。			任务1.1课程预习
任务实施	(1) 在案例中分析实体、关系和联系,并绘制相关的 E-R 图。 (2) 基于 E-R 图,将其转换为关系模式。 (3) 基于关系模式,设计相应的表结构。			
任务实施总结				
	任务检查			
	1. 能否分析出案例中的实体、关系和联系,并绘制出相关的 E-R 图。 2. 能否根据 E-R 图转换关系模式。 3. 能否根据关系模式设计出对应的表结构。			
	任务评估			
任务检查与评估	评估项目	评估结果		
	是否小组合作完成任务操作	□是　　　　□否		
	能否独立完成任务操作	□不能　　□基本能够　　□能		
	自我评价任务操作	□仅能理解　　　　□不会操作 □会操作不理解　　□能理解会操作		
	改进措施			
任务点评				

 **相关知识**

1.1.1 数据库基本概念

数据库的基本概念包括信息、数据、数据库、数据库管理系统和数据库系统。了解这些概念可以很好地理解和使用数据库,实现高效的数据管理和利用。

1. 信息

信息(Information)是现实世界事物的存在方式或运动状态的反映,它通过符号(如文字、图像等)和信号(如有某种含义的动作、光电信号等)等具体形式表现出来。信息具有可感知、可存储、可加工、可再生等自然属性,是各行各业不可或缺的资源。

2. 数据

数据(Data)是描述事实、事件、对象或概念的符号化表示。在计算机科学和信息技术领域,数据通常以数字、文本、图像、声音等形式存在。数据是信息的基本形式,通过处理和分析数据,我们能够获得有用的信息,作出决策和判断。

3. 数据库

顾名思义,数据库(Database,DB)是一个存储数据的仓库,这个仓库在计算机存储设备中,且数据是按一定格式存放的。

所谓数据库,是指长期存储在计算机内、有组织的、可共享的数据的集合。数据库中的数据按照一定的数据模型组织、描述和存储,具有较小的冗余度、较高的数据独立性和较优的易扩展性,并可为各种用户共享。

4. 数据库管理系统

数据库管理系统(Database Management System,DBMS)是一种操纵和管理数据库的软件,用于建立、使用和维护数据库;能够提供数据录入、修改、查询操作;具有数据定义、数据操作、数据存储与管理、数据维护、通信等功能,且能够多个用户和应用程序同时访问数据库,而不会发生数据冲突。常见的数据库管理系统有 MySQL、SQL Server、Oracle、Oceanbase 等。

5. 数据库系统

数据库系统(Database System,DBS)是指计算机系统引入数据库后的系统。它能够有组织地、动态地存储大量的数据,提供数据处理和数据共享机制,一般由硬件、软件(操作系统、数据库管理系统、开发工具、数据库应用系统等)、数据库和用户构成。数据库系统的主要目标是提供一种高效、可靠、安全的数据管理方式。

1.1.2 关系型数据库设计

DBMS 所支持的数据模型分为 3 种:层次模型、网状模型和关系模型。在关系模型中,一个关系就是一张二维表格,通常将一个没有重复行、重复列的二维表格看成一个关系,每个关系都有一个关系名。二维表格的每一行在关系中称为元组(记录),二维的每一列在关系中称为属性(字段),每个属性都有一个属性名,属性值则是各元组属性的取值。关系型数据库是在关系模型基础上创建的数据库,是以二维表格来存储数据库的数据。

关系型数据库设计通常涵盖 6 个阶段:需求分析、概念结构设计、逻辑结构设计、数据库物理设计、数据库实施以及数据库运行和维护。在需求分析阶段,设计人员与用户合作,了解用户需求和业务流程。概念结构设计阶段将需求转化为概念模型,确定实体、属性和关系。逻辑结构设计阶段将概念模型转化为逻辑模型,确定关系模式和规范化。数据库物理设计阶段确定数据库的物理存储结构和索引方案。数据库实施阶段将设计好的数据库系统部署到实际环境中。数据库运行和维护阶段负责数据库的日常运行和维护工作。

数据库设计采用规范设计法,按照 6 个阶段进行设计和实施,如图 1.1 所示。

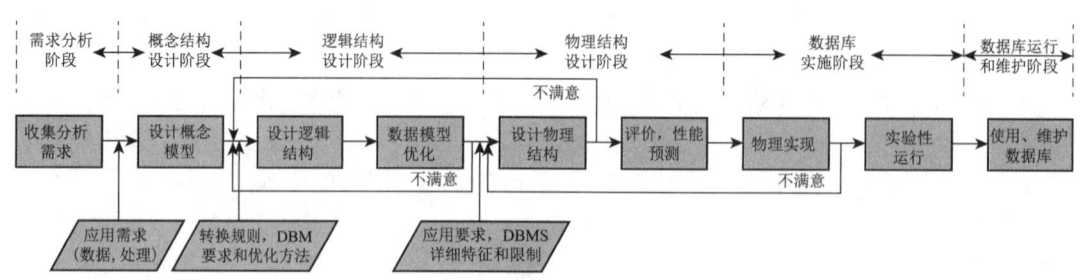

图 1.1 数据库设计过程

1. 需求分析

随着市场机制的日趋完善和商品经济全球化迅速发展,企业自主权不断增强,在来往贸易的商品销售过程中,销售管理系统的应用逐渐被企业重视,并渗透到经济和社会生活的方方面面。加之互联网环境下的信息爆炸,许多企业通过一些新旧媒介平台开展营销手段,其销售规模不断扩大,订单量也越来越多,因此在商品交易过程中会累积大量的客户资料信息、供应商资料信息、商品信息、订单信息等,销售管理系统对于各类企业、公司的重要性愈加凸显,该系统的主要功能有客户信息管理、供应商信息管理、商品信息管理、订单信息管理等。

需求分析阶段是销售管理系统数据库开发的第一个阶段,也是非常重要的一个阶段。这是设计数据库的起点,需求分析的结果准确反映用户的实际需求,直接影响后面各个阶段的设计,以及设计结果是否合理和实用。

以酒店管理系统为例,经过充分了解和分析系统的功能及需求,确定酒店管理系统数据库包括以下需求:

(1) 客户信息:{客户编号,客户姓名,客户性别,客户电话,客户地址,客户密码}。
(2) 供应商信息:{供应商编号,供应商名称,供应商电话,供应商地址,法人,供应商密码}。
(3) 商品信息:{商品编号,商品名称,商品数量,商品单价,商品型号,生产日期}。
(4) 订单信息:{订单编号,订单数量,订单价格,订单日期,订单状态}。
(5) 商品类型:{商品类型编号,商品类型名称 }。
(6) 信誉等级:{信誉等级编号,信誉等级}。

2. 概念结构设计

数据库概念结构设计是数据库设计的关键阶段,在这一阶段,主要是以需求分析中所识别的数据项、设计任务和现行系统的管理操作规则与策略为基础,确定销售管理系统中的实体和实体间联系,建立此系统的信息模式,准确描述此系统的信息结构。信息结构用实体、属性和实体之间的联系,即 E-R 图来描述。

(1) 实体:现实世界中客观存在的并可区分的事物。实体可以是人或物,如客户、商品、供应商等。实体用矩形表示,矩形内部填写实体名。

(2) 属性:每个实体都具有一定的特性,通过这些特性可区分每个实体。实体的特征称为属性。如客户属性有客户编号、客户姓名、客户性别等;商品属性有商品编号、商品名称、商品数量等。属性用椭圆来表示,椭圆内部填写属性名,并用无向边与实体连接。销售管理系统的实体属性如图 1.2~图 1.7 所示。

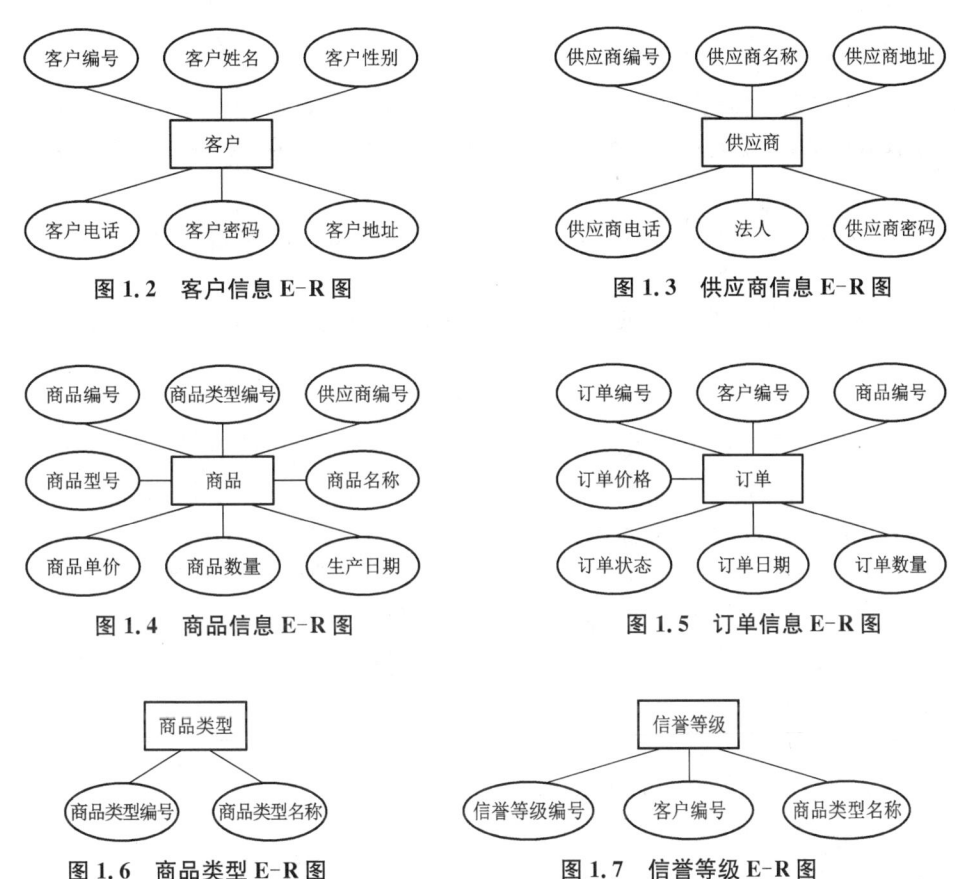

图 1.2 客户信息 E-R 图　　　　　图 1.3 供应商信息 E-R 图

图 1.4 商品信息 E-R 图　　　　　图 1.5 订单信息 E-R 图

图 1.6 商品类型 E-R 图　　　　　图 1.7 信誉等级 E-R 图

(3) 联系:现实世界中的各事物之间都是有联系的,如一个公司可以有多个职工。联系用菱形来表示,菱形内部填写联系名,并用无向边与实体连接,无向边上标注联系的类型,实体与实体之间联系类型有 3 种:一对一(1∶1)、一对多(1∶n)和多对多(m∶n)。销售管理系统实体之间的联系如图 1.8 所示。

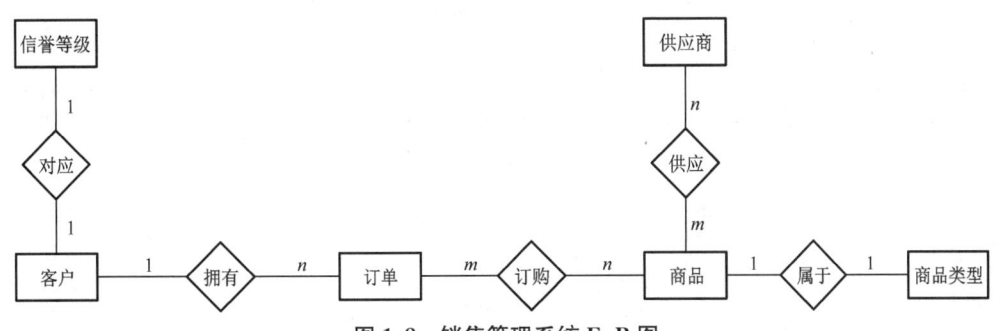

图 1.8 销售管理系统 E-R 图

3. 逻辑结构设计

逻辑结构设计是将概念结构设计阶段完成的概念模型转换成能被选定的 DBMS 支持的数据模型。本任务主要介绍如何将 E-R 模型转换为关系模型。

(1) E-R 模型向关系模型转换的规则

① 一个独立实体转换为一个关系模式，其属性转化为关系的属性，实体的码就是关系的码。

② 对于实体间的联系有以下不同的情况。

➤ 在 1∶1 联系的转换中，可以与任意一端对应的关系模式合并，如果与某一端实体对应的关系模式合并，则需要在该关系模式的属性中加入另一个关系模式的码和联系本身的属性。

➤ 在 1∶n 联系的转换中，只需为 n 对应的这一方的关系增加"1"方关系模式的码和联系本身的属性。

➤ 在 m∶n 联系的转换中，必须成立一个新的关系模式，关系的主键为各实体码的组合。

(2) E-R 图转换为关系模式

根据 E-R 模型图转换为关系模式的规则，一个独立实体转换为关系，其属性转换为关系模型的属性，实体的属性作为关系的模式的主键，用下划线标识；外键用波浪件标识。因此图 1.8 可转换为以下 6 个关系模式：

client(<u>客户编号</u>,客户姓名,客户性别,客户电话,客户地址,客户密码)；
supplier(<u>供应商编号</u>,供应商名称,供应商电话,供应商地址,法人,供应商密码)；
goods(<u>商品编号</u>,商品类型编号,供应商编号,商品名称,商品数量,商品单价,商品型号,生产日期)；
order(<u>订单编号</u>,客户编号,商品编号,订单数量,订单价格,订单日期,订单状态)；
goodstype(<u>商品类型编号</u>,商品类型名称)；
trustlevel(<u>信誉等级编号</u>,客户编号,信誉等级)；

4. 物理结构设计

物理结构设计是数据库设计过程中的一个重要阶段，可根据数据库的逻辑结构来选定 RDBMS(MySQL、SQL Server 等)，并设计和实施数据库的存储结构、存取方式、表、字段、数据类型、索引等。

仍以销售管理系统为例，对其进行物理结构设计。根据销售管理系统数据库逻辑结构设计，选择合适的数据类型，设计数据表结构，见表 1.1～表 1.6。

表 1.1 client 表(客户表)

字段名	类型	长度	是否空值	约束	备注
C_id	VARCHAR	20	NOT NULL	PRIMARY KEY	客户编号
C_name	VARCHAR	10	NOT NULL		客户姓名
C_sex	BIT		NOT NULL		客户性别
C_tel	VARCHAR	15	NOT NULL		客户电话

(续表)

字段名	类型	长度	是否空值	约束	备注
C_address	VARCHAR	100	NOT NULL		客户地址
C_password	VARCHAR	20	NOT NULL		客户密码

表1.2　supplier 表(供应商表)

字段名	类型	长度	是否空值	约束	备注
A_id	VARCHAR	20	NOT NULL	PRIMARY KEY	供应商编号
A_name	VARCHAR	30	NOT NULL		供应商名称
A_tel	VARCHAR	15	NOT NULL		供应商电话
A_address	VARCHAR	100	NOT NULL		供应商地址
A_corporation	VARCHAR	10	NOT NULL		法人
A_password	VARCHAR	20	NOT NULL		供应商密码

表1.3　goods 表(商品表)

字段名	类型	长度	是否空值	约束	备注
G_id	VARCHAR	20	NOT NULL	PRIMARY KEY	商品编号
T_ID	VARCHAR	20	NOT NULL	FOREIGN KEY	商品类型编号，关联 goodstype 表
S_ID	VARCHAR	20	NOT NULL	FOREIGN KEY	供应商编号，关联 supplier 表
G_name	VARCHAR	10	NOT NULL		商品名称
G_amount	int		NOT NULL		商品数量
G_price	FLOAT		NOT NULL		商品单价
G_mode	VARCHAR	10	NOT NULL		商品型号
S_date	DATE		NOT NULL		生产日期

表1.4　order 表(订单表)

字段名	类型	长度	是否空值	约束	备注
O_id	VARCHAR	20	NOT NULL	PRIMARY KEY	订单编号
C_id	VARCHAR	20	NOT NULL	FOREIGN KEY	客户编号，关联 client 表
G_id	VARCHAR	20	NOT NULL	FOREIGN KEY	商品编号，关联 goods 表

(续表)

字段名	类型	长度	是否空值	约束	备注
O_amount	INT		NOT NULL		订单数量
O_price	FLOAT		NOT NULL		订单价格
O_date	TIMESTAMP		NOT NULL	默认系统当前时间	订单日期
O_sate	CHAR	8	NOT NULL		订单状态

表 1.5　goodstype 表（商品类型表）

字段名	类型	长度	是否空值	约束	备注
Gs_id	VARCHAR	20	NOT NULL	PRIMARY KEY	商品类型编号
Gs_name	VARCHAR	30	NOT NULL		商品类型名称

表 1.6　trustlevel 表（信誉等级表）

字段名	类型	长度	是否空值	约束	备注
Tl_id	VARCHAR	20	NOT NULL	PRIMARY KEY	信誉等级编号
C_id	VARCHAR	30	NOT NULL	FOREIGN KEY	客户编号，关联 client 表
Tt_level	char	2	NOT NULL		信誉等级

5. 数据库实施

数据库实施阶段是建立数据库的实质阶段。在此阶段，设计人员根据逻辑结构设计和物理结构设计的结果建立数据库，编写与调试应用程序，将数据录入数据库，同时进行数据库系统的试运行。

6. 数据库运行和维护

数据库系统设计完成并试运行成功后，即可正式投入运行。数据库运行与维护阶段是整个数据库生存周期中最长的阶段。在此阶段，设计人员需要收集和记录数据库运行的情况，并根据系统运行中产生的问题及用户的新需求不断完善系统功能和提高系统的性能。

 任务实施

1. 任务内容

（1）分析"在线购物商城"案例中的实体、关系和联系，并绘制出相关的 E-R 图。
（2）根据 E-R 图转换为关系模式。
（3）根据关系模式设计出对应的表的结构。

2. 实施步骤

（1）基本需求分析

netbuy 是一个 B-C 模式的在线购物商城，该在线购物商城系统要求实现前台用户购物

和后台管理两大部分功能。前台购物系统包括会员注册、会员登录、商品展示、商品搜索、购物车、产生订单及会员资料管理等。后台管理系统包括管理用户、维护商品库、处理订单、维护会员信息和其他管理功能。

（2）概念结构设计

通过分析，得到该系统中的实体以及实体的属性，如图1.9所示。

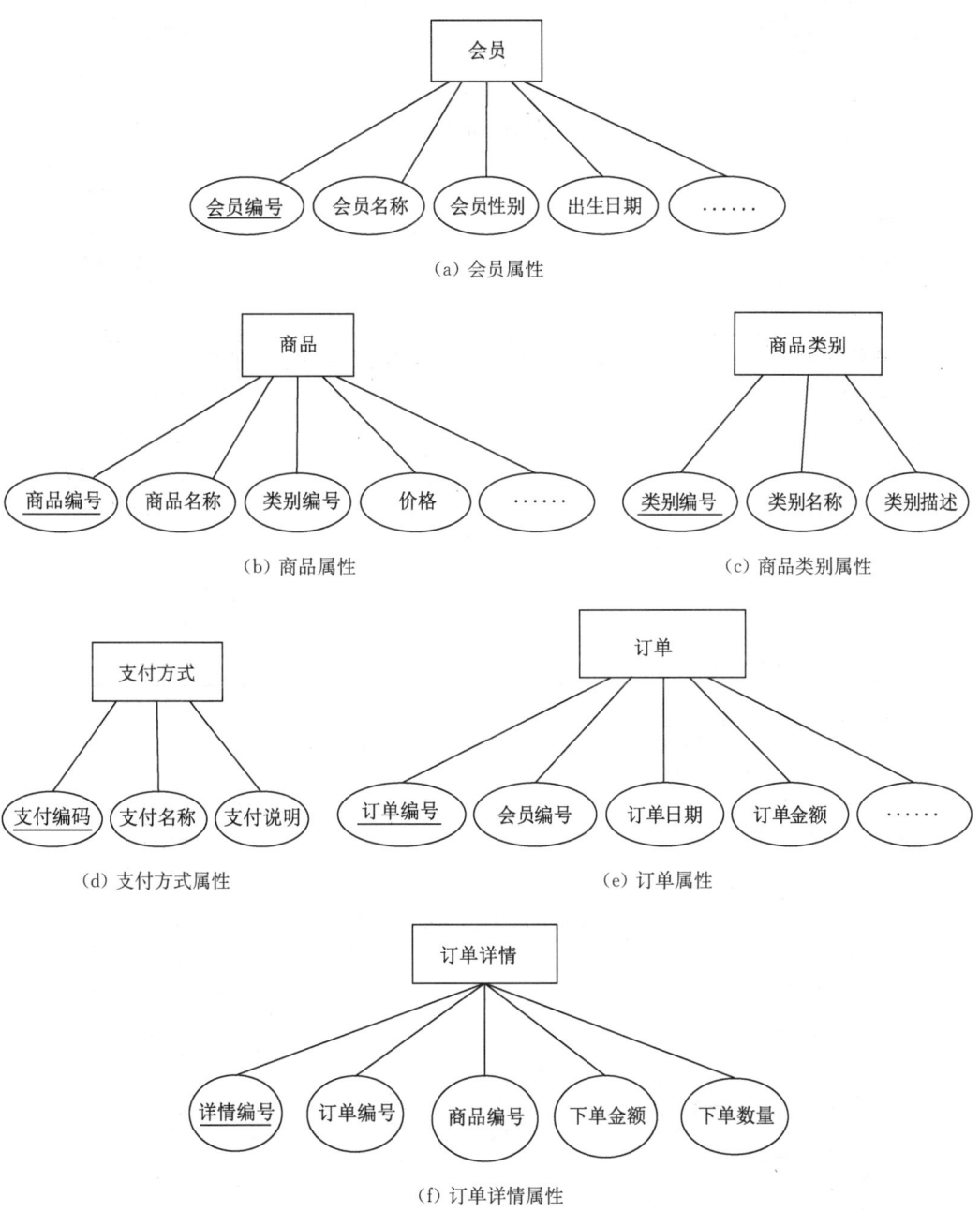

图1.9 "在线购物商城"系统中的属性

根据实体间的联系绘制出局部E-R图，如图1.10所示。

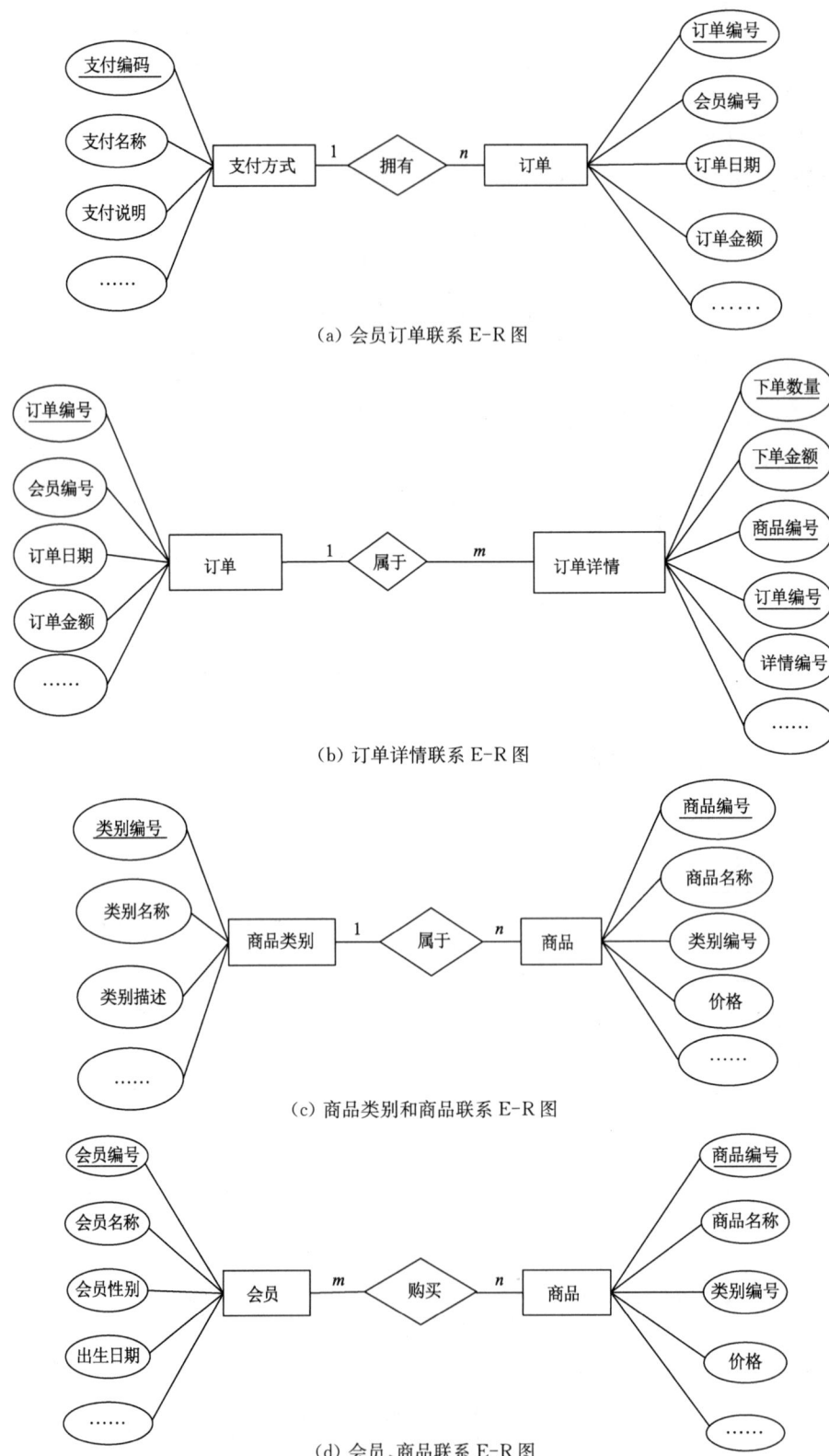

图 1.10 "在线购物商城"系统中的局部 E-R 图

各个局部 E-R 图进行合并,消除冗余后,形成基本 E-R 图,如图 1.11 所示。

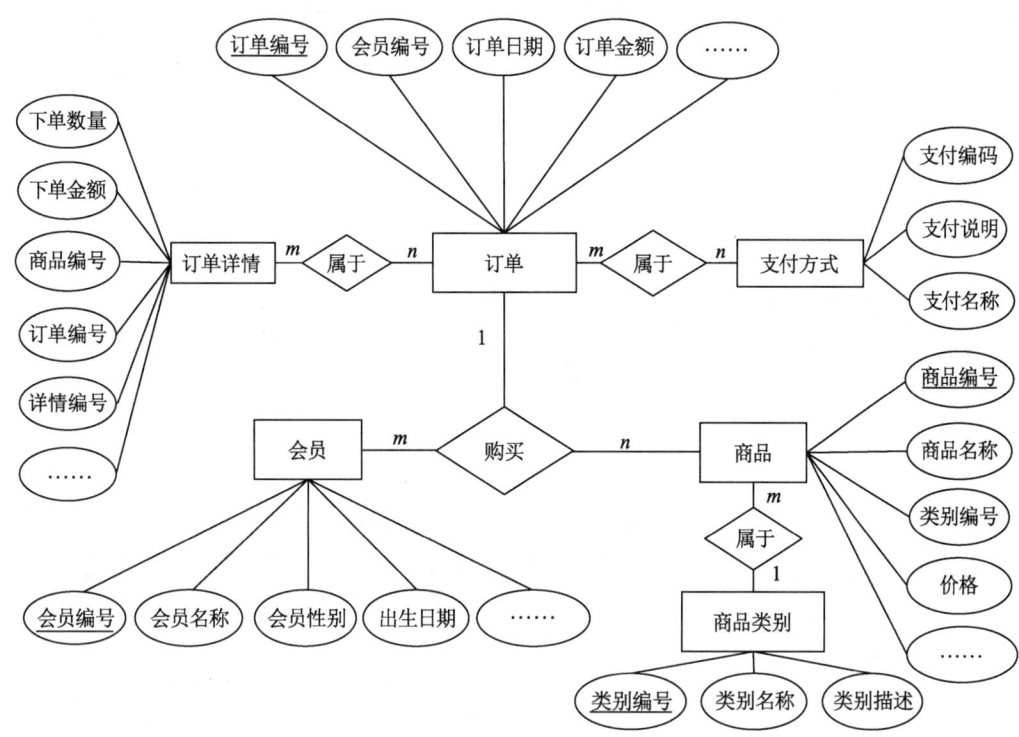

图 1.11 基本 E-R 图

(3) 逻辑结构设计

基本 E-R 图按规则转换,进行规范化处理并优化后的关系模式如下:

会员(会员编号、会员名称、会员性别、出生日期、身份证号、地址、电话、密码、会员类型(如普通或 VIP));

商品类别(类别编号、类别名称、类别描述);

商品(商品编号、商品名称、类别编号、价格、折扣、数量、生产日期、商品状况(热卖、促销、推荐)、商品描述);

支付方式(支付编号、支付名称、支付说明);

订单(订单编号、会员编号、订单日期、订单金额、送货方式、支付编号、订单状态);

订单详情(详情编号、订单编号、商品编号、下单金额、下单数量)。

(4) 数据库物理设计

数据库物理设计的 customers 表、type 表、goods 表、payments 表、orders 表及 ordersdetails 表见表 1.7~表 1.12。

表 1.7 customers 表(会员表)结构

字段名	类型	长度	是否空值	约束	备注
c_id	字符型	5	NOT NULL	主键	会员编号
c_name	变长字符型	30	NOT NULL	唯一键	会员名称

(续表)

字段名	类型	长度	是否空值	约束	备注
c_sex	枚举		NOT NULL		会员性别
c_birthday	日期型		NOT NULL		出生日期
c_cardid	变长字符型	18	NOT NULL		身份证号
c_address	变长字符型	80	NULL		地址
c_phone	变长字符型	11	NULL		电话
c_password	变长字符型	30	NOT NULL		密码
c_type	变长字符型	10	NOT NULL		会员类型(如普通或VIP)

表 1.8 type 表(商品类别表)结构

字段名	类型	长度	是否空值	约束	备注
t_id	字符型	3	NOT NULL	主键	类别编号
t_name	变长字符型	50	NOT NULL		类别名称(通信产品、电脑产品、日用商品、运动用品、礼品玩具、文化用品等)
t_desc	变长字符型	100	NULL		类别描述

表 1.9 goods 表(商品信息表)结构

字段名	类型	长度	是否空值	约束	备注
g_id	字符型	6	NOT NULL	主键	商品编号
g_name	变长字符型	50	NOT NULL		商品名称
t_id	字符型	2	NOT NULL	外键	商品类别编号
g_price	浮点型		NOT NULL		价格
g_discount	浮点型		NOT NULL		折扣
g_number	整型				数量
g_prodate	日期型		NULL		生产日期
g_status	变长字符型	8	NULL		商品状态(热卖、促销、推荐)
g_desc	变长字符型	30	NOT NULL		商品描述

表 1.10　payments 表（支付方式表）结构

字段名	类型	长度	是否空值	约束	备注
p_id	字符型	2	NOT NULL	主键	支付编号
p_mode	变长字符型	30	NOT NULL		支付名称
p_remark	变长字符型	100	NULL		支付说明

表 1.11　orders 表（订单表）结构

字段名	类型	长度	是否空值	约束	备注
o_id	字符型	13	NOT NULL	主键	订单编号
c_id	字符型	5	NOT NULL	外键	会员编号
o_date	日期型	2	NOT NULL		订单日期
o_sum	浮点型	40	NOT NULL		订单金额
o_sendmode	变长字符型	18	NOT NULL		送货方式（送货上门、快递）
p_id	字符型	80	NOT NULL	外键	支付方式
o_status	枚举型		NOT NULL		订单状态（审核中、发货中、已完结、取消）

表 1.12　ordersdetails 表（订单详情表）结构

字段名	类型	长度	是否空值	约束	备注
d_id	整型		NOT NULL	主键	详情编号
o_id	字符型	13	NOT NULL	外键	订单编号
g_id	字符型	6	NOT NULL	外键	商品编号
od_price	浮点型		NOT NULL		下单金额
od_number	整型		NOT NULL		下单数量

任务 1.2 认识 MYSQL 数据库

 **任务工单**

完成数据库系统对比任务,如任务工单 1-2 所示。

任务工单 1-2　数据库系统对比

任务名称	数据库系统对比			课时	
组别		成员		小组成绩	
学号		姓名		综合成绩	
任务情境	随着数据库的发展,各种各样的数据库出现了。这些数据库有哪些应用场景?各自又有什么特点?找出 3 个以上数据库系统(至少一个国产数据库系统),并比较它们的应用场景以及各自的特点。				
任务目标	1. 知识目标:对数据库有充分了解。 2. 技能目标:锻炼学生的查找能力。 3. 素质目标:培养学生坚持不懈、努力创新的爱国情怀。				
任务要求	按本任务后面列出的具体"任务内容",完成不同数据库系统的对比。				
课前知识链接	1. 观看在线学习平台课前发布的视频。 2. 完成课前发布的任务测试。 任务 1.2 课程预习				
任务实施	利用网络搜索整理出 3 个以上数据库系统(至少一个国产数据库系统)的应用场景以及各自的特点。				
任务实施总结					
任务检查与评估	任务检查				
	3 个以上数据库系统(至少一个国产数据库系统)的应用场景以及特点。				
	任务评估				
	评估项目	评估结果			
	是否小组合作完成任务操作	□是　　　□否			
	能否独立完成任务操作	□不能　　□基本能够　　□能			
	自我评价任务操作	□仅能理解　　　　　□不会操作 □会操作不理解　　　□能理解会操作			
	改进措施				
任务点评					

 相关知识

1.2.1 MySQL 概述

MySQL 是一个开源的关系型数据库管理系统(RDBMS),由瑞典 MySQL AB 公司开发,属于 Oracle 旗下产品。由于其体积小、速度快、成本低,尤其是开放源码这一特点,一般中小型和大型网站的开发都选择 MySQL 作为网站数据库。全球许多发展迅猛的行业巨头(如 Facebook、Google、Adobe、Alcatel Lucent、Zappos 等)都使用 MySQL 来支持其高流量网站、业务关键型系统和打包软件以节省时间和成本。

MySQL 所使用的 SQL 语言是用于访问数据库的最常用标准化语言。MySQL 软件采用了双授权政策,分为社区版和商业版。社区版可自由下载且完全免费,但官方不提供任何技术支持,适用于大多数普通用户。企业版不能自由下载且收费,该版本提供了更多的功能,可以享受完备的技术支持,适用于对数据库的功能和可靠性要求比较高的企业用户。

MySQL 版本更新非常快,从 MySQL 5.0 开始支持触发器、视图、存储过程等数据库对象。本书使用的版本为 MySQL 8.0。

相对其他数据库产品而言,MySQL 主要具有以下优势。

(1) 运行速度快:MySQL 体积小,执行命令速度快。

(2) 使用成本低:MySQL 是开源的,而且提供免费版本,对大多数用户来说大大降低了使用成本。

(3) 操作简易:与其他大型数据库的设置和管理相比,其复杂程度较低,易于用户使用。

(4) 可移植性强:MySQL 能够运行于多种系统平台上,如 Windows、Linux、UNIX 等。

(5) 适用于更多用户:MySQL 支持最常用的数据管理功能,适用于中小型企业甚至大型网站应用。

1.2.2 认识 MySQL 8.0

MySQL 8.0 是全球最受欢迎的开源数据库,此版本的 MySQL 得到了全面改进。下面简要介绍 MySQL 8.0 中值得关注的新特性和改进功能。

1. 性能

MySQL 8.0 的运行速度比 MySQL 5.7 快 2 倍,在读/写工作负载、I/O 密集型工作负载以及高竞争工作负载等方面具有更好的性能。

2. NoSQL

MySQL 5.7 版本开始提供 NoSQL 存储功能,目前在 MySQL 8.0 版本中这部分功能也得到了更大的改进。该项功能消除了对独立的 NoSQL 文档数据库的需求,而 MySQL 文档存储也为 schema-less 模式的 JSON 文档提供了多文档事务支持和完整的 ACID 合规性。

3. 窗口函数

MySQL 8.0 新增了一个窗口函数(Window Functions)的概念,它可以用来实现若干新的查询方式。窗口函数与 SUM()、COUNT()这种集合函数类似,但它不会将多行查询结果合并为一行,而是将结果放回多行中,即窗口函数不需要 GROUP BY。

4. 隐藏索引

在 MySQL 8.0 中，索引可以被隐藏和显示。当对索引进行隐藏时，它不会被查询优化器所使用。这个特性可以用于性能调试，例如可以先隐藏一个索引，然后观察其对数据库的影响。如果数据库性能有所下降，则说明这个索引是有用的，然后将其"恢复显示"即可；如果数据库性能看不出变化，则说明这个索引是多余的，可以考虑删除。

5. 降序索引

MySQL 8.0 为索引提供按降序方式进行排序的支持，在这种索引中的值也会按降序的方式进行排序。

6. 通用表表达式

在复杂的查询中使用嵌入式表时，使用通用表表达式（Common Table Expressions，CTE）使得查询语句更清晰。

7. UTF-8 编码

从 MySQL 8.0 开始，使用 utf8mb4 作为 MySQL 的默认字符集。

8. JSON

MySQL 8.0 大幅改进了对 JSON 的支持，添加了基于路径查询参数从 JSON 字段中抽取数据的 JSON_EXTRACT() 函数，以及用于将数据分别组合到 JSON 数组和对象中的 JSON_ARRAYAGG() 和 JSON_OBJECTAGG() 聚合函数。

9. 可靠性

InnoDB 现在支持表 DDL 的原子性，即 InnoDB 表上的 DDL 也可以实现事务完整性，要么失败回滚，要么成功提交，不会出现 DDL 时部分成功的问题，此外还支持 crash-safe 特性，元数据存储在单个事务数据字典中。

10. 高可用性

InnoDB 集群为用户的数据库提供集成的原生高可用性解决方案。

11. 安全性

MySQL 8.0 对 OpenSSL、新的默认身份验证、SQL 角色、密码强度、授权进行改进，提高了数据库的安全性。

1.2.3 认识结构化查询语言

结构化查询语言（Structured Query Language，SQL）是关系型数据库的标准语言，也是一个通用的、功能极强的关系型数据库语言。其功能不仅仅是查询，还包括数据库模式创建、数据库数据的插入与修改、数据库安全性完整性定义与控制等一系列功能。

SQL 是于 1974 年由博伊斯（Boyce）和钱伯林（Chamberlin）提出的，最初叫 Sequel，并在 IBM 公司研制的关系型数据库管理系统原型 System R 上实现。由于 SQL 简单易学，功能丰富，深受用户及计算机工业界欢迎，所以被数据库厂商所采用。后经各公司的不断修改、扩充和完善，SQL 得到业界的广泛认可。1986 年 10 月，美国国家标准局（American National Standard Institute，ANSI）的数据库委员会 X3H2 批准了 SQL 作为关系型数据库语言的美国标准，同年公布了 SQL 标准文本（简称 SQL-86）。1987 年，国际标准化组织（International Organization for Standardization，ISO）也通过了这一标准。

SQL 之所以能够为用户和业界所接受并成为国际标准，是因为它是一个综合的、功能极强同时又简洁易学的语言。SQL 集数据查询(Data Query)、数据操纵(Data Manipulation)、数据定义(Data Definition)和数据控制(Data Control)功能于一体,其主要特点包括以下 5 点。

1. 综合统一

SQL 语言综合统一,可以完成数据库活动中的全部工作,包括创建数据库、定义模式、更改和查询数据以及安全控制和维护数据库等。SQL 语言是所有关系型数据库的公共语言,用户可以根据需要自行掌握和使用。此外,SQL 语言提供了统一的数据语言,方便用户完成各种数据库操作。

2. 高度非过程化

非关系型数据模型的数据操纵语言是"面向过程"的语言,用"过程化"语言完成某项请求必须指定存取路径。而用 SQL 进行数据操作时,只要提出"做什么",而无须指明"怎么做",因此,无须了解存取路径。存取路径的选择以及 SQL 的操作过程由系统自动完成。这不但大大减轻了用户负担,而且有利于提高数据独立性。

3. 面向集合的操作方式

面向集合操作是 SQL 语言的一种特点,它使用户能够通过 SQL 操作一个对象或一个关系集中的元素、属性、函数等。这种操作方式可以方便地获取和操作数据,提高数据处理效率。例如,可以使用 SQL 命令获取、插入、删除、更新某个表中的数据。这种集合操作方式的优势在于可以便捷地实现数据的集成与查询,还可以避免重复操作。

4. 以同一种语法结构提供多种使用方式

SQL 既是独立的语言,又是嵌入式语言。作为独立的语言,它能够独立地用于联机交互的使用方式,用户可以在终端键盘上直接键入 SQL 命令对数据库进行操作;作为嵌入式语言,SQL 语句能够嵌入高级语言(例如 C、C++、Java)程序中,供程序员设计程序时使用。而在这两种不同的使用方式下,SQL 的语法结构基本是一致的。这种以统一的语法结构提供多种不同使用方式的做法,提供了极大的灵活性。

5. 语言简洁,易学易用

SQL 功能极强,但由于设计巧妙,语言十分简洁,完成核心功能只用了 9 个动词,见表 1.13。SQL 接近英语口语,因此易于学习和使用。

表 1.13 SQL 的动词

SQL 功能	动词
数据查询	SELECT
数据定义	CREATE,DROP,ALTER
数据操纵	INSERT,UPDATE,DELETE
数据控制	GRANT,REVOKE

任务实施

1. 任务内容

查找 3 个以上数据库系统(至少一个国产数据库系统)的应用场景及特点。

2. 实施步骤

(1) 查找 3 个以上数据库(至少一个国产数据库系统)。

(2) 了解并总结各数据库系统的应用场景及特点。

项目拓展实训　数据库设计

一、实训目的及要求

1. 掌握关系型数据库的理论基础。
2. 掌握数据库设计的基本概念和流程。
3. 掌握数据库需求分析的方法。
4. 掌握概念设计阶段的 E-R 模型。
5. 掌握逻辑设计阶段的关系模型。
6. 掌握数据库物理结构的实现方法。

二、实训条件

Microsort Visio 2010、MySQL、Navicate for MySQL。

三、实训内容

1. 办公自动化系统构建

某企业拟构建一个高效、低成本、符合企业实际发展需要的办公自动化系统。工程师小李主要负责该系统的公告管理和消息管理模块的研发工作。公告管理模块的主要功能包括添加、修改、删除和查看公告。消息管理模块的主要功能是消息群发。

小李根据前期调研和需求分析进行了概念模型设计,具体情况分述如下。

(1) 需求分析结果

① 该企业设有研发部、财务部、销售部等多个部门,每个部门只有一名部门经理,有多名员工,每名员工只属于一个部门,部门信息包括:部门号、名称、部门经理和电话,其中部门号唯一确定部门关系的每一个元组。

② 员工信息包括员工号、姓名、岗位、电话和密码。员工号唯一确定员工关系的每一个元组;岗位主要设有经理、部门经理、管理员等,不同岗位具有不同的权限。一名员工只对应一个岗位,但一个岗位可对应多名员工。

③ 消息信息包括编号、内容、消息类型、接收人、接收时间、发送时间和发送人。其中(编号,接收人)唯一标识消息信息关系中的每一个元组;一条消息可以同时发送给多个接收人,一个接收人可以接收多条消息。

④ 公告信息包括编号、标题、名称、内容、发布部门、发布时间。其中编号唯一标识公告信息关系的每两个元组;一个部门可以发布多份公告,每份公告对应一个发布部门;一份公告可以被多名员工阅读,一名员工可以阅读多份公告。

(2) 概念模型设计

根据需求分析阶段收集的信息,设计的实体联系图(不完整),如图 1.12 所示。

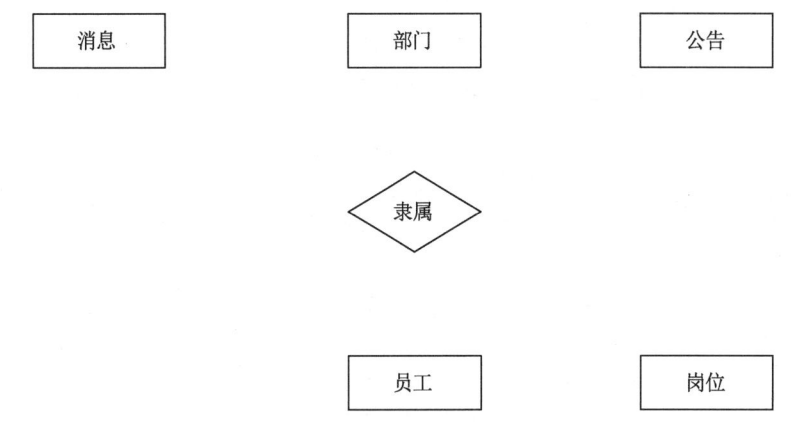

图 1.12　实体联系图(不完整)

(3) 逻辑结构设计

根据概念模型设计阶段完成的实体联系图,得出如下关系模式(不完整):

部门((a),部门经理,电话);
员工(员工号,姓名,岗位号,部门号,电话,密码) 岗位(岗位号,名称,权限);
消息((b),消息类型,接收时间,发送时间,发送人);
公告((c),名称,内容,发布部门,发布时间);
阅读公告((d),阅读时间)。

【问题 1】

根据问题描述,补充四个联系,完善如图 1.12 所示的实体联系图。联系名可用联系 1、联系 2、联系 3 和联系 4 代替,联系的类型分为 1∶1、1∶n 和 $m∶n$(或 1∶1、1∶* 和 *∶*)。

【问题 2】

(1) 根据实体联系图,将关系模式中的(a)~(d)补充完整。
(2) 给出"消息"和"阅读公告"关系模式的主键与外键。

【问题 3】

"消息"和"公告"关系中都有"编号"属性,这属于命名冲突吗? 并说明原因。

2. 小区物业收费管理系统开发

(1) 需求分析结果

① 业主信息主要包括业主编号,姓名,房号,房屋面积,工作单位,联系电话等。房号可唯一标识一条业主信息,且一个房号仅对应一套房屋;一个业主可以有一套或多套的房屋。

② 部门信息主要包括部门号,部门名称,部门负责人,部门电话等;一名员工只能属于一个部门,一个部门只有一名负责人。

③ 员工信息主要包括员工号,姓名,出生年月,性别,住址,联系电话,所在部门号,职务和密码等。根据职务不同,员工可以有不同的权限,职务为"经理"的员工具有更改(添加、删除和修改)员工表中本部门员工信息的操作权限;职务为"收费"的员工只具有收费的操作权限。

④ 收费信息包括房号,业主编号,收费日期,收费类型,数量,收费金额,员工号等。收费类型包括物业费、卫生费、水费和电费,并按月收取,收费标准见表1.14。其中,物业费=房屋面积(平方米)×每平方米单价,卫生费=套房数量(套)×每套房单价,水费=用水数量(吨)×每吨水单价,电费=用电数量(度)×每度电单价。

⑤ 收费完毕应为业主生成收费单,收费单示例见表1.15。

表1.14 收费标准

收费类型	单位	单价(元)
物业费	平方米	1.00
卫生费	套	10.00
水费	吨	0.70
电费	度	0.80

表1.15 收费单示例

房号:A1608　　　　　　　　　　　　　　　　　　　　　　　　　业主姓名:李斌

序号	收费类型	数量	金额(元)
1	物业费	98.6	98.60
2	卫生费	1	10.00
3	水费	6	4.20
4	电费	102	81.60
合计	壹佰玖拾肆元肆角整		194.40

收费日期:2010-9-2　　　　　　　　　　　　　　　　　　　　　　员工号:001

(2) 概念模型设计

根据需求阶段收集的信息,设计的实体联系图(不完整)如图1.13所示,其中收费员和经理是员工的子实体。

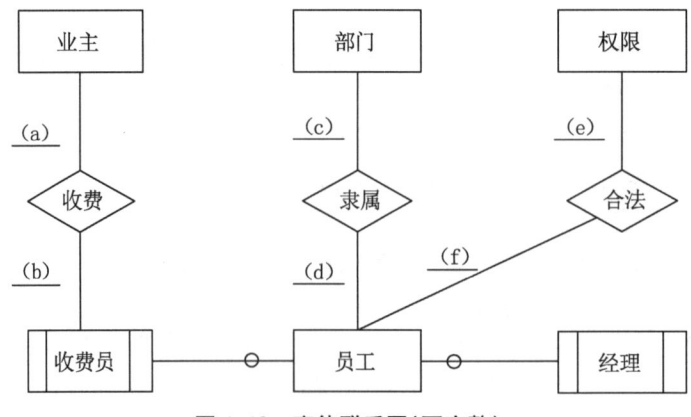

图1.13 实体联系图(不完整)

(3) 逻辑结构设计

根据概念模型设计阶段完成的实体联系图,得出如下关系模式(不完整):

业主((a),姓名,房屋面积,工作单位,联系电话);

员工((b),姓名,出生年月,性别,住址,联系电话,职务,密码);

部门((c),部门名称,部门电话);

权限(职务,操作权限);

收费标准((d));

收费信息((e),收费类型,收费金额,员工号)。

【问题1】

根据图 1.11,将逻辑结构设计阶段生成的关系模式中的(a)~(e)补充完整,然后给出各关系模式的主键和外键。

【问题2】

填写图 1.11 中(a)~(f)处联系的类型(注:一方用 1 表示,多方用 m、n 或 * 表示),并补充完整图 1.11 中的实体、联系和联系的类型。

【问题3】

业主关系属于第几范式?并说明原因。

3. 学生选课系统 E-R 图构建

以熟悉的学生选课系统为例,该系统的 E-R 图如图 1.14 所示。

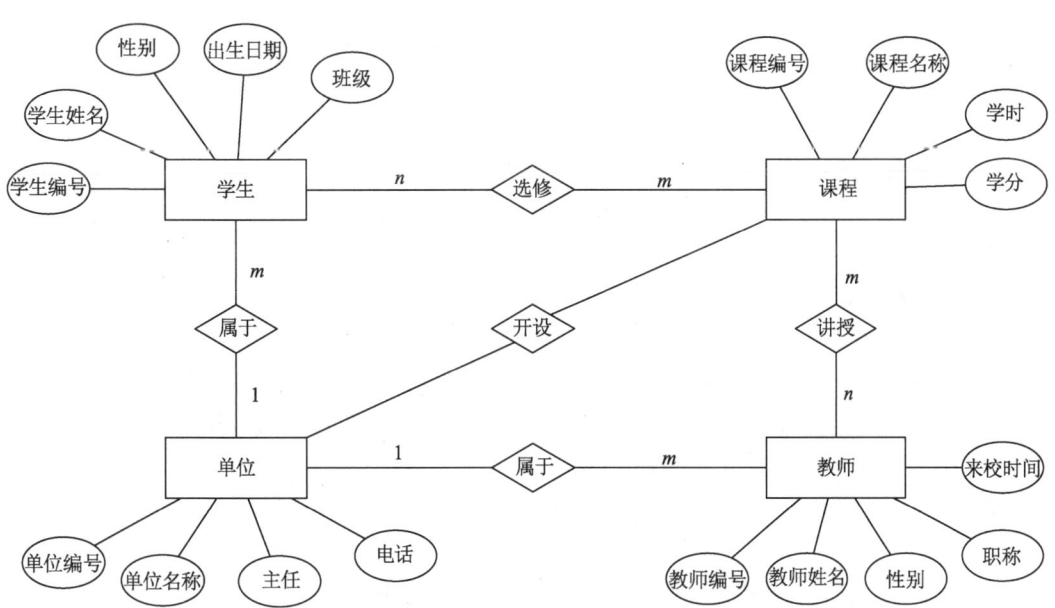

图 1.14 学生选课系统的 E-R 图

【问题1】

写出对应的逻辑结构设计、物理结构设计,并创建数据库。

【问题2】

写出图 1.12 对应的关系模式。

【问题3】

参照关系模式写出具体的表设计。

四、实训分析与总结

1. 对实训中遇到的问题进行分析、讨论。
2. 对实训过程、方法进行总结。

项目小结

本项目主要帮助读者了解数据库、数据库设计、数据库应用系统体系结构、MySQL 数据库,其中重点讲解了 MySQL 数据发展、MySQL 8.0 的特征、结构化查询语言,以在线购物商场系统为例介绍数据库设计过程。本项目是本课程的第一个项目,需要掌握 MySQL 数据介绍、结构化查询语言、数据库系统设计过程。

自测习题

一、选择题

1. 数据库系统的核心是(   )。
   A. 数据模   B. 数据库管理系统
   C. 数据库   D. 数据库管理员
2. E-R 图提供了表示信息世界中实体、属性和(   )的方法。
   A. 数据   B. 联系   C. 表   D. 模式
3. **(数据库系统工程师真题)** E-R 图是数据库设计的工具之一,它一般适用于建立数据库的(   )。
   A. 概念模型   B. 结构模型   C. 物理模型   D. 逻辑模型
4. **(数据库系统工程师真题)** 以下关于 E-R 图叙述正确的是(   )。
   A. E-R 图建立在关系数据库的假设上
   B. E-R 图使应用过程和数据的关系清晰,实体间的关系可导出应用过程的表示
   C. E-R 图可将显示世界(应用)中的信息抽象地表示为实体以及实体间的联系
   D. E-R 图能表示数据生命周期
5. 将 E-R 图转换到关系模式时,实体之间联系都可以表示成(   )。
   A. 属性   B. 关系   C. 键   D. 域
6. 在关系型数据库的设计中,设计关系模式属于数据库设计的(   )。
   A. 需求分析阶段   B. 概念设计阶段
   C. 逻辑设计阶段   D. 物理设计阶段
7. 从 E-R 模型向关系模型转换,一个 $m:n$ 的联系转换成一个关系模式时,该关系模式的主键是(   )。
   A. m 端实体的键   B. n 端实体的键
   C. m 端实体键与 n 端实体键组合   D. 重新选取其他属性键

8. SQL 语言具有( )的功能。
   A. 关系规范化、数据操纵、数据控制　　B. 数据定义、数据操纵、数据控制
   C. 数据定义、关系规范化、数据控制　　D. 数据定义、关系规范化、数据操纵

9. SQL 语言的数据操纵语句包括 select、insert、update 和 delete,其中最重要的也是使用最频繁的语句是( )。
   A. SELECT　　B. INSERT　　C. UPDATE　　D. DELETE

10. 用二维表来表示实体与实体之间联系的数据模型称为( )。
    A. 面向对象模型　　B. 关系模型　　C. 层次模型　　D. 网状模型

11. ("1+X"真题) 以下哪项不是 MySQL 的特点( )。
    A. Mysql 是开源的　　B. 使用方便
    C. 功能全面　　D. MySQL 是非关系型数据库

12. ("1+X"真题) MySQL 的默认端口号是( )。
    A. 1433　　B. 9092　　C. 1521　　D. 3306

13. (数据库系统工程师真题) 在 E-R 图中,用长方形_____表示,用椭圆表示_____( )。
    A. 联系、属性　　B. 属性、实体　　C. 实体、属性　　D. 什么也不代表、实体

14. (数据库系统工程师真题) 在数据库技术中,面向对象数据模型是一种( )。
    A. 概念模型　　B. 结构模型　　C. 物理模型　　D. 形象模型

15. (数据库系统工程师真题) E-R 图是表示概念模型的有效工具之一,在 E-R 图中的菱形框表示( )。
    A. 联系　　B. 实体　　C. 实体的属性　　D. 联系的属性

16. 在数据库中,产生数据不一致的根本原因是( )。
    A. 数据存储量太大　　B. 没有严格保护数据
    C. 未对数据进行完整性控制　　D. 数据冗余

二、简答题

1. 举例说明什么是一对多的关系、多对多的关系。
2. 什么是 E-R 图?简述 E-R 图的绘制步骤。
3. (企业面试题) 数据库设计包括哪些阶段?各阶段的主要任务是什么?

项目2　MySQL 实训环境的搭建

 项目导读

在使用 MySQL 之前，需要安装和配置 MySQL 数据库软件，以确保 MySQL 数据库的正常运行和使用。MySQL 可以在多种操作系统上安装运行，如 Windows、Linux 和 macOS 等，本项目主要介绍 MySQL 在 Windows 系统下的下载与安装，并配置 MySQL 数据库的相关设置以及执行数据库相关操作。为了方便用户操作 MySQL 数据库，通过安装和配置图形化管理工具 Navicat 和自带的 MySQL Workbench 等完成数据库的访问和操作。

 项目目标

➢ 知识目标
1. 掌握 MySQL 服务器的下载和安装。
2. 掌握 MySQL 服务器的配置。
3. 掌握 MySQL 服务器的启动和登录。
4. 掌握图形化管理工具 MySQL Workbench 和 Navicat 的安装和使用。

➢ 技能目标
1. 能够安装 MySQL 8.0。
2. 能够掌握 MySQL 服务器的配置、启动服务器和登录。
2. 能够安装和使用图形化管理工具。

➢ 素质目标
1. 培养勤于动手、善于动脑，学思结合、知行统一的品质。
2. 培养严谨的工作作风和工作态度。
3. 培养精益求精的工匠精神和不怕困难、勇于探索的创新精神。

 思政小课堂

数据库是现代信息技术领域的核心基础之一，长期以来都处于"卡脖子"困境。如今，国产数据库不断发展和壮大，涌现许多数据库品牌，如 GaussDB、DMDB、OceanBase、Tbase、KingbaseES、TiberoDB 等。这些国产数据库系统在性能、安全性、可扩展性等方面不断创新与改进，逐渐在国内外市场崭露头角。在中国自主研发的背景下，这些数据库系统也在一定程度上提高了我国在数据库领域的自主可控能力。值得注意的是，技术领域的发展日新月异，数据库产品和市场情况未来也许会发生更大的变化，因此数据库研究人员需要不断学习和实践，同时行业内各方也需要积极合作，共同推动数据库技术不断创新和发展。

任务 2.1　MySQL 服务器的安装与配置

 **任务工单**

完成系统数据库的安装和配置任务,见任务工单 2-1。

任务工单 2-1　MySQL 服务器的安装与配置

任务名称	MySQL 服务器的安装与配置			课时	
组别		成员		小组成绩	
姓名		学号		综合成绩	
任务情境	数据库设计完成后,需要建立数据库、表结构等,因此,需要安装 MySQL 服务器以完成数据库的物理实现。然后完成 MySQL 服务器的启动和登录等操作。				
任务目标	1. 知识目标:掌握 MySQL 8.0 数据库的安装和配置过程。 2. 技能目标:能够启动和登录 MySQL 服务器。 3. 素质目标:培养精益求精的工匠精神,不怕困难、勇于探索的创新精神。				
任务要求	按本任务后面列出的具体任务内容,完成数据库的安装与配置。				
课前知识链接	1. 观看在线学习平台课前发布的视频。 2. 完成课前发布的任务测试。				任务2.1课程预习
任务实施	(1) Windows 环境下安装 MySQL 8.0。 (2) 从本地登录 MySQL 服务器。 (3) 远程登录 MySQL 服务器。				
任务实施总结					
任务检查与评估	任务检查				
	1. 能否成功安装与配置 MySQL 8.0 数据库。 2. 能否成功从本地登录 MySQL 服务器。 3. 能否成功远程登录 MySQL 服务器。				
	任务评估				
	评估项目	评估结果			
	是否小组合作完成任务操作	□是	□否		
	能否独立完成任务操作	□不能	□基本能够	□能	
	自我评价任务操作	□仅能理解 □会操作不理解		□不会操作 □能理解会操作	
	改进措施				
任务点评					

2.1.1 MySQL 数据库的安装与配置

登录 https://downloads.mysql.com/archives/community/ 下载 MySQL 8.0 的安装文件。下载页面如图 2.1 所示。

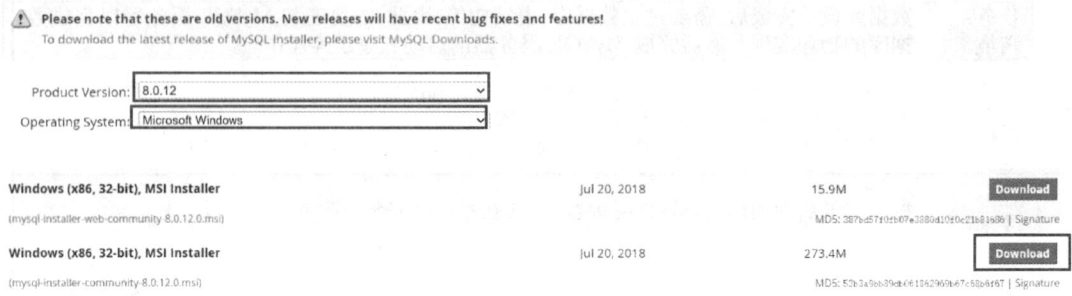

图 2.1 MySQL 8.0 下载页面

MySQL 8.0 安装文件下载完成后，即可开始安装与配置。以下为在 Windows 系统环境下，通过安装向导安装和配置 MySQL 8.0 的具体步骤。

步骤 1：双击已下载的"mysql-installer-community-8.0.12.0.msi"安装包，在安装向导的许可协议界面，勾选"I accept the license terms"选项，然后点击"Next"，如图 2.2 所示。

步骤 2：在选择安装类型界面，默认选择"Developer Default"选项，然后点击"Next"，如图 2.3 所示。

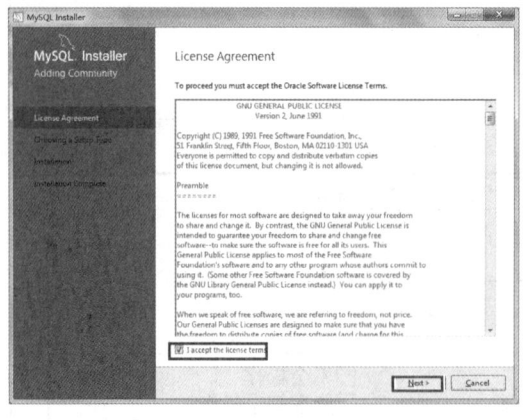

图 2.2 许可协议界面

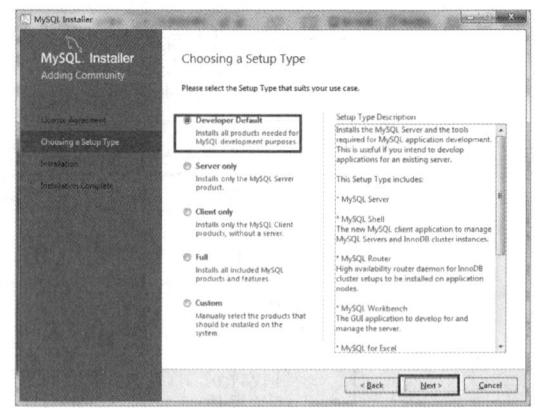

图 2.3 选择安装类型界面

步骤 3：在检查系统要求界面，点击"Execute"→"Next"，如图 2.4 所示。

步骤 4：在弹出的提示框中选择"Yes"，如图 2.5 所示。

项目 2　MySQL 实训环境的搭建

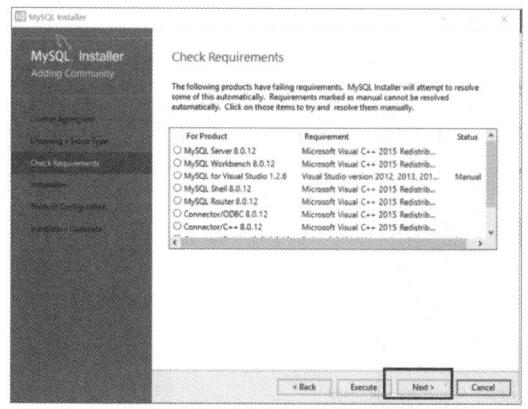 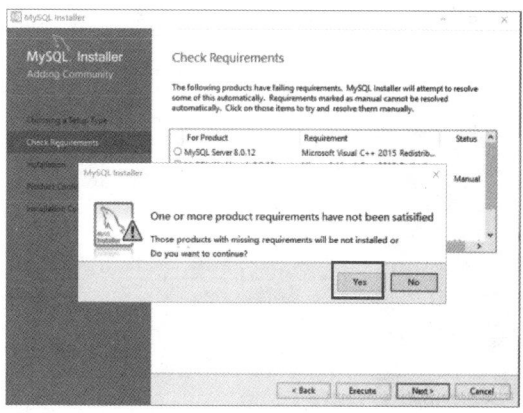

图 2.4　检查系统要求界面　　　　　　　图 2.5　提示框界面

步骤 5：在安装界面，点击"Execute"启动安装过程，如图 2.6 所示，完成后，点击"Next"。
步骤 6：在产品配置界面，点击"Next"，如图 2.7 所示。

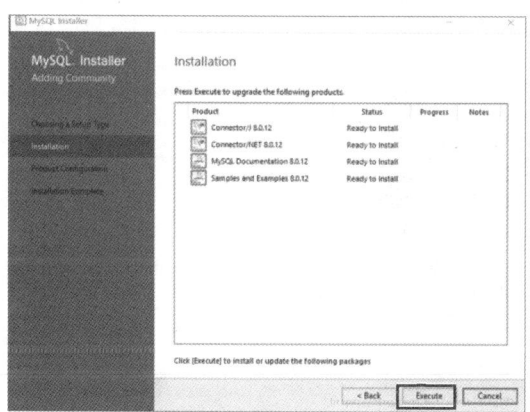 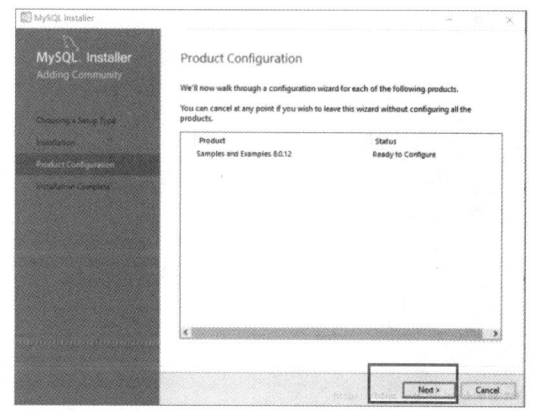

图 2.6　安装界面　　　　　　　　　　　图 2.7　产品配置界面 1

步骤 7：在组复制界面，点击"Next"，如图 2.8 所示。
步骤 8：在类型和网络界面，点击"Next"，如图 2.9 所示。

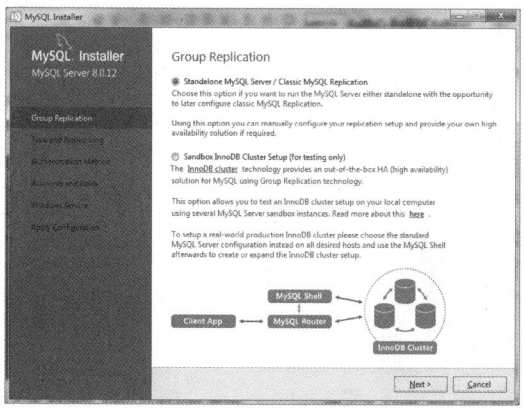 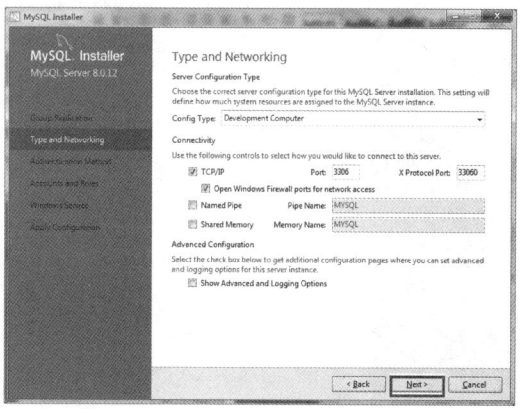

图 2.8　组复制界面　　　　　　　　　　图 2.9　类型和网络界面

027

步骤9:在身份验证方法界面,点击"Next",如图2.10所示。

步骤10:在账户和角色界面,输入密码并再次确认,如图2.11所示。

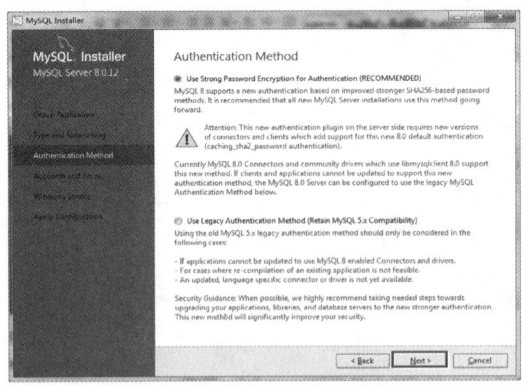

图2.10 身份验证方法页面

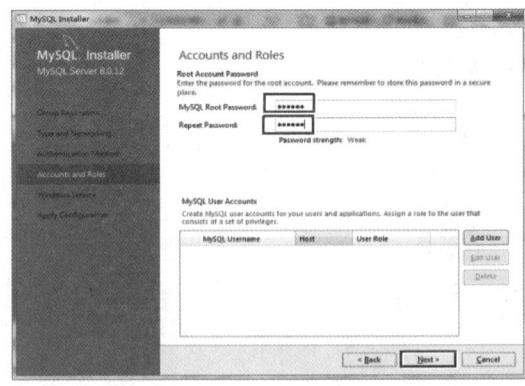

图2.11 账户和角色页面

步骤11:在Windows服务界面,点击"Next",如图2.12所示。

步骤12:在应用配置界面,点击"Execute",如图2.13所示,然后点击"Finish"。

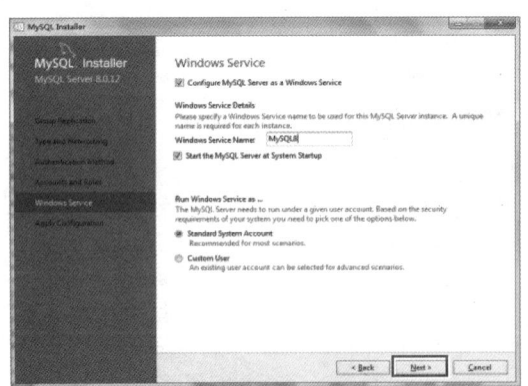

图2.12 Windows服务界面

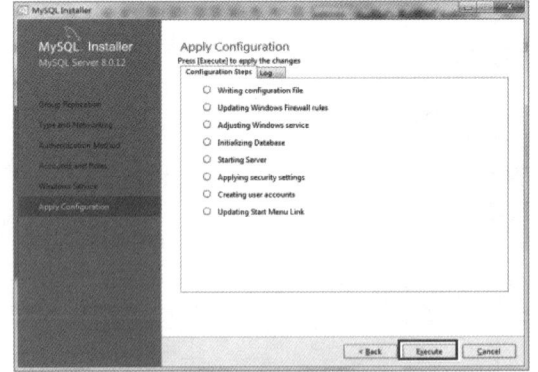

图2.13 应用配置界面1

步骤13:在产品配置界面,点击"Next",如图2.14所示。

步骤14:在MySQL路由器配置界面,点击"Finish",如图2.15所示,然后点击"Next"。

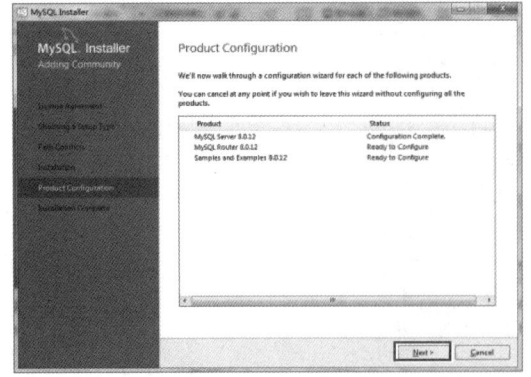

图2.14 产品配置界面2

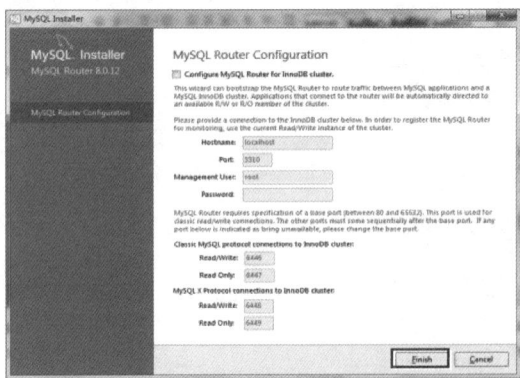

图2.15 MySQL路由器配置界面

步骤15：在连接到服务器界面，输入密码，然后点击"Check"检查，接着点击"Next"，如图2.16所示。

步骤16：在应用配置界面，点击"Execute"，如图2.17所示，然后点击"Finish"，安装完成。

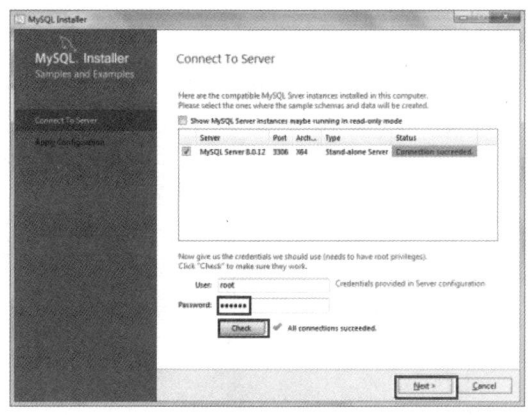 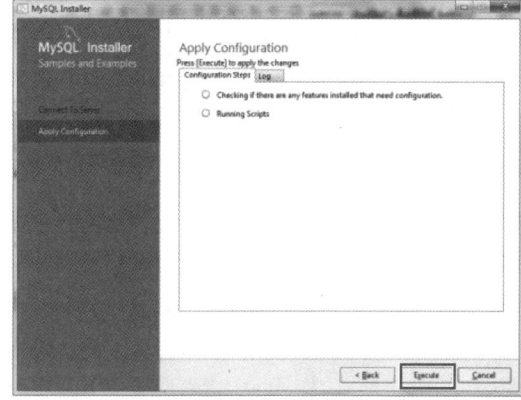

图2.16　连接到服务器界面　　　　　　图2.17　应用配置界面2

完成以上步骤，MySQL 8.0数据库即可成功安装和配置。

2.1.2　MySQL服务器配置的更改

MySQL数据库管理系统安装完毕后，用户可以根据需要对MySQL的某些配置进行更改。通常，可以通过配置向导更改配置，也可以通过编辑my.ini文件来进行配置更改。

1. 使用配置向导

依次单击"开始"→"所有程序"→"MySQL"→"MySQL Installer — Community"，将弹出如图2.18所示的配置向导界面，单击"Reconfigure"即可配置MySQL服务器。

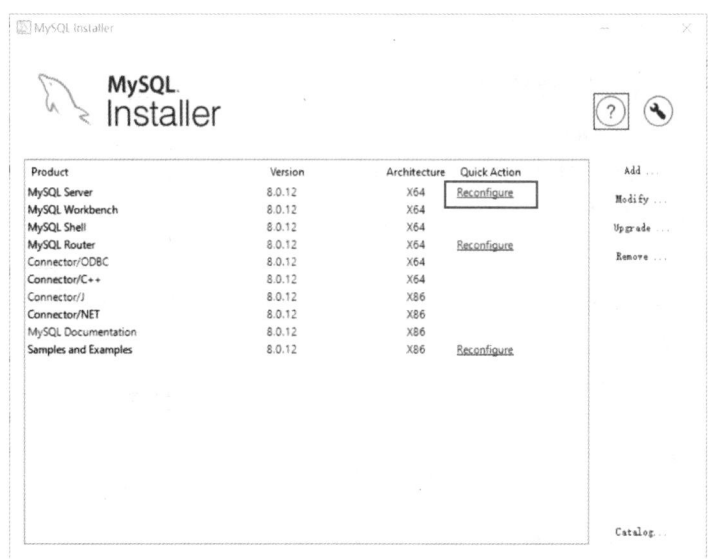

图2.18　MySQL配置向导界面

2. 修改 my.ini 文件

此方法需要手动配置，打开位于"C:\ProgramData\MySQL\MySQL Server 8.0"目录下的 my.ini 文件。如果要修改字符集设置，可以在[mysql]部分下方添加以下代码。

```
default-character-set = gb2312
```

执行完上述命令后，执行窗口将显示如图 2.19 所示的结果。

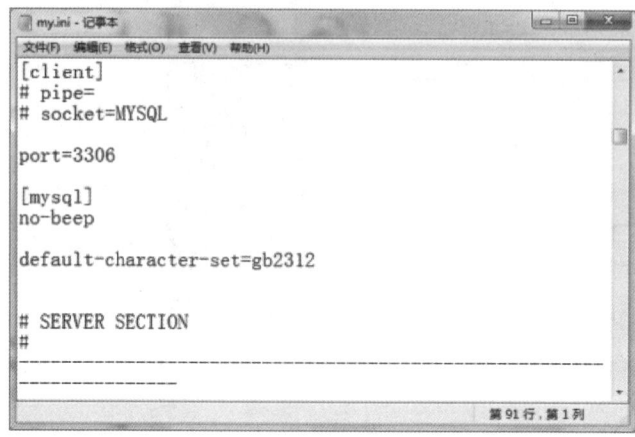

图 2.19　修改 my.ini 文件进行配置

通过修改 my.ini 文件，还可以更改其他设置，例如索引缓冲区大小（仅适用于 MYISAM 表和临时表）。如果要将索引缓冲区大小更改为 10M，可以添加以下代码。

```
key_buffer_size=10M
#mysql 数据存储目录
datadir=C:/ProgramData/MySQL/MySQL Server 8.0/Data
```

2.1.3　启动服务并登录 MySQL 服务器

1. MySQL 服务器的启动和停止

（1）操作系统命令启动和停止服务器

在 Windows 中，点击"开始"菜单，在搜索框中输入"cmd"并按下〈Enter〉键，打开命令提示符界面（类似 DOS 命令行，后文简称命令行）。若输入"net start MySQL80"则启动 MySQL 服务；若输入"net stop MySQL80"则停止 MySQL 服务，如图 2.20 所示。

（2）使用"服务"窗口启动和停止服务器

打开 Windows 的"控制面板"，选择"管理工具"，打开"服务"窗口，在服务列

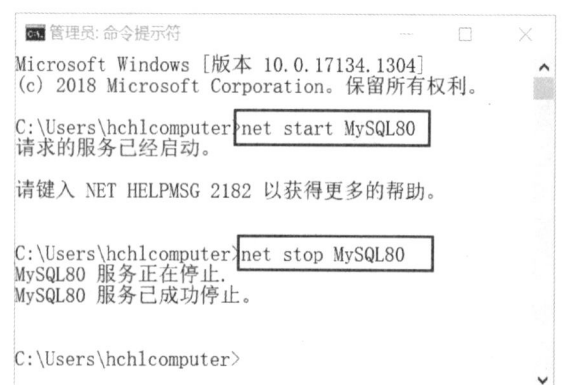

图 2.20　命令启动和停止服务

表中查找并双击 MySQL80，弹出如图 2.21 所示的对话框，点击"启动"或"停止"按钮即可。

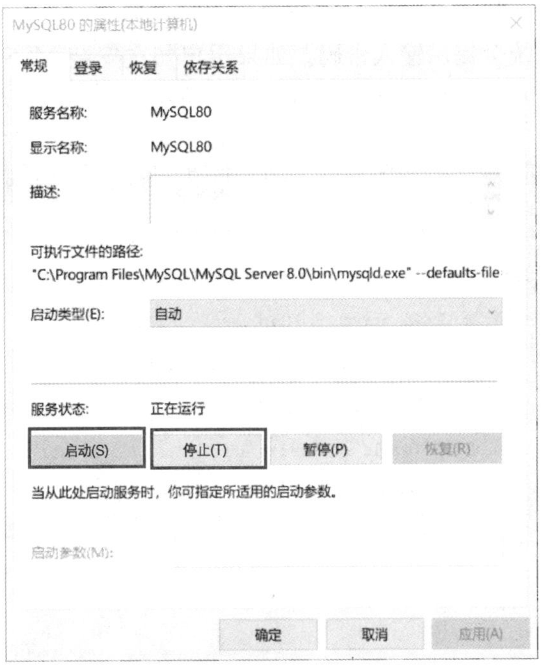

图 2.21　MySQL"服务"窗口启动和停止服务器

2. MySQL 客户端连接 MySQL 服务器端

从"开始"菜单中打开 MySQL Server 8.0 Command Line Client 程序后，默认会以 root（管理员）用户身份进入 MySQL。输入密码后，按〈Enter〉键，此时将看到 MySQL 的提示符，如图 2.22 所示。这意味着已经成功登录 MySQL 数据库系统，并可以开始执行数据库操作命令。

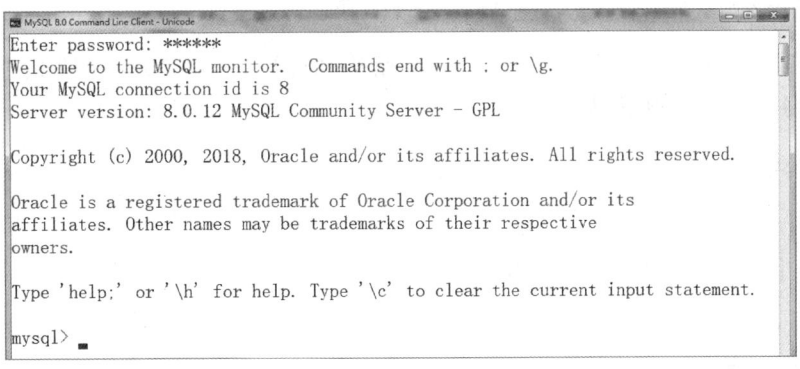

图 2.22　MySQL 登录

3. DOS 命令连接到 MySQL 服务器

打开 DOS 窗口，进入 MySQL 的 bin 目录。根据 MySQL 的安装路径不同，选择路径也会有所不同。输入以下命令。

```
mysql -h 主机地址 -u 用户名 -P 用户密码
```

如果从本地主机登录服务器,"-h 主机地区"可以省略。

按下〈Enter〉键,系统会提示输入密码。如果用户初次安装 MySQL,通常没有密码,因此可以直接按下〈Enter〉键登录 MySQL,如图 2.23 所示。

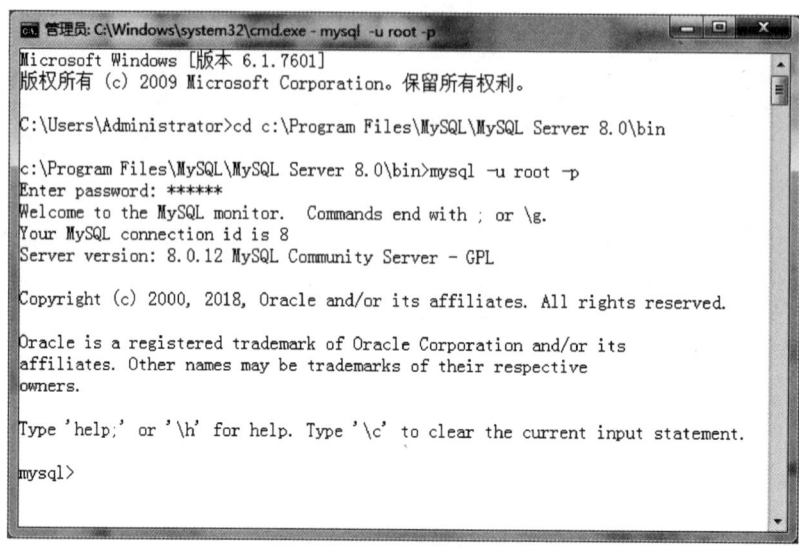

图 2.23　DOS 命令连接到 MySQL 服务器

如果不想每次都输入完整路径,可以将 MySQL 的 bin 目录添加到系统的环境变量中,这样就可以在任何目录中直接使用 MySQL 命令连接到 MySQL 服务器。

4. DOS 命令远程连接到 MySQL 服务器

(1) 创建用户,从指定 IP 登录到 MySQL 服务器,基本格式如下:

```
create 数据库名表名 to 用户@登录主机 identifed by "用户密码";
```

例如,以"u_sell"为用户名,"123456"为密码从 IP 为 192.168.1.12 的主机连接到 MySQL 服务器时,具体代码如下:

```
mysql>use MySQL;
mysql>create user 'u_sell'@'%' identified by '123456';
```

输入以下命令可以查看创建的用户情况。

```
mysql> use MySQL;
Database changed
mysql> select user, host, plugin from mysql.user;
```

命令执行后的结果如图 2.24 所示。可以看到在 user 表中已有刚才创建的 u_sell 用户。host 字段表示远程登录的主机,其值可以用 IP,也可用主机名。plugin:mysql 新版本(8.0 以上)将 root 用户使用的加密方式 plugin 更新成 caching_sha2_password。

```
+------------------+--------------+----------------------+
| user             | host         | plugin               |
+------------------+--------------+----------------------+
| u_sell           | 192.168.1.12 | caching_sha2_password|
| hch1             | localhost    | caching_sha2_password|
| admin            | localhost    | caching_sha2_password|
| mysql.infoschema | localhost    | caching_sha2_password|
| mysql.session    | localhost    | caching_sha2_password|
| mysql.sys        | localhost    | caching_sha2_password|
| root             | localhost    | mysql_native_password|
+------------------+--------------+----------------------+
```

图 2.24　运行结果 1

(2) 设置允许从任何客户端登录 MySQL 服务器。在上述例子中，可以输入以下命令将 host 字段的值设置为%。

```
mysql>update user set host ='%' where user ='u_sell';
```

命令执行后的结果如图 2.25 所示。

```
+------------------+-----------+----------------------+
| user             | host      | plugin               |
+------------------+-----------+----------------------+
| u_sell           | %         | caching_sha2_password|
| hch1             | localhost | caching_sha2_password|
| admin            | localhost | caching_sha2_password|
| mysql.infoschema | localhost | caching_sha2_password|
| mysql.session    | localhost | caching_sha2_password|
| mysql.sys        | localhost | caching_sha2_password|
| root             | localhost | mysql_native_password|
+------------------+-----------+----------------------+
```

图 2.25　运行结果 2

(3) 授权。在上述例子中，将权限改为"all priviles"。

```
mysql> use MySQL;
Database changed
mysql> grant all privileges on *.* to u_sell@'%' //赋予任何主机上以 u_sell 身份访问数据的权限
Query OK, 0 rows affected (0.00 sec)
mysql>FLUSH PRIVILEGES;
```

通过以上操作，u_sell 用户可从任意主机远程访问 MySQL 服务器，并对数据库有完全访问权限。

任务实施

1. 任务内容

(1) 安装与配置 MySQL 8.0 数据库。

(2) 启动和登录 MySQL 服务器。

2. 实施步骤

(1) 在 Windows 环境下安装 MySQL 8.0。

(2) 从本地登录 MySQL 服务器。

(3) 远程登录 MySQL 服务器。

任务2.2 常用图形化管理工具安装与使用

 任务工单

完成常用图形化管理工具的安装和配置任务,见任务工单2-2。

任务工单2-2　常用图形化管理工具的安装和配置

任务名称	常用图形化管理工具的安装和配置		课时	
组别		成员	小组成绩	
姓名		学号	综合成绩	
任务情境	学习MySQL数据库,除了掌握本地类似DOS窗口操作数据库方法,还需要学习图形化管理工具,以实现本地和远程操作。常用的MySQL图形化管理工具有MySQL Workbench、Navicat for MySQL等。			
任务目标	1. 知识目标:掌握常用图形化管理工具的安装。 2. 技能目标:能够使用常用图形化管理工具连接和操作MySQL数据库。 3. 素质目标:培养勤于动手、善于动脑,学思结合、知行统一的素质。			
任务要求	按本任务后面列出的具体任务内容,完成图形化工具的安装。			
课前知识链接	1. 观看在线学习平台课前发布的视频。 2. 完成课前发布的任务测试。			任务2.2课程预习
任务实施	(1) MySQL Workbench 连接 MySQL 数据库。 (2) 安装 Navicat for MySQL 并连接 MySQL 数据库。			
任务实施总结				
任务检查与评估	任务检查			
	1. 能否成功安装图形化管理工具。 2. 能否成功在图形化管理工具中连接MySQL数据库。			
	任务评估			
	评估项目	评估结果		
	是否小组合作完成任务操作	□是　　　□否		
	能否独立完成任务操作	□不能　　□基本能够　　□能		
	自我评价任务操作	□仅能理解　　　　□不会操作 □会操作不理解　　□能理解会操作		
	改进措施			
任务点评				

相关知识

2.2.1 MySQL Workbench

MySQL Workbench 是由 MySQL 官方开发的一款强大的图形化数据库管理工具。它提供了一系列的功能，使开发人员和数据库管理员能够轻松地设计、开发、管理和维护 MySQL 数据库。

MySQL Workbench 主要具有以下特点。

（1）数据库设计：MySQL Workbench 提供了直观的界面和丰富的工具，使用户能够轻松地设计数据库模型。它支持逻辑设计和物理设计，可以创建表、定义关系、设置索引等。用户可以使用可视化工具来绘制实体—关系图，并自动生成相应的 SQL 脚本。

（2）SQL 开发：MySQL Workbench 具有强大的 SQL 编辑器，支持语法高亮、代码补全、语法检查等功能。它还提供了一个交互式的查询界面，使用户能够方便地执行和调试 SQL 查询。用户可以编写和运行 SQL 脚本，管理存储过程、触发器和函数等。

（3）数据库管理：MySQL Workbench 提供了一套全面的数据库管理工具。用户可以轻松地创建、修改和删除数据库对象，如表、视图、索引等。它还支持数据导入和导出，允许用户将数据从其他来源导入数据库，或将数据库中的数据导出为不同的格式。

（4）数据库迁移：MySQL Workbench 提供了强大的数据库迁移工具，使用户能够轻松地从其他数据库系统迁移到 MySQL。它支持从 Oracle、SQL Server、PostgreSQL 等数据库系统迁移数据和对象。用户可以通过可视化界面进行迁移设置和操作，简化了迁移过程。

（5）数据库连接：MySQL Workbench 支持通过多种方式连接到 MySQL 数据库。用户可以使用标准的 TCP/IP 连接，或者通过 SSH 隧道连接到远程服务器。它还支持通过 SSL 加密连接，提供了更高的安全性。

综上所述，MySQL Workbench 是一个功能强大且易于使用的图形化数据库管理工具。无论是个人项目还是企业级应用，MySQL Workbench 都是一个理想的选择。

2.2.2 Navicat for MySQL

Navicat for MySQL 是一款快速、可靠且价格合理的数据库管理工具，旨在简化数据库管理，并降低系统管理成本。它专为数据库管理员、开发人员以及中小型企业设计，具备直观的图形用户界面，可安全、轻松地创建、组织、访问和共享信息。

Navicat for MySQL 适用于 Windows、macOS 和 Linux 平台。它允许用户连接到本地或远程服务器，提供一系列实用的数据库工具，如数据建模、数据传输、数据同步、结构同步、导入、导出、备份、还原、报表创建工具和计划任务等，以协助管理数据。

Navicat for MySQL 提供支持多达 7 种语言的选择界面，被公认为全球最受欢迎的数据库前端用户界面工具。它可用于管理和开发本地或远程的 MySQL、SQL Server、SQLite、Oracle 和 PostgreSQL 数据库。

Navicat for MySQL 的功能强大，不仅能够满足专业开发人员的所有需求，也易于初学者学习，在全球各大企业、政府机构和教育机构中也有广泛应用。自 2001 年以来，Navicat

已被下载超过 2 000 000 次,并拥有超过 70 000 名忠实用户。

任务实施

1. 任务内容

(1) MySQL Workbench 连接 MySQL 数据库。

(2) 安装 Navicat for MySQL 并连接 MySQL 数据库。

2. 实施步骤

(1) MySQL Workbench 连接 MySQL 数据库

在安装 MySQL 8.0 的过程中,已经安装了 MySQL Workbench,因此,只需在程序栏中找到 MySQL Workbench 并启动,如图 2.26 所示。

在如图 2.27 所示的 MySQL Workbench 主界面中,选择"MySQL Connections",点击"+"图标,创建新的数据库连接。

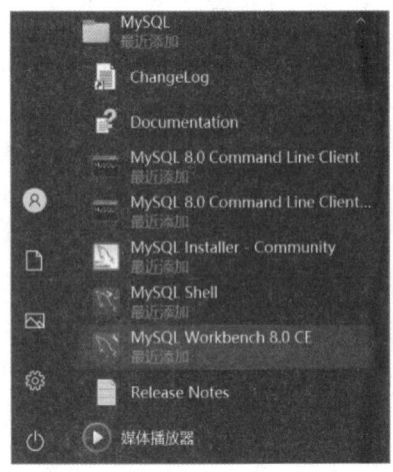

图 2.26 启动 MySQL Workbench

图 2.27 MySQL Workbench 主界面

在弹出的界面(图 2.28)中输入连接的相关信息,包括连接的名称、主机名、端口号、用户名和密码等。点击"Test Connection",测试连接是否成功。连接测试成功的提示页面,如图 2.29 所示。点击"OK",保存连接信息。

(2) 安装 Navicat for MySQL 并连接 MySQL 数据库

① Navicat for MySQL 的安装

步骤1:下载"Navicat for MySQL"安装应用程序 navicat111_mysql_cs_x64。下载完毕后,双击运行。在欢迎安装向导页面中点击"下一步",如图 2.30 所示。

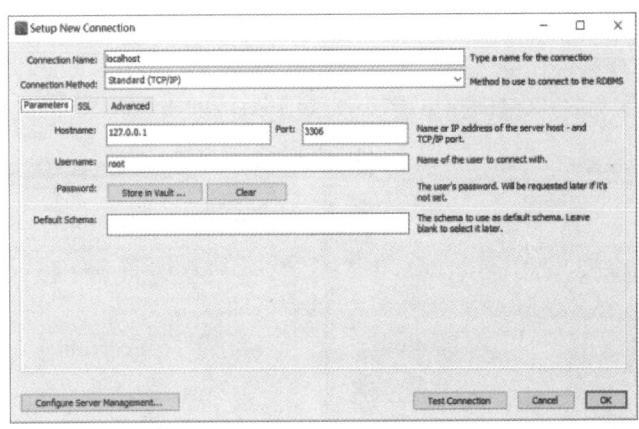

图 2.28　建立新连接

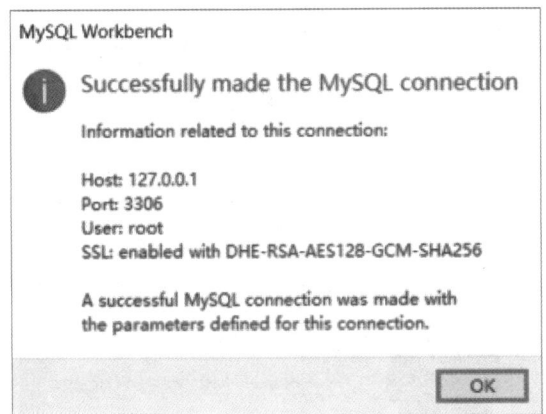

图 2.29　连接测试成功页面

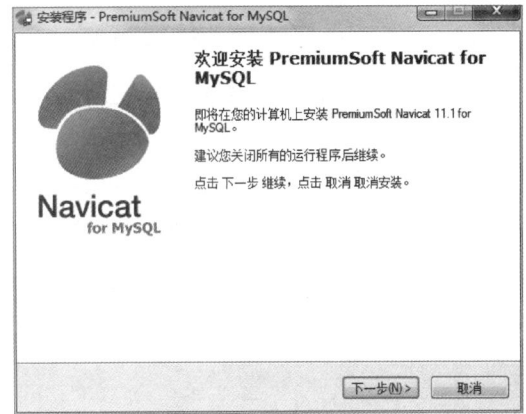

图 2.30　安装向导页面

步骤 2：阅读许可协议，选择"我同意"后点击"下一步"，如图 2.31 所示。

步骤 3：在"选择安装文件夹"窗口中，设置软件安装路径，通常默认安装在 C 盘，如图 2.32 所示。

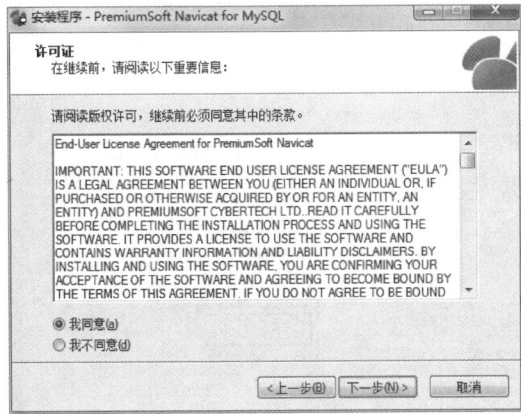

图 2.31　阅读许可协议

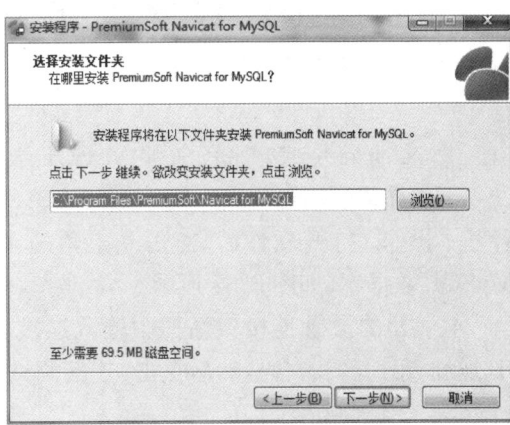

图 2.32　安装软件目录

步骤4：选择在"开始"菜单创建快捷方式，如图2.33所示。

步骤5：在"选择额外任务"窗口，默认选中"Create a desktop icon"，即创建系统桌面图标，如图2.34所示。如果不想创建桌面图标，取消勾选即可。

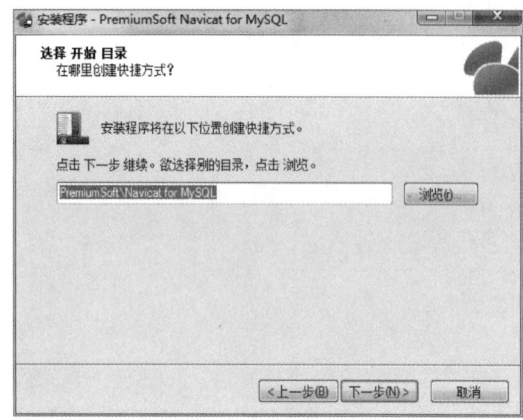

图2.33 创建快捷方式　　　　　图2.34 创建桌面图标

步骤6：在"准备安装"窗口中，点击"安装"即可，如图2.35所示。

步骤7：完成PremiumSoft Navicat for MySQL安装，如图2.36所示。

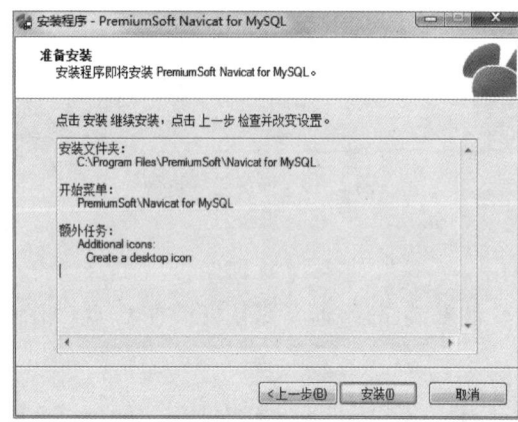 

图2.35 开始安装　　　　　图2.36 完成安装

② Navicat for MySQL 连接 MySQL 数据库

下面介绍使用Navicat来连接MySQL数据库，并进行基本操作。打开软件后，点击左上角的"连接"，选择MySQL数据库，如图2.37所示。

在弹出的设置连接对话框中输入连接名、主机名或IP地址、用户名和密码，然后点击"连接测试"，如图2.38所示。

在软件左侧可以看到刚才创建的连接名，双击打开

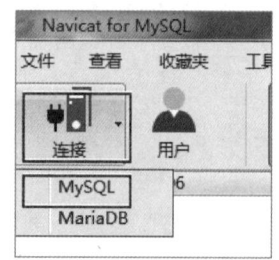

图2.37 选择一个数据库类型

连接。若成功连接,则可以看到所有的数据库列表,如图 2.39 所示。

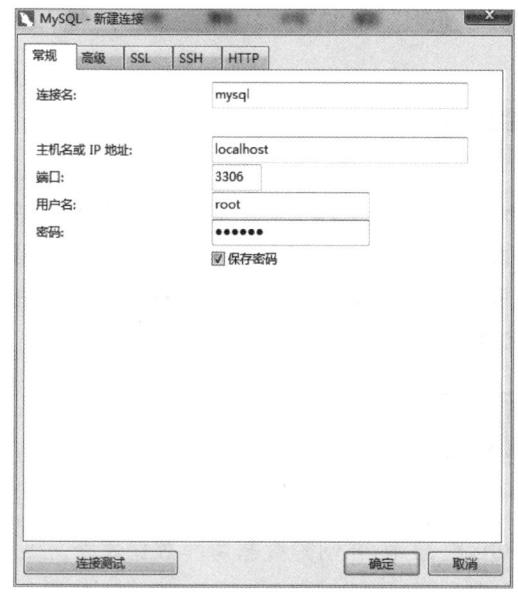

图 2.38 登录信息对话框

图 2.39 数据库连接成功

项目拓展实训 数据库配置和图形化工具的安装与使用

1. 实训目的和要求

(1) 掌握更改 MySQL 数据库的配置方法。
(2) 掌握远程访问 MySQL 服务器方法。
(3) 掌握图形化工具 SQLyog 的安装方法。
(4) 掌握图形化工具 SQLyog 连接 MySQL 数据库的方法。
(5) 掌握图形化工具 SQLyog 的基本使用方法。

2. 实训条件

Windows 操作系统、MySQL。

3. 实训内容

(1) 更改 MySQL 数据库的配置。
① 设置 MySQL 的最大连接数(max_connections)。
② 设置一个请求的最大连接时间(wait_timeout)。
(2) 远程访问 MySQL 服务器。
使用 root 用户登录到 IP 为 192.168.120.10 的 MySQL 服务器。
(3) 安装图形化工具 SQLyog。
(4) 使用图形化工具 SQLyog 连接 MySQL 数据库。
(5) 使用图形化工具 SQLyog 打开一个数据库,查看数据库下的表。

4. 实训分析与总结

（1）对实训中遇到的问题进行分析、讨论。

（2）对实训过程、方法进行总结。

项目小结

本项目的主要目标是学习 MySQL 数据库的下载、安装、配置，以及不同方式登录数据库服务器。本项目介绍了如何使用 DOS 命令修改配置文件来更改客户端字符编码集。此外，还引入了一些常用的 MySQL 数据库管理工具，包括 MySQL Workbench 和 Navicat for MySQL，以便在后续学习和开发中能够更轻松地操作数据库。

自测习题

1. 采用 DOS 命令方式启动 MySQL 服务。
2. 使用 Navicat for MySQL 连接登录 MySQL 数据库，并创建数据库和数据库表。

项目 3 "在线购物商城"系统的数据库创建和管理

 项目导读

数据库的创建与管理是 MySQL 数据库管理系统中的一项重要操作。要想合理地管理数据库,首先需要了解数据库存储引擎和字符集相关知识。本项目以创建一个在线购物商城数据库 netbuy 为例,介绍数据库存储引擎和字符集设置、数据库创建与管理的方法。

 项目目标

➢ 知识目标
1. 掌握数据库存储引擎的设置方法。
2. 掌握字符集及其设置方法。
3. 掌握数据库的创建。
4. 掌握数据库的打开、查看、修改和删除。

➢ 技能目标
1. 能够选择合适的存储引擎和字符集。
2. 能够使用图形界面和 SQL 语句完成数据库的创建。
3. 能够使用图形界面和 SQL 语句完成数据库的打开、查看、修改、删除等操作。

➢ 素质目标
1. 培养分析问题、解决问题和自主学习的能力。
2. 培养严谨的工作作风和工作态度。
3. 培养规范、标准意识,学习大国工匠恪尽职守、一丝不苟、精益求精的职业精神。

 思政小课堂

数据库的创建,是一个从无到有的过程,是一个循序渐进的过程,绝非一蹴而就。因此,需要数据库创建人员具备恪尽职守的精神和精细技术的同时,还要有创新的意识。

1996 年,戴振涛来到大连船舶重工集团(以下简称为"大船集团")有限公司成为了一名普通的钳工,经过努力钻研,刻苦实践,进厂不久的他就掌握了岗位技术,成为了大船集团数一数二的技术骨干。每天早晨八点半,戴振涛都会准时骑着自己的小红车来到船坞,开始一天的工作。

2010 年,戴振涛接到了中国第一台航母阻拦机的安装任务。整整十年,他反复地测量、计算、调整,这些枯燥单调的数据成了他最重要的工作对象。十年时间换来了上百万份数据,这个数据库成为了安装航母阻拦机最重要的支撑。

任务 3.1 "在线购物商城"系统的数据库创建

任务工单

完成"在线购物商城"系统的数据库创建任务,见任务工单 3-1。

任务工单 3-1 创建"在线购物商城"数据库

任务名称	"在线购物商城"系统的数据库创建		课时	
组别		成员	小组成绩	
学号		姓名	综合成绩	
任务情境	MySQL 数据库安装后,根据在线购物商城系统的需求,公司要求创建对应的数据库来存放数据表及其他数据对象。			
任务目标	1. 知识目标:掌握数据库的存储引擎、字符集的使用。 2. 技能目标:能够使用图形化工具和命令行创建数据库。 3. 素质目标:培养发现问题、解决问题的能力,学习大国工匠的恪尽职守、一丝不苟的敬业精神。			
任务要求	按本任务后面列出的具体任务内容,完成数据库的创建。			
课前知识链接	1. 观看在线学习平台课前发布的视频。 2. 完成课前发布的任务测试。 任务3.1课程预习			
任务实施	(1) 使用图形界面创建 ebuy 数据库。 (2) 使用命令行创建 netbuy 数据库。			
任务实施总结				
任务检查与评估	**任务检查**			
	1. 能否成功使用图形界面 Navicate for MySQL 创建 ebuy 数据库。 2. 能否成功使用命令行创建 netbuy 数据库。			
	任务评估			
	评估项目	评估结果		
	是否小组合作完成任务操作	□是 □否		
	能否独立完成任务操作	□不能 □基本能够 □能		
	自我评价任务操作	□仅能理解 □不会操作 □会操作不理解 □能理解会操作		
	改进措施			
任务点评				

相关知识

3.1.1 数据库存储引擎以及设置

1. 数据库存储引擎

数据库存储引擎是数据库底层软件组织,数据库管理系统使用数据引擎进行创建、查询、更新和删除数据。不同的存储引擎提供不同的存储机制、索引、锁定等功能,使用不同的存储引擎,还可以获得特定的功能。MySQL 的核心就是存储引擎,MySQL 提供了多个不同的存储引擎,包括处理事务安全表的引擎和处理非事务安全表的引擎。在 MySQL 中,不需要在整个服务器中使用同一种存储引擎,针对具体的要求,可以对每一个表使用不同的存储引擎。用户在选择存储引擎之前,首先需要确定 MySQL 数据库管理系统支持哪些存储引擎,可以使用 SHOW ENGINES 命令来列出 MySQL 服务器所支持的存储引擎,如图 3.1 所示。

```
+--------------------+---------+----------------------------------------------------------------+--------------+------+------------+
| Engine             | Support | Comment                                                        | Transactions | XA   | Savepoints |
+--------------------+---------+----------------------------------------------------------------+--------------+------+------------+
| InnoDB             | YES     | Supports transactions, row-level locking, and foreign keys     | YES          | YES  | YES        |
| MRG_MYISAM         | YES     | Collection of identical MyISAM tables                          | NO           | NO   | NO         |
| MEMORY             | YES     | Hash based, stored in memory, useful for temporary tables      | NO           | NO   | NO         |
| BLACKHOLE          | YES     | /dev/null storage engine (anything you write to it disappears) | NO           | NO   | NO         |
| MyISAM             | DEFAULT | MyISAM storage engine                                          | NO           | NO   | NO         |
| CSV                | YES     | CSV storage engine                                             | NO           | NO   | NO         |
| ARCHIVE            | YES     | Archive storage engine                                         | NO           | NO   | NO         |
| PERFORMANCE_SCHEMA | YES     | Performance Schema                                             | NO           | NO   | NO         |
| FEDERATED          | NO      | Federated MySQL storage engine                                 | NULL         | NULL | NULL       |
+--------------------+---------+----------------------------------------------------------------+--------------+------+------------+
```

图 3.1 查看存储引擎

图 3.1 中,Engine 列显示了所支持的存储引擎名称,Support 列显示了 YES、NO 以及 DEFAULT 值,它们分别表示某存储引擎可用、不可用或可用且为当前默认。实际应用时需要根据实际情况进行选择。非常复杂的应用系统可以依照情况选择多种存储引擎的组合,以有效利用各种存储引擎的优势,避开各自的缺陷,实现最优的选择。下面介绍主要的四种存储引擎。

(1) InnoDB 存储引擎

InnoDB 存储引擎主要用于事务处理应用程序,支持外键,同时还支持崩溃修复和并发控制。如果对事物的完整性要求比较高,要求实现并发通知,那么选择 InnoDB 存储引擎比较有优势。如果需要频繁地进行更新、删除操作,也可以选择该存储引擎,因为该存储引擎可以实现事物的提交和回滚。但是 InnoDB 存储引擎读写效率较低,占用的数据空间相对较大。

InnoDB 存储引擎的表存储成 2 个文件,文件名与表名相同,分别为存储表结构(.frm)、存储数据(.ibd 或.ibdata 文件)。其中独享表空间存储方式使用.ibd 文件,并且每个表一个.ibd 文件,共享表空间存储方式使用.ibdata 文件,所有表共同使用一个.ibdata 文件。

(2) MyISAM 存储引擎

MyISAM 存储引擎主要用于管理非事物表,它提供了高速存储与检索,以及全文搜索功能。该存储引擎插入数据快,但是空间和内存的使用效率较低。如果表主要用于插入新

记录和读出记录,那么选择 MyISAM 存储引擎可以实现高效率处理。但是 MyISAM 存储引擎不支持事务的完整性和并发性。

MyISAM 存储引擎的表存储成 3 个文件,文件名与表名相同,分别为存储表结构(.frm)、存储数据(.MYD)和存储索引(.MYI)。

(3) MEMORY 存储引擎

MEMORY 存储引擎是内存型存储引擎,它将表结构保存在磁盘上,所有的数据都存储在内存中,默认使用 HASH 索引,这样有利于数据的快速处理,提高访问表的效率。但是一旦关闭服务器,表中的数据就会丢失。

(4) CSV 存储引擎

CSV 存储引擎是以逗号分隔的文本文件。CSV 表允许以 CSV 格式导入、导出数据,以相同的读、写的格式和脚本与应用交互数据。由于 CSV 表没有索引,所以最好在普通操作中将数据放在 InnoDB 表里,只有在导入或导出阶段使用 CSV 表。

2. 存储引擎设置

(1) 使用 MySQL 的 my.ini 文件设置存储引擎

打开 my.ini 文件(默认在 C:\ProgramData\MySQL\MySQL Server 8.0),查找[mysqld]键值,找到 default-storage-engine,将其值设置为 InnoDB。然后单击"文件"→"保存"选项,如图 3.2 所示。

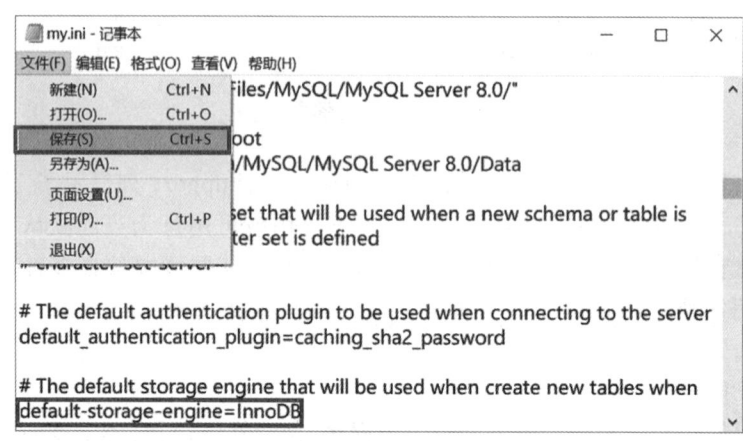

图 3.2 设置存储引擎

修改后,必须重启 MySQL 服务才会生效。使用 SHOW ENGINES 命令查看,发现存储引擎 InnoDB 对应的 Support 列里的值改成了 DEFAULT。

(2) 使用 MySQL 命令设置存储引擎

```
mysql>set default_storage_engine=MyISAM;
```

其中,系统变量 default_storage_engine 是 BOTH(全局和临时),可以动态修改。要注意的是即使修改了系统变量 default_storage_engine,但如果 my.ini 配置文件里面也设置了 default-storage-engine 的值,那么 my.ini 文件里设置的系统变量值会覆盖之前修改的系统变量值。也就是说,my.ini 中的参数优先级别更高。

3.1.2 字符集以及设置

1. 字符集与校对规则

字符(Character)是各种文字和符号的总称,包括各国家文字、标点符号、图形符号、数字等。字符集(Character set)是给定一系列字符并赋予对应的编码后,所有这些字符和编码对组成的集合。

校对规则(Collation)是在字符集内用于比较字符的一套规则。不同的校对规则可以实现不同的比较规则,如 'A'='a' 在有的规则中成立,而在有的规则中不成立,即有的规则区分大小写,而有的规则不区分。MySQL 中的校对规则遵循命名约定:它们以其相关的字符集名开头,通常包括一个语言名,并且以_ci(大小写不敏感)、_cs(大小写敏感)或_bin(按编码值比较)结尾。例如,使用校对规则 gb2312_chinese_ci 时,字符 'a' 与 'A' 是等价的。

MySQL 8.0 能够支持 41 种字符集和 222 个校对规则。可以使用 SHOW CHARACTER SET 命令查看可用的字符集,如图 3.3 所示。

```
mysql>SHOW CHARACTER SET;
```

```
+----------+-----------------------------+---------------------+--------+
| Charset  | Description                 | Default collation   | Maxlen |
+----------+-----------------------------+---------------------+--------+
| big5     | Big5 Traditional Chinese    | big5_chinese_ci     |      2 |
| dec8     | DEC West European           | dec8_swedish_ci     |      1 |
| cp850    | DOS West European           | cp850_general_ci    |      1 |
| hp8      | HP West European            | hp8_english_ci      |      1 |
| koi8r    | KOI8-R Relcom Russian       | koi8r_general_ci    |      1 |
| latin1   | cp1252 West European        | latin1_swedish_ci   |      1 |
| latin2   | ISO 8859-2 Central European | latin2_general_ci   |      1 |
| swe7     | 7bit Swedish                | swe7_swedish_ci     |      1 |
| ascii    | US ASCII                    | ascii_general_ci    |      1 |
| ujis     | EUC-JP Japanese             | ujis_japanese_ci    |      3 |
| sjis     | Shift-JIS Japanese          | sjis_japanese_ci    |      2 |
| hebrew   | ISO 8859-8 Hebrew           | hebrew_general_ci   |      1 |
| tis620   | TIS620 Thai                 | tis620_thai_ci      |      1 |
| euckr    | EUC-KR Korean               | euckr_korean_ci     |      2 |
| koi8u    | KOI8-U Ukrainian            | koi8u_general_ci    |      1 |
| gb2312   | GB2312 Simplified Chinese   | gb2312_chinese_ci   |      2 |
| greek    | ISO 8859-7 Greek            | greek_general_ci    |      1 |
| cp1250   | Windows Central European    | cp1250_general_ci   |      1 |
| gbk      | GBK Simplified Chinese      | gbk_chinese_ci      |      2 |
| latin5   | ISO 8859-9 Turkish          | latin5_turkish_ci   |      1 |
| armscii8 | ARMSCII-8 Armenian          | armscii8_general_ci |      1 |
| utf8     | UTF-8 Unicode               | utf8_general_ci     |      3 |
| ucs2     | UCS-2 Unicode               | ucs2_general_ci     |      2 |
| cp866    | DOS Russian                 | cp866_general_ci    |      1 |
| keybcs2  | DOS Kamenicky Czech-Slovak  | keybcs2_general_ci  |      1 |
| macce    | Mac Central European        | macce_general_ci    |      1 |
| macroman | Mac West European           | macroman_general_ci |      1 |
| cp852    | DOS Central European        | cp852_general_ci    |      1 |
| latin7   | ISO 8859-13 Baltic          | latin7_general_ci   |      1 |
| utf8mb4  | UTF-8 Unicode               | utf8mb4_general_ci  |      4 |
| cp1251   | Windows Cyrillic            | cp1251_general_ci   |      1 |
| utf16    | UTF-16 Unicode              | utf16_general_ci    |      4 |
| utf16le  | UTF-16LE Unicode            | utf16le_general_ci  |      4 |
| cp1256   | Windows Arabic              | cp1256_general_ci   |      1 |
| cp1257   | Windows Baltic              | cp1257_general_ci   |      1 |
| utf32    | UTF-32 Unicode              | utf32_general_ci    |      4 |
| binary   | Binary pseudo charset       | binary              |      1 |
| geostd8  | GEOSTD8 Georgian            | geostd8_general_ci  |      1 |
| cp932    | SJIS for Windows Japanese   | cp932_japanese_ci   |      2 |
| eucjpms  | UJIS for Windows Japanese   | eucjpms_japanese_ci |      3 |
| gb18030  | China National Standard GB18030 | gb18030_chinese_ci |   4 |
+----------+-----------------------------+---------------------+--------+
41 rows in set (0.03 sec)
```

图 3.3 查看字符集

在实际应用中,需根据具体需求选择合适的字符集。下面介绍 3 种常见的字符集。

(1) 字符集 latin1

latin1 是一个单字节 8 位字符集,把位于 128～255 的字符用于拉丁字母表中特殊语言字符的编码,它只能够表示英文和西欧字符。MySQL 服务器默认字符集是 latin1,不支持中文。如果没有进行更改,则在操作中文字符的数据时,会出现乱码、报错。

(2) 字符集 utf8

utf8 是一种针对 Unicode 的可变长度字符编码,又称万国码,由肯·汤普森(Ken Thompson)于 1992 年创建,是用以解决国际字符的一种多字节编码。它对英文使用 8 位(1 字节),中文使用 24 位(3 字节)来编码。utf8 包含全世界所有国家需要用到的字符,是国际编码,通用性强。utf8 编码的文字可以在各国支持 utf8 字符集的浏览器上显示。utf8 是在互联网上使用最广的一种 Unicode 的实现方式。

(3) 字符集 gb2312

gb2312 是简体中文字符集,是 GBK 的子集,校对规则分别为 gb2312_chinese_ci、gbk2312_chinese_ci。GBK 是在国家标准 GB 2312 基础上扩容后兼容 GB 2312 的标准。GBK 的文字编码是用双字节来表示的,即不论中、英文字符均使用双字节来表示,为了区分中文,将其最高位都设定成 1。GBK 包含全部中文字符,是国家编码,通用性比 utf8 差,不过 utf8 占用的数据库比 GBK 大。对于一个网站、论坛来说,如果英文字符较多,则建议使用 utf8 节省空间,但现在很多论坛的插件一般只支持 GBK。

从图 3.3 中可以看出每个字符集都有一个默认校对规则(Default collation),每个字符集可以有一个或多个校对规则,但每个校对规则只能属于一个字符集,即字符集和校对规则是一对多的关系。如果想列出一个字符集所对应的校对规则,可以使用 SHOW COLLATION 命令。例如,使用下列命令查看以 latin1 开头的校对规则,如图 3.4 所示。

```
mysql>SHOW COLLATION LIKE 'latin1%';
```

```
+-------------------+---------+----+---------+----------+---------+
| Collation         | Charset | Id | Default | Compiled | Sortlen |
+-------------------+---------+----+---------+----------+---------+
| latin1_german1_ci | latin1  |  5 |         | Yes      |       1 |
| latin1_swedish_ci | latin1  |  8 | Yes     | Yes      |       1 |
| latin1_danish_ci  | latin1  | 15 |         | Yes      |       1 |
| latin1_german2_ci | latin1  | 31 |         | Yes      |       2 |
| latin1_bin        | latin1  | 47 |         | Yes      |       1 |
| latin1_general_ci | latin1  | 48 |         | Yes      |       1 |
| latin1_general_cs | latin1  | 49 |         | Yes      |       1 |
| latin1_spanish_ci | latin1  | 94 |         | Yes      |       1 |
+-------------------+---------+----+---------+----------+---------+
```

图 3.4 查看 latin1 字符集校对规则

2. 字符集设置

MySQL 对于字符集的支持可以细化到 4 个层次:服务器(Server)、数据库(Database)、数据表(Table)和连接(Connection)。MySQL 的字符集和校对规则有 4 个级别的默认设置:服务器级、数据库级、表级和字段级,分别在不同的地方设置,作用也不相同。要想知道描述字符集的系统变量,可以使用下列命令列出以"character"开头的系统变量,如图 3.5 所示。

```
mysql>SHOW VARIABLES LIKE 'character%';
```

```
+-------------------------+------------------------------------------------+
| Variable_name           | Value                                          |
+-------------------------+------------------------------------------------+
| character_set_client    | utf8                                           |
| character_set_connection| utf8                                           |
| character_set_database  | gb2312                                         |
| character_set_filesystem| binary                                         |
| character_set_results   | utf8                                           |
| character_set_server    | gb2312                                         |
| character_set_system    | utf8                                           |
| character_sets_dir      | C:\Program Files\MySQL\MySQL Server 5.7\share\charsets\ |
+-------------------------+------------------------------------------------+
```

图 3.5 查看字符集的系统变量名

图中字符集的系统变量名及含义见表 3.1。

表 3.1 字符集的系统变量名及含义

系统变量名	含义
character_set_client	客户端来源数据使用的字符集
character_set_connection	连接层字符集
character_set_database	当前选中数据库的默认字符集
character_set_filesystem	操作系统文件的字符集
character_set_results	查询结果字符集
character_set_server	服务器的字符集,默认的内部操作字符集
character_set_system	系统元数据(字段名等)的字符集
character_sets_dir	字符集安装目录

一些表的字符集和列的字符集没有系统变量来表示。这些表的字符集可以在创建表的参数里设置,为列的字符集提供默认值。列的字符集则决定了该列的文字数据的存储编码。MySQL 的字符集不同级别之间存在依存关系,如图 3.6 所示。

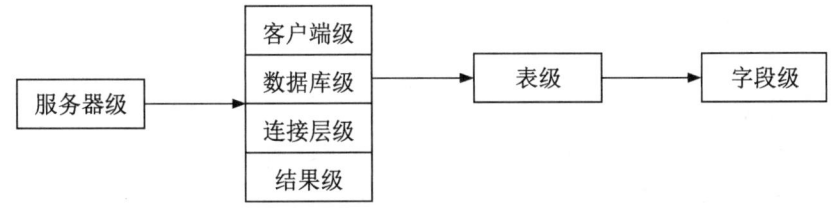

图 3.6 字符集的依存关系

它们之间的依存关系为:
● MySQL 默认的服务器级的字符集决定客户端级、数据库级、连接层级和结果级的字符集;
● 数据库级的字符集决定表级的字符集;
● 表级的字符集决定字段级的字符集。
(1) 使用 MySQL 的 my.ini 文件设置字符集

打开 my.ini 文件(默认在 C:\ProgramData\MySQL\MySQL Server 8.0),查找

[mysqld]键值,找到 character-set-server,将其值设置为 utf8,然后单击"文件"→"保存"选项,如图 3.7 所示。

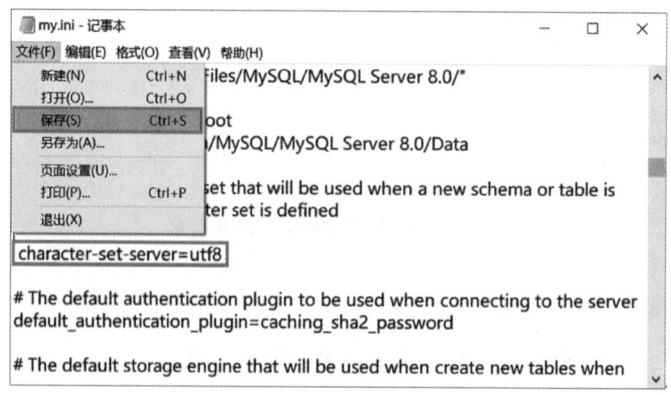

图 3.7 设置字符集

修改后,必须重启 MySQL 服务才会生效。使用 SHOW VARIABLES LIKE 'character%'命令查看,可以发现数据库的字符集均已改成了 utf8,如图 3.8 所示。

```
+------------------------+-------------------------------------------------+
| Variable_name          | Value                                           |
+------------------------+-------------------------------------------------+
| character_set_client   | utf8                                            |
| character_set_connection | utf8                                          |
| character_set_database | utf8                                            |
| character_set_filesystem | binary                                        |
| character_set_results  | utf8                                            |
| character_set_server   | utf8                                            |
| character_set_system   | utf8                                            |
| character_sets_dir     | C:\Program Files\MySQL\MySQL Server 5.7\share\charsets\ |
+------------------------+-------------------------------------------------+
```

图 3.8 查看系统变量的值

(2) 使用 MySQL 命令设置字符集

```
mysql>set character_set_client=utf8;
mysql>set character_set_connection=utf8;
mysql>set character_set_database=utf8;
mysql>set character_set_results=utf8;
mysql>set character_set_server=utf8;
```

为了简化操作,也可以使用下列一条命令替换上述 character_set_client、character_set_connection 和 character_set_results 字符集的设置。

```
mysql>set names 'utf8';
```

注意,使用命令方式设置的字符集只是临时的,当服务器重启后,将恢复默认。

3.1.3 创建数据库

使用 CREATE DATABASE 或 CREATE SCHEMA 命令创建数据库。语法格式

如下：

```
CREATE {DATABASE |SCHEMA} [IF NOT EXISTS] db_name
[DEFAULT] CHARACTER set charset_name
[DEFAULT] COLLATE collation_name
```

在对语法格式进行说明与分析之前，需要了解本书中 SQL 语句语法格式中使用的约定，见表3.2。

表 3.2 SQL 语句语法格式约定和说明

格式	约定说明
大写	SQL 关键字
|	分隔括号或大括号中的语法项（只能选择其中一项）
[ ]	可选语法项（不要输入方括号）
{ }	必选语法项（不要输入大括号）
[,...n]	提示前面的项可以重复 n 次（每项由逗号分隔）
[...n]	提示前面的项可以重复 n 次（每项由空格分隔）
[;]	SQL 语句终止符，必须在英文状态下输入（不要输入方括号）

语法格式说明与分析：

① db_name：数据库名。

② IF NOT EXISTS：用于在数据库创建前进行判断，只有当该数据库目前尚不存在时才执行创建指令。避免因创建同名数据库而报错。

③ CREATE DATABASE：创建数据库。

④ DEFAULT CHARACTER set charset_name：指定默认的字符集，charset_name 为字符集名称。

⑤ DEFAULT COLLATE collation_name：指定字符集的校对规则，collation_name 为校对规则名称。

创建数据库时最好指定字符集和字符集的校对规则。这样，在该数据库建立的表默认为数据库的字符集，同时表中的各字段也默认为数据库的字符集。

【例 3-1】 创建数据库 netshop。指定字符集为 utf8，校对规则为 utf8_general_ci。

```
mysql> CREATE DATABASE IF NOT EXISTS netshop
DEFAULT CHARACTER set utf8
COLLATE utf8_general_ci;
```

 **任务实施**

1. 任务内容

（1）使用图形界面创建 ebuy 数据库。

（2）使用命令行创建 netshop 数据库。

2. 实施步骤

（1）使用图形界面创建 ebuy 数据库

① 登录 Navicate for MySQL，如图 3.9 所示。

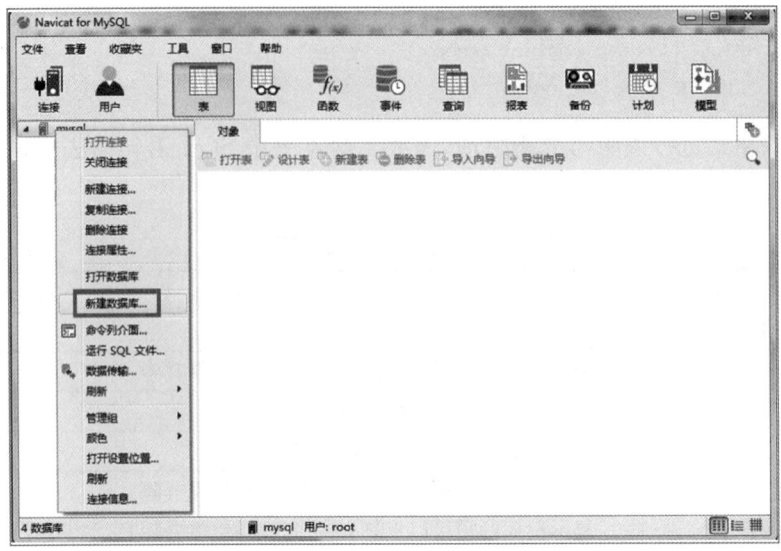

图 3.9　登录 Navicate for MySQL

② 右键单击连接名，选择"新建数据库"选项，确定数据库名称，选择字符集和排序规则，如图 3.10 所示。点击"确定"按钮，完成数据库的创建操作。

图 3.10　新建数据库

(2) 使用命令行创建数据库

创建数据库 netbuy，并指定字符集为 gb2312，校对规则为 gb2312_chinese_ci。

```
mysql> CREATE DATABASE IF NOT EXISTS netbuy
DEFAULT CHARACTER set gb2312
COLLATE gb2312_chinese_ci;
```

任务 3.2 "在线购物商城"系统的数据库管理

任务工单

完成"在线购物商城"系统的数据库的管理任务,见任务工单 3-2。

任务工单 3-2 "在线购物商城"系统的数据库管理

任务名称	"在线购物商城"系统的数据库管理		课时	
组别		成员	小组成绩	
姓名		学号	综合成绩	
任务情境	随着公司规模的不断扩大,数据库总是处于一个待定的状态中,管理员必须了解数据库的状态,才能更好地进行管理。在实际工作中,需要能够掌握查看、打开、修改、删除数据库等管理操作方法。			
任务目标	1. 知识目标:掌握查看、打开、修改、删除数据库的 SQL 语句的基本语法。 2. 技能目标:能够使用图形化工具和命令行查看、打开、修改、删除数据库。 3. 素质目标:培养规范、标准意识,学习大国工匠的精益求精、专注、敬业的职业精神。			
任务要求	按本任务后面列出的具体任务内容,完成数据库的管理。			
课前知识链接	1. 观看在线学习平台课前发布的视频。 2. 完成课前发布的任务测试。 任务 3.2 课程预习			
任务实施	(1) 使用图形界面和命令行查看数据库。 (2) 使用图形界面和命令行打开数据库。 (3) 使用图形界面和命令行修改数据库。 (4) 使用图形界面和命令行删除数据库。			
任务实施总结				
任务检查				
	1. 能否成功使用图形界面 Navicate for MySQL 查看、打开、修改和删除数据库。 2. 能否成功使用命令行查看、打开、修改和删除数据库。			
任务评估				
任务检查与评估	评估项目 || 评估结果		
	是否小组合作完成任务操作 || □是 □否		
	能否独立完成任务操作 || □不能 □基本能够 □能		
	自我评价任务操作 || □仅能理解 □不会操作 □会操作不理解 □能理解会操作		
	改进措施 ||		
任务点评				

 相关知识

3.2.1 查看数据库

数据库创建好后,登录 Navicate for MySQL,可以左键双击连接名或者使用 SHOW DATABASES 命令查看所有数据库。

3.2.2 打开数据库

创建数据库后并不表示选定并使用它,如果要操作某个数据库,必须选定并双击该数据库打开,打开后就可以对该数据库下面的对象进行操作了。

使用 USE 命令打开数据库,语法格式如下:

```
USE  db_name
```

【例 3-2】 打开数据库 netshop。

```
mysql> use netshop;
```

3.2.3 修改数据库

可以使用图形界面或命令行修改数据库的参数。

使用图形界面为:在 Navicate for MySQL 中,选中要修改的数据库,右键选择"数据库属性"选项,修改数据的相关参数,修改后,单击"确定"按钮即可。

使用命令行,通过 ALTER DATABASE 命令修改,语法格式如下:

```
ALTER {DATABASE |SCHEMA} [db_name]
[DEFAULT] CHARACTER set charset_name
[DEFAULT] COLLATE collation_name
```

【例 3-3】 修改数据库 netshop,将其字符集修改为 gb2312,排序规则为 gb2312_chinese_ci。

```
ALTER DATABASE netshop
DEFAULT CHARACTER SET gb2312
COLLATE gb2312_chinese_ci;
```

3.2.4 删除数据库

可以使用图形界面或命令行删除数据库。

使用图形界面:在 Navicate for MySQL 中,右键单击要删除的数据库名,然后选择"删除数据库"选项即可。

使用命令行,通过 DROP DATABASE 命令删除,语法格式如下:

```
DROP DATABASE [IF EXISTS] db_name
```

【例3-4】 删除数据库 netshop。

mysql> drop database netshop;

注意：数据库删除后，数据库里的所有表和表中的数据也随之删除。因此，在实际工作中，删除数据库之前最好对数据库做好备份，然后执行删除操作。

任务实施

1. 任务内容
（1）使用图形界面和命令行查看数据库。
（2）使用图形界面和命令行打开数据库。
（3）使用图形界面和命令行修改数据库。
（4）使用图形界面和命令行删除数据库。

2. 实施步骤
（1）使用图形界面和命令行查看数据库

① 使用图形界面查看数据库，如图 3.11 所示。

图 3.11　图形界面查看数据库 1

② 使用命令行查看数据库。执行以下命令，结果如图 3.12 所示。

mysql>SHOW DATABASES;

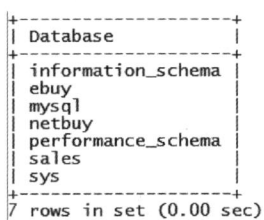

图 3.12　命令行查看数据库

(2) 使用图形界面和命令行打开数据库

① 使用图形界面打开数据库 netbuy,如图 3.13 所示。

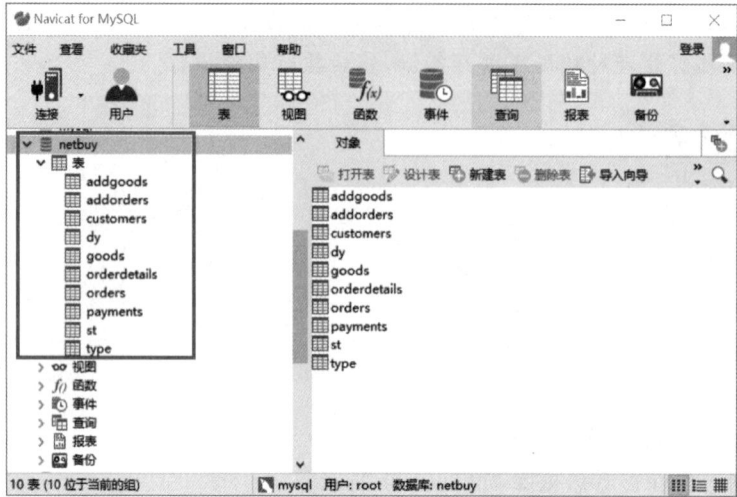

图 3.13　图形界面打开数据库 2

② 使用命令行打开数据库 netbuy。执行以下命令,结果如图 3.14 所示。

```
mysql>USE netbuy;

Database changed
```

图 3.14　命令行打开数据库

(3) 使用图形界面和命令行修改数据库

① 使用图形界面修改数据库。将数据库 ebuy 修改字符集为 utf8,排序规则为 utf8_general_ci,如图 3.15 所示。

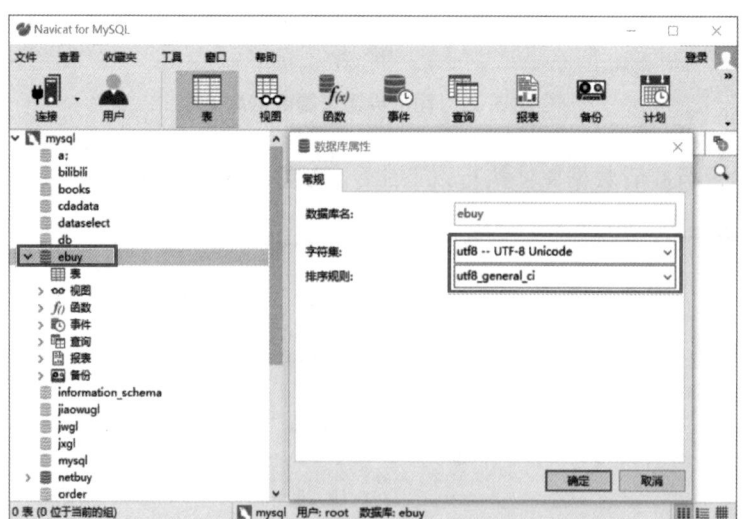

图 3.15　图形界面修改数据库

② 使用命令行修改数据库 netbuy。

```
ALTER DATABASE netbuy
DEFAULT CHARACTER set utf8
COLLATE utf8_general_ci;
```

(4) 使用图形界面和命令行删除数据库

① 使用图形界面删除数据库 ebuy，如图 3.16 所示。

图 3.16　图形界面删除数据库

② 使用命令行删除数据库 netbuy。

```
mysql>drop database netbuy;
```

项目拓展实训　数据库的创建与管理

1. 实训目的和要求

(1) 掌握用户数据库的创建方法。

(2) 掌握打开数据库的方法。

(3) 掌握查看数据库的方法。

(4) 掌握修改数据库的方法。

(5) 掌握删除数据库的方法。

2. 实训条件

MySQL 8.0、Navicate for MySQL。

3. 实训内容

（1）创建数据库

① 使用 Navicate for MySQL 创建数据库 teachdb。

② 使用 MySQL Command Line Client 创建数据库 netshop，指定字符集为 gb2312，校对规则为 gb2312_chinese_ci。

（2）数据库管理

① 查看数据库。

② 打开数据库 netshop。

③ 修改数据库 netshop，指定字符集为 utf8，校对规则为 utf8_general_ci。

④ 删除数据库 netshop。

4. 实训分析与总结

（1）对实训中遇到的问题进行分析、讨论

（2）对实训过程、方法进行总结

项目小结

本项目主要介绍数据库存储引擎与字符集相关知识和设置方法、数据库的创建、数据库的管理，采用任务驱动的方法，通过实例详细介绍了使用 Navicate for MySQL 和命令行完成数据库存储引擎与字符集的设置，数据库的创建、查看、打开、修改和删除操作。本项目内容是本课程学习的重点知识，掌握本项目的知识点可以为后续数据库知识的学习打下坚实基础。

自测习题

一、选择题

1. 使用（　　）字符集会出现乱码现象。
   A. utf8　　　　B. gb2312　　　C. latin1　　　D. GBK
2. 下列（　　）是服务器的字符集。
   A. character_set_server　　　　B. character_set_client
   C. character_set_results　　　　D. character_set_connection
3. 以下（　　）存储引擎支持 ACID 事务，支持行级锁定。
   A. MyISAM　　B. InnoDB　　　C. Memory　　　D. Archive
4. 下列（　　）可以查看 MySQL 所支持的存储引擎。
   A. SHOW ENGINES　　　　　　B. SHOW CHARACTER
   C. SHOW DATABASES　　　　　D. SHOW VARIABLES
5. 下列（　　）是用来删除数据库的命令。
   A. CREATE DATABSE　　　　　B. SHOW DATABASES
   C. ALTER DATABASE　　　　　D. DROP DATABASE

6. 下列( )是在互联网上使用最广的一种 Unicode 的实现方式。
   A. utf8　　　　B. latin1　　　　C. gb2312　　　　D. GBK
7. ("1+X"真题)MySQL 的配置文件是( )。
   A. my.ini　　　B. httpd.conf　　C. php.ini　　　　D. config.inc.php
8. ("1+X"真题)以下对 MySQL 数据库操作错误的是( )。
   A. SHOW DATABASES　　　　　B. USE DATABASE_NAME
   C. DROP DATABASE db_name　　D. SHOW TABLE;
9. ("1+X"真题)在 MySQL 数据库服务器中,查看当前系统内所有可用的数据库,可以执行( )指令。
   A. SHOW DATABASES　　　　　B. SHOW TABLES
   C. DESCRIBE DATABASES　　　D. DISPLAY LIBRARIES
10. ("1+X"真题)在 MySQL 中,创建数据库 test 的正确 SQL 语句是( )。
    A. CREATE DATABASE IF EXISTS 'test'
    B. CREATE IF NOT EXISTS 'test'
    C. CREATE DATABASE IF NOT EXISTS 'test'
    D. CREATE IF NOT EXISTS 'test' DATABASE

二、简答题

1. (企业面试题)简述 MySQL 的存储引擎及各自的优缺点。
2. 简述各字符集之间的依存关系及设置的方法。
3. 如何解决中文乱码的问题?

项目4 "在线购物商城"系统的表与数据管理

项目导读

在数据库中,数据表是最重要、最基本的操作对象,是数据存储的基本单位。数据表被定义为列的集合,数据在表中是按照行和列的格式来存储的。本项目以"在线购物商城"数据库netbuy创建表结构,介绍数据库的常用数据类型、完整性约束与创建数据库表结构的方法;介绍数据库中对表结构进行查看、修改、复制、删除;介绍数据表中插入数据、修改数据、删除数据的基本操作。

项目目标

> **知识目标**
1. 了解MySQL的数据类型。
2. 掌握完整性约束的实现方法。
3. 掌握使用图形界面和命令行界面创建表结构的方法。
4. 掌握使用命令行查看、修改、复制、删除表结构的方法。
5. 熟练掌握表数据的基本操作。

> **技能目标**
1. 能够进行数据表数据完整性约束设置。
2. 能够进行数据表的创建、修改、删除操作。
3. 能够进行数据表记录的插入、修改、删除等操作。

> **素质目标**
1. 培养分析问题、解决问题的探究能力。
2. 培养自律意识及执着、专注、敬业的工匠精神。
3. 培养规范编写代码的职业素养。

思政小课堂

在表结构的创建过程中,数据类型和长度的设置一定要准确、精度高,另外,为了保证后面数据的输入正确,还设置了5种约束,这样可以减少输入错误,提高工作效率。

俗话说"没有规矩不成方圆",做任何事都要有一定的规矩、规则。作为未来的程序员,我们不仅在编写程序过程中需要遵循编写规则,在做人方面,也要成为一个懂规则、守规则的人。

胡双钱,中国商飞上海飞机制造有限公司数控机加车间钳工组组长,一位本领过人的飞机制造师。在30年的航空技术制造工作中,他经手的零件上千万,没有出过一次质量差错。核准、划线、锯掉多余的部分,拿起气动钻头依线点导孔,握着锉刀将零件的锐边倒圆、去毛刺、打光,这样的动作,他整整重复了30年。一次,他按流程给一架在修理的大型飞机拧螺丝、上保险、安装外部零部件。保险对螺丝起固定作用,确保飞机在空中飞行时,不会因震动过大导致螺丝松动。下班后,胡双钱回想"上保险"这一环节,总觉得心里不踏实。思前想后,在凌晨3点,胡双钱骑着自行车赶到单位,拆去层层外部零件,保险醒目地出现在眼前,一颗悬着的心才落了下来。

自从参与ARJ21新支线飞机项目后,他对质量、精度、准度有了更高的要求。无论多么简单的加工,他都会在加工开始前认真核校图纸,操作时小心谨慎,加工后多次检查,"慢一点、稳一点、精一点、准一点"。

任务 4.1　"在线购物商城"系统的表创建

 **任务工单**

完成数据表的创建任务,见任务工单 4-1。

任务工单 4-1　数据表的创建

任务名称	数据表的创建			课时	
组别		成员		小组成绩	
学号		姓名		综合成绩	
任务情境	"在线购物商城"数据库创建好之后,根据需求需要创建该数据库对应的表结构。一个数据库需要多少张表,一个表中应包含几列(字段),各个列(字段)要选择什么样的数据类型,这是建表时必须考虑的问题。数据类型的选择是否合理对数据库性能也会产生一定的影响。在一个表中,通常某个字段需要唯一表示一条记录或者某列值不能重复,就需要对表字段进行数据约束。				
任务目标	1. 知识目标:掌握完整性约束的几种方法,掌握数据表创建的方法。 2. 技能目标:能够使用图形化工具和命令行创建数据表。 3. 素质目标:培养严谨的科学态度和自律意识。				
任务要求	按本任务后面列出的具体任务内容,完成数据表的创建。				
课前知识链接	1. 观看在线学习平台课前发布的视频。 2. 完成课前发布的任务测试。				任务 4.1 课程预习
任务实施	(1) 使用图形界面创建 payments 表结构。 (2) 使用命令行创建 payments 表。 (3) 利用命令行创建 orders 表。 (4) 利用命令行创建 orderdetails 表。				
任务实施总结					
任务检查与评估	任务检查				
	1. 能否正确创建"在线购物商城"的 6 张数据表。 2. 能否正确设置数据库表字段和约束。				
	任务评估				
	评估项目		评估结果		
	是否小组合作完成任务操作	□是		□否	
	能否独立完成任务操作	□不能	□基本能够	□能	
	自我评价任务操作	□仅能理解 □会操作不理解		□不会操作 □能理解会操作	
	改进措施				
任务点评					

相关知识

4.1.1 MySQL 数据类型

1. 整型数据

整型类型是数据库中最基本的数据类型,标准 SQL 中支持 INT(INTEGER)和 SMALLINT 两类整数类型。MySQL 数据库除了支持这 2 种类型以外,还扩展支持了 TINYINT、MEDIUMINT 和 BIGINT,见表 4.1。

表 4.1 整型类型

整型类型	字节数	无符号数的取值范围	有符号数的取值范围	适用场景
TINYINT	1	0~255	−128~127	用于存放很小的正、负整数,常用于枚举数据,例如性别,0 表示女,1 表示男
SMALLINT	2	0~65533	−32768~32767	存储相对比较小的整数,例如年纪、工龄和学分等
MEDIUMINT	3	0~16777215	−8388608~8388607	存放中等整数,例如浏览量下载量中等规模的数据
INT(INTEGER)	4	0~4294967295	−2147483648~2147483647	存储较大整数,一般情况下不用考虑超限问题,例如商品编号等
BIGINT	5	0~18446744073709551615	−9223372036854775808~9223372036854775807	存储超大整数,例如大型门户网站数量等

2. 浮点数类型和定点数类型

MySQL 中使用浮点数类型和定点数类型来表示小数。浮点数类型包括单精度浮点数(FLOAT 型)和双精度浮点数(DOUBLE 型),定点数类型就是 DECIMAL 型,见表 4.2。

表 4.2 浮点数类型和定点数类型

类 型	字节数	负数的取值范围	非负数的取值范围	适用场景
FLOAT(M,D)	4	−3.402813466E+38~ −1.175494351E−38	0 和 1.175494351E−38~ 3.402823466E+38	存储小的数据,例如成绩、温度等
DOUBLE(M,D)	8	−1.7976931348623157E+308~ −2.2250738585072014E−308	0 和 2.2250738585072014E−308~ 1.7976931348623157E+308	存储双精度的小数据,例如科学数据等
DECIMAL(M,D) 或者 DEC(M,D)	M+2	同 DOUBLE 型	同 DOUBLE 型	以特别高的精度存储小数数据,例如货币数额、单价和科学数据等

3. CHAR 类型和 VARCHAR 类型

CHAR 与 VARCHAR 的对比见表 4.3。

表 4.3　CHAR 类型和 VARCHAR 类型

名称	含义	字符个数	适用场景
CHAR(n)	固定长度的字符串	最多 255 个字符	存储通常包含预定义字符串的变量，例如国家、邮编和身份证号
VARCHAR(n)	可变长度的字符串	最多 65535 个字符	存储不同长度的字符串值，例如名字、商品名称和密码等

CHAR 和 VACHAR 的区别如下：

(1) 二者都可以通过指定 n 来限制存储的最大字符数长度，CHAR(20)和 VARCHAR(20)最多只能存储 20 个字符，超过的字符将会被截掉。n 必须小于该类型允许的最大字符数。

(2) CHAR 类型指定了 n 之后，如果存入的字符数小于 n，后面将会以空格补齐，查询的时候再将末尾的空格去掉，即 CHAR 类型存储的字符串末尾不能有空格，而 VARCHAR 不受此限制。

(3) 内部存储的机制不同。CHAR 是固定长度，例如 CHAR(4)不管是存入 1 个字符，2 个字符或者 4 个字符，都将占用 4 个字节。VARCHAR 是存入的(实际字符数+1)个字节(n<=255)或者 2 个字节(n>255)，所以对 VARCHAR(4)来说，存入一个字符串将占用 2 个字节，2 个字符占用 3 个字节，4 个字符占用 5 个字节。

(4) CHAR 类型的字符串检索速度比 VARCHAR 类型快。

4. TEXT 类型和 BLOB 类型

TEXT 和 BLOB 的存储方式不同，TEXT 以文本方式存储，而 BLOB 以二进制方式存储。如果存储英文，TEXT 区分大小写，而 BLOB 不区分大小写。TEXT 可以指定字符集，BLOB 不用指定字符集。

TEXT 有 4 种类型：TINYTEXT、TEXT、MEDIUMTEXT 和 LONGTEXT，见表 4.4。

表 4.4　TEXT 类型

名称	字符个数	适用场景
TINYTEXT	最多 255 个字符	存储大型文本数据，例如新闻事件、产品描述和备注等
TEXT	最多 65535 个字符	
MEDIUMTEXT	最多 $2^{24}-1$ 个字符	
LONGTEXT	最多 $2^{32}-1$ 个字符	

BLOB 有 4 种类型：TINYBLOB、BLOB、MEDIUMBLOB 和 LONGBLOB，见表 4.5，其最大长度与 TEXT 类型对应。

表 4.5　BLOB 类型

名称	字符个数	适用场景
TINYBLOB	最多 255 个字符	存储二进制数据，例如图片、声音、附件和二进制文档等
BLOB	最多 65535 个字符(65KB)	
MEDIUMBLOB	最多 $2^{24}-1$ 个字符(16MB)	
LONGBLOB	最多 $2^{32}-1$ 个字符(4GB)	

5. BINARY 类型和 VARBINARY 类型

BINARY 和 VARBINARY 数据类型类似于 CHAR 和 VARCHAR 数据类型。不同之处在于,BINARY 和 VARBINARY 使用字节为存储单位,而 CHAR 和 VARCHAR 使用字符为存储单位。例如,BINARY(5)表示存储 5 字节的二进制数据,而 CHAR(5)表示存储 5 个字符的数据。

BINARY[(n)]:固定 n 个字节二进制数据。n 的取值范围为 1~255,默认为 1。若输出的字长度小于 n,则不足部分以 0 填充。BINARY(n)数据存储的长度为(n+4)个字节。

VARBINARY[(n)]:n 个字节变长二进制数据。n 的取值范围为 1~65535,默认为 1。VABINARY(n)数据存储的长度为(实际长度+4)个字节。

6. 时间和日期类型

时间与日期类型是为了方便在数据库中存储时间和日期而设计的。MySQL 中有多种表示日期和时间的数据类型,见表 4.6,其中 YEAR 类型表示年份,DATE 类型表示日期,TIME 类型表示时间,DATETIME 和 TIMESTAMP 表示日期和时间。

表 4.6 时间和日期类型

名称	字节数	格式	含义	适用场景
YEAR	1	YYYY	年份值	存储年份,例如毕业年、工作年和出生年等
TIME	3	HH:MM:SS	时间值或持续时间	存储时间或时间间隔,例如开始(结束)时间、两个时间之间的间隔等
DATE	3	YYYY-MM-DD	日期值	存储日期,例如生日、进货日期等
DATETIME	8	YYYY-MM-DD HH:MM:SS	混合日期和时间值	存储包含日期和时间的数据,例如事件提醒等
TMIESTAMP	8	YYYY-MM-DD HH:MM:SS	混合日期和时间值、时间戳	存储即时时间,例如当前时间提醒等

7. ENUM 类型和 SET 类型

ENUM(枚举)和 SET(集合)是比较特殊的字符串数据列类型,它们的取值范围是一个预先定义好的列表。被枚举的值必须用引号,不能是表达式或者一个变量估值。如果想用数值作为枚举值,也必须用引号。

ENUM 类型,最多可以定义 65 535 种不同的字符串,只能并且必须从中选择一种,占用一个或两个字节的存储空间,由枚举值的数目决定。例如,要表示性别字段,可用 ENUM 数据类型,ENUM('男','女')只有两种选择,要么是'男',要么是'女',而且只需一个字节。

SET 类型,其值同样来自一个逗号分隔的列表,最多可以有 64 种不同的字符串,可以选择其中的 0 个到不限定的多个,占用 1~8 个字节的存储空间,由集合可能的成员数目决定。例如,要表示业余爱好字段,要求提供多选项选择,这时该字段可以使用 SET 数据类型,如 SET('篮球','足球','音乐','电影','看书','画画','摄影'),表示可以选择"篮球""足球""音乐""电影""看书""画画"和"摄影"中的 0 项或多项。

4.1.2 创建表结构

1. 使用图形界面创建数据表

（1）登录 Navicate for MySQL，双击连接名，找到新建的数据库 netbuy，右键单击数据库下面的"表"，选择"新建表"，如图 4.1 所示。

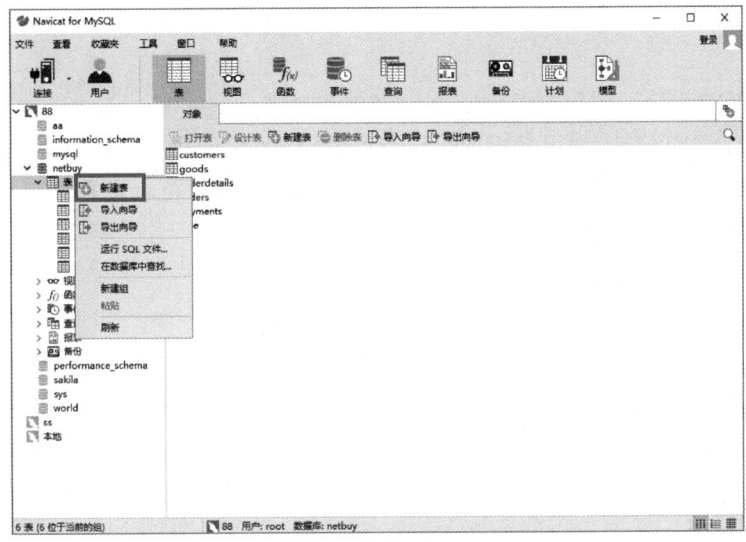

图 4.1　登录 Navicate for MySQL

（2）以本书配套 customers 表建立（表结构见项目 1 中表 1.7），点击"添加栏位"，录入字段名、类型、长度、是否 NULL 值、是否主键、是否唯一键，如图 4.2 所示。

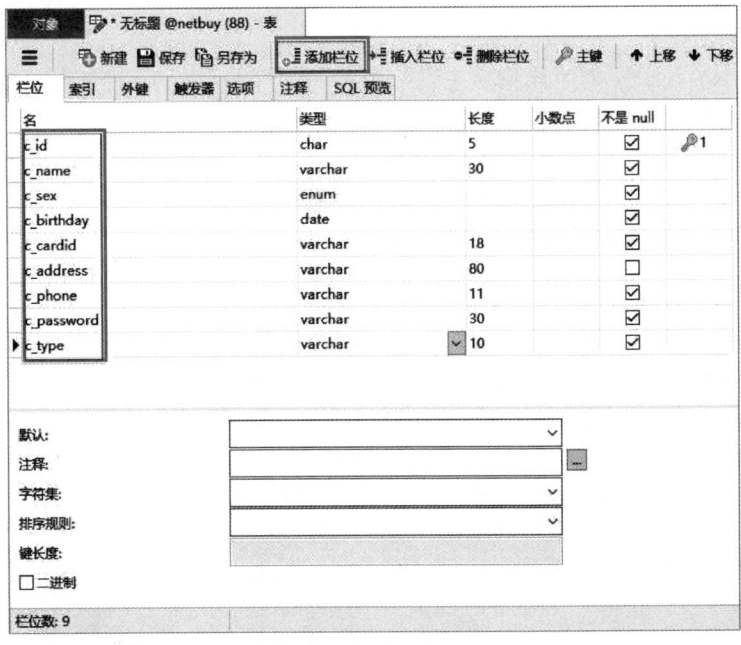

图 4.2　新建数据表

(3)点击"保存",取表名为 customers,完成数据表的创建操作。

2. 使用命令行创建表

创建表的语法格式如下:

```
CREATE [TEMPORARY] TABLE [IF NOT EXISTS]  table_name
[(column_definition],...|[index_definition])]
[table_option] [selecIt_statement];
```

说明:

① TEMPORARY:使用该关键字表示创建临时表。

② IF ONT EXISTS:如果数据库中已存在某张表,再创建一个同名的表时,会出现错误信息。为避免错误信息出现,可以在建表前加上这一判断,表示只有该表目前不存在时才执行 CREATE TABLE 操作。

③ table_name:要创建的表名。

④ column_definition:字段的定义。通常包括以下 9 类。

```
col_name   type [NOT NULL| NULL] [DEFAULT default_value]
[AUTO_INCREMENT] [UNIQUE [KEY] | [PRIMARY]KEY]
[COMMENT 'string'] [reference_definition]
```

- col_name:字段名。
- type:声明字段的数据类型。
- NULL(NOT NULL):表示字段是否可以是空值。
- DEFAULT:指定字段的默认值。
- AUTO_INCREMENT:设置自增属性,只有整型类型才能设置此属性。AUTO_INCREMENT 从 1 开始。每个表只能有一个 AUTO_INCREMENT 列,并且它必须被索引。
- UNIQUE KEY:对字段指定唯一性约束。
- PRIMARY KEY:对字段指定主键约束。
- COMMENT 'string':对于列的描述,string 为描述内容。
- renference_definition:指定字段外键约束。

⑤ index_definition:为表的相关字段指定索引。

【例 4-1】 利用命令行创建表 customers。

```
mysql>   CREATE TABLE customers (
         c_id char(5) NOT NULL comment' 会员编号 ',
         c_name varchar(30) NOT NULL comment' 会员名称 ',
         c_sex enum('男','女') NOT NULL comment' 会员性别 ',
         c_birthday date NOT NULL comment' 出生日期 ',
         c_cardid varchar(18) NOT NULL comment' 身份证号 ',
         c_address varchar(80) DEFAULT NULL comment' 地址 ',
         c_phone varchar(11) DEFAULT NULL comment' 电话 ',
         c_password varchar(30) NOT NULL comment' 密码 ',
         c_type varchar(10) NOT NULL comment' 会员类型 ',
```

```
    PRIMARY KEY (c_id),
    UNIQUE KEY c_name_UNIQUE (c_name)
)ENGINE=InnoDB DEFAULT CHARSET=utf8mb4 COLLATE=utf8mb4_0900_ai_ci;
```

4.1.3 完整性约束

1. PRIMARY KEY

(1) 理解 PRIMARY KEY 约束

PRIMARY KEY 也称主键。可指定一个字段作为表主键,也可以指定两个及以上的字段作为符合主键,其值能唯一地标识表中的每一行,而且 PRIMARY KEY 约束中的列不能取空值。由于 PRIMARY KEY 约束能确保数据唯一,所以经常用来定义标志列。

可以在创建表时新创建主键,也可以对表中已有主键进行修改或者增加新的主键。设置主键通常有两种方式:表的完整性约束和列的完整性约束。

(2) 创建 PRIMARY KEY 约束

【例 4-2】 创建表 type,用表的完整性约束设置主键。

```
Mysql> CREATE TABLE IF NOT EXISTS  type (
  t_id char(3) NOT NULL comment'类别编号',
  t_name varchar(50) NOT NULL comment'类别名称',
  t_desc varchar(100) DEFAULT NULL comment'类别描述',
  PRIMARY KEY (t_id)
) ENGINE=InnoDB DEFAULT CHARSET=utf8mb4 COLLATE=utf8mb4_0900_ai_ci;
```

或者用列的完整性约束设置主键。

```
Mysql> CREATE TABLE IF NOT EXISTS  type (
  t_id char(3) NOT NULL comment'类别编号' PRIMARY KEY,
  t_name varchar(50) NOT NULL comment'类别名称',
  t_desc varchar(100) DEFAULT NULL comment'类别描述'
) ENGINE=InnoDB DEFAULT CHARSET=utf8mb4 COLLATE=utf8mb4_0900_ai_ci;
```

2. UNIQUE 约束

(1) 理解 UNIQUE 约束

UNIQUE 约束(唯一性约束)又称替代键。替代键是没有被选作主键的候选键。替代键像主键一样,是表的一列或一组列,它们的值在任何时候都是唯一的。可以为主键以外的其他字段设 UNIQUE 约束。

(2) 创建 UNIQUE 约束

【例 4-3】 在 netbuy 数据库中,创建表 customers,用列的完整性约束的方式将 c_id 设为主键,用表的完整性约束的方式将 c_name 设置为唯一键。

```
Mysql> CREATE TABLE customers(
  c_id char(5) NOT NULL comment'会员编号' PRIMARY KEY,
  c_name varchar(30) NOT NULL comment'会员名称',
  c_sex enum('男','女') NOT NULL comment'会员性别',
```

```
    c_birthday date NOT NULL comment'出生日期',
    c_cardid varchar(18) NOT NULL comment'身份证号',
    c_address varchar(80) DEFAULT NULL comment'地址',
    c_phone varchar(11) DEFAULT NULL comment'电话',
    c_password varchar(30) NOT NULL comment'密码',
    c_type varchar(10) NOT NULL comment'会员类型',
    UNIQUE KEY c_name_UNIQUE (c_name)
);
```

或者,可以作为列的完整性约束直接在字段后面设置唯一性。

```
Mysql> CREATE TABLE customers(
    c_id char(5) NOT NULL comment'会员编号' PRIMARY KEY,
    c_name varchar(30) NOT NULL comment'会员名称' UNIQUE,
    c_sex enum('男','女') NOT NULL comment'会员性别',
    c_birthday date NOT NULL comment'出生日期',
    c_cardid varchar(18) NOT NULL comment'身份证号',
    c_address varchar(80) DEFAULT NULL comment'地址',
    c_phone varchar(11) DEFAULT NULL comment'电话',
    c_password varchar(30) NOT NULL comment'密码',
    c_type varchar(10) NOT NULL comment'会员类型'
);
```

3. FOREIGN KEY 约束

(1) 理解 FOREIGN KEY 约束

在关系型数据库中,很多规则是和表之间的关系有关的,表与表之间往往存在一种"父子"关系。例如,如果字段 t_id 是一个表 A 的属性,且依赖于表 B 的主键。那么,称表 B 为父表,表 A 为子表。通常将 t_id 设为表 A 的外键,参照表 B 的主键字段,通过 t_id 字段将父表 B 和子表 A 建立关联关系。这种类型的关系就是 FOREIGN KEY(参照完整性)约束。

在 netbuy 数据库中,存储在 goods 表中的所有 t_id 必须存在于 type 表的类别编号列中。因此,应该将 goods 表中的 t_id 列定义外键参照 type 表中的类别编号。

外键的作用是建立子表与其父表的关联关系,保证子表与父表关联的数据一致性。父表中更新或删除某条信息时,子表中与之对应的信息也必须相应改变。

定义外键的语法格式已经在 4.1.2 小节创建表时给出,这里仅列出 reference_definition 的定义。

外键被定义为表的完整性,reference_definition 中包含了外键所参照的表和列,还可以声明参照动作。reference_definition 语法格式如下:

```
REFERENCES tbl_name[index_col_name,...]
[ON DELETE|RESTRICT|CASCADE|SET NULL|NO ACTION|]
[ON UPDATE|RESTRICT|CASCADE|SET NULL|NO ACTION|]
```

说明:

① RESTRICT:当要删除或更新父表中被参照列上在外键中出现的值时,拒绝对父表

的删除或更新操作。

② CASCADE：从父表删除或更新时自动删除或更新子表中匹配的行。

③ SET NULL：从父表删除或更新行时，设置子表中与之对应的外键列为 NULL。如果外键列没有指定 NOT NULL 限定词，那么说明此操作合法。

④ NO ACTION：表示不采取动作，即如果有一个相关的外键值在被参考的表中，那么删除或更新父表中主键值的企图将不被允许（同 RESTRICT）。

⑤ SET DEFAULT：作用和 SET NULL 相同，只不过 SET DEFAULT 是指定子表中的外键列为默认值。

(2) 创建 FOREIGN KEY 约束实例

【例 4-4】 利用命令行创建表 goods。

```
mysql> CREATE TABLE IF NOT EXISTS goods (
        g_id char(6) NOT NULL comment'商品编号',
        g_name varchar(50) NOT NULL comment'商品名称',
        t_id char(3) NOT NULL comment'类别编号',
        g_price float NOT NULL comment'价格',
        g_discount float NOT NULL comment'折扣',
        g_number int(11) DEFAULT NULL comment'数量',
        g_prodate date DEFAULT NULL comment'生产日期',
        g_status varchar(8) DEFAULT NULL comment'商品状态',
        t_desc varchar(30) NOT NULL comment'商品描述',
        PRIMARY KEY (g_id),
        FOREIGN KEY (t_id)
        REFERENCES type (t_id)
        ON DELETE RESTRICT
        ON UPDATE RESTRICT
        ) ENGINE = InnoDB;
```

4. CHECK 约束

(1) 理解 CHECK 约束

主键、唯一键和外键都是常见的完整性约束的例子。但是，每个数据库都还有一些专用的完整性约束。例如，goods 表中的价格的数值要在 0～10 000 之间，customers 表中的出生日期必须大于 1990 年 1 月 1 日。这样的规则可以使用 CHECK 约束来指定。

CHECK 约束在创建表的时候定义，可以定义为列完整性约束，也可以定义为表完整性约束。其语法格式如下：

```
CHECK(expr)
```

说明：

expr：表达式，指定需要检查的条件，在更新表数据的时候，MySQL 会检查更新后的数据行是否满足 CHECK 的条件。

(2) 创建 CHECK 约束实例

【例 4-5】 利用命令行创建表 goods，购买价格必须大于 0 且小于 10 000。

```
mysql> CREATE TABLE IF NOT EXISTS goods (
       g_id char(6) NOT NULL comment '商品编号',
       g_name varchar(50) NOT NULL comment '商品名称',
       t_id char(3) NOT NULL comment '类别编号',
       g_price float NOT NULL comment '价格',
       g_discount float NOT NULL comment '折扣',
       g_number int(11) DEFAULT NULL comment '数量',
       g_prodate date DEFAULT NULL comment '生产日期',
       g_status varchar(8) DEFAULT NULL comment '商品状态',
       t_desc varchar(30) NOT NULL comment '商品描述',
       PRIMARY KEY (g_id),
       CHECK(price>0 and price<10000),
       FOREIGN KEY (t_id)
       REFERENCES type (t_id)
       ON DELETE RESTRICT
       ON UPDATE RESTRICT
       ) ENGINE=InnoDB;
```

任务实施

1. 任务内容

（1）使用图形界面创建 payments 表结构。

（2）使用命令行创建 payments 表。

（3）利用命令行创建 orders 表。

（4）利用命令行创建 orderdetails 表。

2. 实施步骤

（1）使用图形界面创建 payments 表结构。

① 登录 Navicate for MySQL，右键单击连接名，找到新建的数据库 netbuy，新建表操作与 4.1.2 小节创建表一致，不再赘述。

② 以本书配套 payments 表（表结构见项目 1 表 1.6）进行建立，点击"添加栏位"，录入字段名、类型、长度、是否 NULL 值、是否主键，如图 4.3 所示。

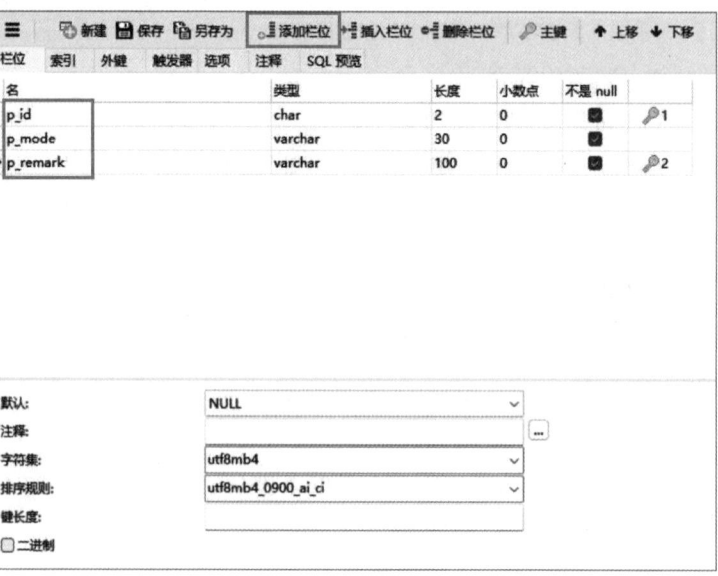

图 4.3　新建数据表

③ 点击保存,取表名为 payments,完成数据表的创建操作。

(2) 使用命令行创建 payments 表

```
mysql> CREATE TABLE IF NOT EXISTS payments (
       p_id char(2) NOT NULL,
       p_mode varchar(30) NOT NULL,
       p_remark varchar(100) DEFAULT NULL,
       PRIMARY KEY (p_id)
       )ENGINE = InnoDB;
```

(3) 利用命令行创建 orders 表

```
mysql> CREATE TABLE IF NOT EXISTS orders (
       o_id char(13) NOT NULL,
       c_id char(5) NOT NULL,
       o_date date NOT NULL,
       o_sum float NOT NULL,
       p_id char(2) NOT NULL,
    o_status enum('审核中','发货中','已完结','取消') DEFAULT '审核中',
    PRIMARY KEY (o_id),
    CONSTRAINT c_id FOREIGN KEY (c_id) REFERENCES customers (c_id),
 CONSTRAINT p_id FOREIGN KEY (p_id) REFERENCES payments (p_id)
 ) ENGINE = InnoDB;
```

(4) 利用命令行创建 orderdetails 表

```
mysql> CREATE TABLE IF NOT EXISTS orderdetails (
       d_id int(11) NOT NULL,
       o_id char(13) NOT NULL,
       g_id char(6) NOT NULL,
       od_price float NOT NULL,
       od_number int(11) NOT NULL,
       PRIMARY KEY (d_id),
       CONSTRAINT g_id FOREIGN KEY (g_id) REFERENCES goods (g_id),
       CONSTRAINT o_id FOREIGN KEY (o_id) REFERENCES orders (o_id),
       CHECK(od_price>0 and od_price<10000)
       ) ENGINE = InnoDB;
```

任务 4.2 "在线购物商城"系统的表管理

 任务工单

完成数据表的管理的任务,见任务工单 4-2。

任务工单 4-2 数据表的管理

任务名称	数据表的管理			课时	
组别		成员		小组成绩	
学号		姓名		综合成绩	
任务情境	在"在线购物商城"数据库中创建了表结构之后,需要对表结构进行管理,包括查看表、修改表、删除表等操作。这些操作都是数据库管理中最基本,也是最重要的操作。					
任务目标	1. 知识目标:掌握数据表的查看、修改、删除的方法。 2. 技能目标:能够进行数据表的查看、修改、复制、删除操作。 3. 素质目标:培养学习、工作中应具备的执着与专注精神以及良好的职业素养。				
任务要求	按本任务后面列出的具体任务内容,完成数据表的管理。				
课前知识链接	1. 观看在线学习平台课前发布的视频。 2. 完成课前发布的任务测试。 任务 4.2 课程预习				
任务实施	(1)使用图形界面完成表的管理 ① orders 表结构的查看。 ② orders 表结构的修改:增加列 o_sendaddress。 ③ orders 表结构的复制。 ④ orders_copy 表结构的删除。 (2)使用命令行完成表的管理 ① orders 表结构的查看。 ② orders 表结构的修改:增加列 o_sendaddress。 ③ orders 表结构的复制。 ④ orders1 表结构的删除。				
任务实施总结					
任务检查与评估	任务检查				
	1. 能否正确查看"在线购物商城"数据表。 2. 能否正确修改、删除"在线购物商城"数据表。				
	任务评估				
		评估项目		评估结果		
		是否小组合作 完成任务操作	□是	□否		
		能否独立完 成任务操作	□不能	□基本能够	□能	
		自我评价 任务操作	□仅能理解 □会操作不理解		□不会操作 □能理解会操作	
		改进措施				
任务点评					

4.2.1 查看数据表结构

1. 使用图形界面查看数据库表结构

数据表创建好后,可以使用图形界面或命令行界面查看数据表结构是否存在。

【例 4-6】 查看 netbuy 数据库中的 customers 数据表结构。

登录 Navicate for MySQL,双击连接名,找到 netbuy 数据库,右键单击该数据库下面的表结构,选择"打开表",如图 4.4 所示。

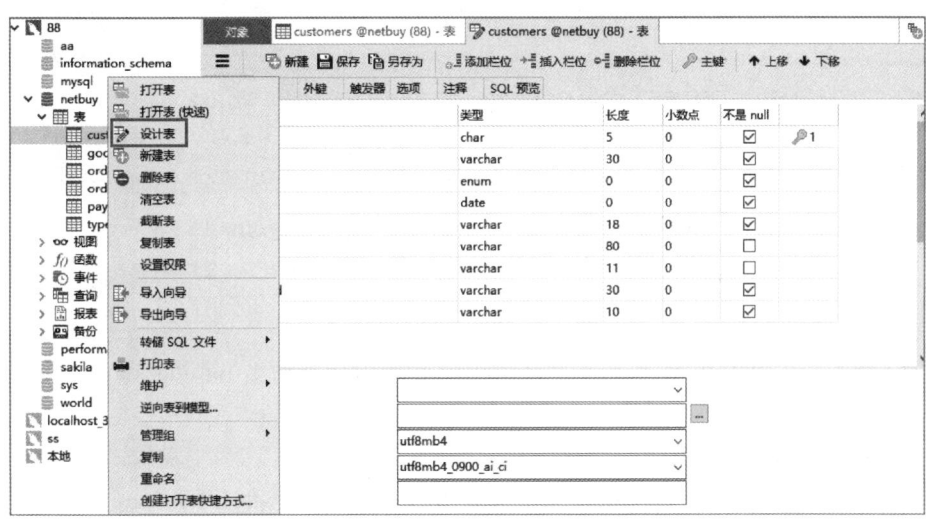

图 4.4 查看数据库表结构

2. 使用命令行查看数据表结构

使用 DESCRIBE 命令查看数据表结构,语法格式如下:

```
DESCRIBE table_mame db_name
```

在命令行界面输入:

```
mysql> DESCRIBE customers
```

输出结果如图 4.5 所示。

图 4.5 查看数据表结构

4.2.2 修改数据表

1. 使用图形界面修改数据库表结构

使用图形界面查看数据库结构后即可修改表结构,查看数据表结构的操作步骤见4.2.1 小节,不再赘述。

2. 使用命令行修改数据库

数据库表创建好后,如果需要修改数据库表结构,还可以使用 ALTER TABLE 命令,语法格式如下：

```
ALTER [IGNORE] TABLE tbl_name
alter_specification[,alter_specification]...
alter_specification:
ADD[COLUMN] column_definition[FIRST|AFTER col_name]            //添加字段
|ALTER[COLUMN] col_name|SET DEFAULLT literal|DROP DEFAULT|     //删除默认值
|CHANGE[COLUMN] old_col_name column_definition                 //重命名字段
[FIRST|AFTER col_name]
|MODIFY[COLUMN] column_definition[FIRST|AFTER col_name]        //修改数据类型
|DROP [COLUMN] col_name                                        //删除列
|RENAME[TO] new_tbl_name                                       //对表重命名
|ORDER BY col_name                                             //将字段排序
|CONVERT TO CHARACTER SET charset_name  [COLLATE collation_name]
                                                               //将字符集转换为二进制
|[DEFALLT] CHARACTER SET charset_name [COLLATE collation_name] //修改表的默认字符集
```

【例 4-7】 在 customers 表的 c_phone 列后面增加一列 c_email。

```
mysql>ALTER TABLE customers
ADD c_email VARCHAR( 20 ) NOT NULL AFTER c_phone;
```

【例 4-8】 在 customers 表的 c_birthday 列后面增加一列 c_joining_date，并定义其默认值为'2019-09-01'。

```
mysql>ALTER TABLE customers
ADD c_joining_date  DATE  NOT NULL DEFAULT'2019-09-01'AFTER c_birthday;
```

【例 4-9】 修改 customers 表的 c_sex 列的默认值为女。

```
mysql>ALTER TABLE customers
  Change  c_sex  会员性别 会员性别 char(2) NOT NULL DEFAULT'女';
```

【例 4-10】 删除 customers 表的 c_joining_date 列的默认值。

```
mysql>ALTER TABLE customers
ALTER  c_joining_date  DROP DEFAULT;
```

4.2.3 复制数据表

1. 使用图形界面复制数据库表结构

登录 Navicate for MySQL，双击连接名，找到 netbuy 数据库，右键单击该数据库下面的表结构，选择"复制表"，如图 4.6 所示。

2. 使用命令行复制数据库

可以通过 CREATE TABLE 命令复制表的结构和数据，语法格式如下：

```
CREATE [TEMPORARY] TABLE [IF NOT EXISTS] tbl_name
[( )LIKE old_tbl_name [ ] ]
|[AS (select_statement)];
```

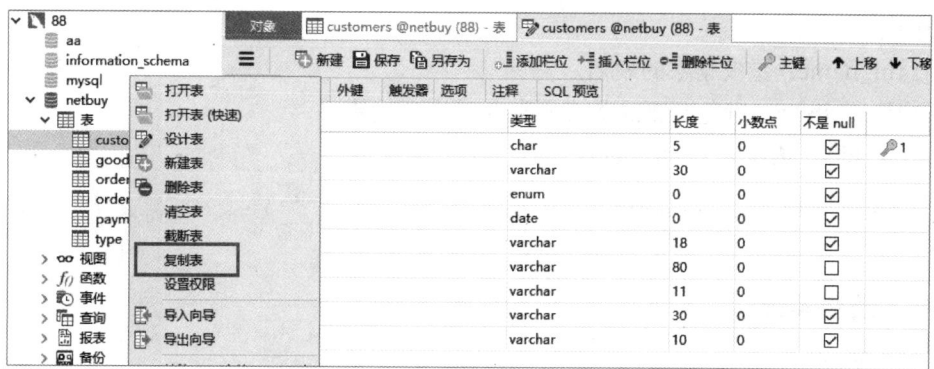

图 4.6 复制数据库表结构

说明：如果使用 LIKE 关键字，表示复制表的结构，但没复制数据；如果使用 AS 关键字，表示复制表的结构的同时，也复制了数据。

【例 4-11】 创建一个表 customers 的附表 customers1。

```
mysql>CREATE TABLE customers1 LIKE customers;
```

【例 4-12】 创建一个表 customers 的附表 customers_copy。

```
mysql>CREATE TABLE customers_copy AS SELECT * FROM customers;
```

4.2.4 删除数据表

1. 使用图形界面删除数据库表

登录 Navicate for MySQL，双击连接名，找到 netbuy 数据库，右键单击该数据库下面的表结构，选择"删除表"，如图 4.7 所示。

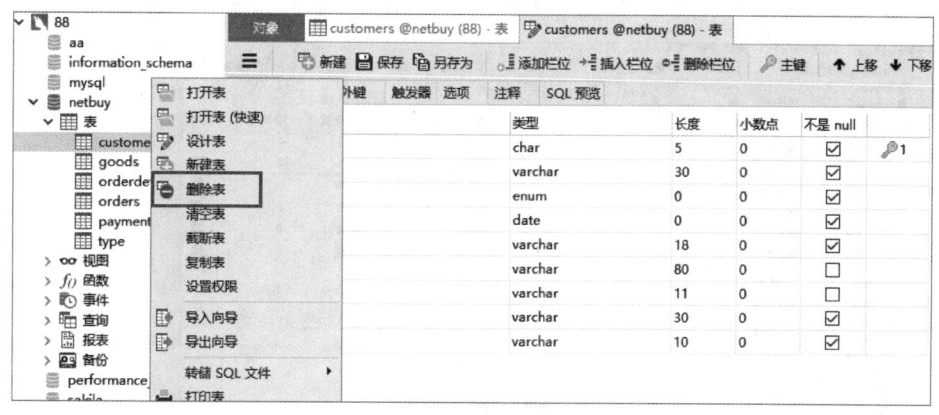

图 4.7 删除数据库表结构

2. 使用命令行删除数据表

可以使用 DROP TABLE 命令删除已存在的表，语法格式如下：

```
DROP [TEMPORARY] TABLE [IF EXISTS] tbl_name [,tbl_name]...
```

说明：

① tbl_name：要被删除的表名。

② IF EXISTS：避免要删除的表不存在时出现报错。

【例4-13】 删除表customers1。

```
mysql>DROP TABLE customers1;
```

任务实施

1. 任务内容

（1）使用图形界面完成表的管理

① orders表结构的查看。

② orders表结构的修改：增加列o_sendaddress。

③ orders表结构的复制。

④ orders_copy表结构的删除。

（2）使用命令行完成表的管理

① orders表结构的查看。

② orders表结构的修改：增加列o_sendaddress。

③ orders表结构的复制。

④ orders_copy表结构的删除。

2. 实施步骤

（1）使用图形界面完成表的管理

① orders表结构的查看

登录Navicate for MySQL，双击连接名，找到netbuy数据库，右键单击该数据库下面的表结构"orders"，选择"设计表"，如图4.8所示。orders表结构如图4.9所示。

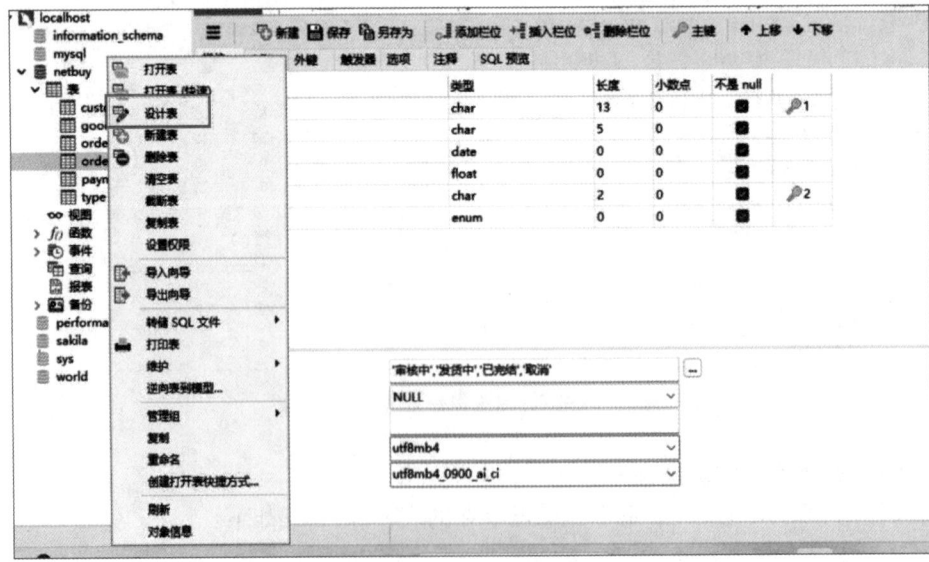

图4.8 查看orders表结构

项目 4 "在线购物商城"系统的表与数据管理

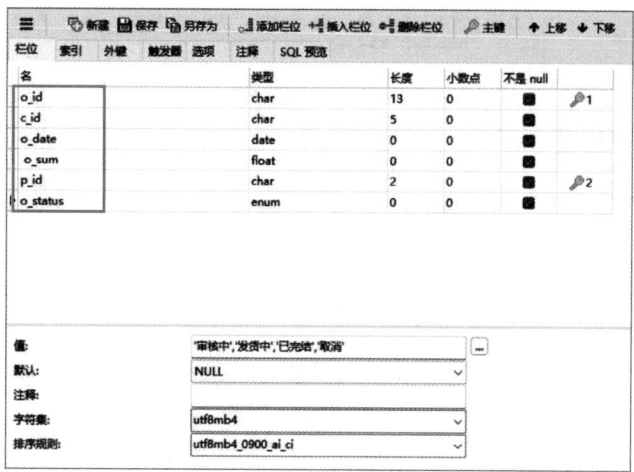

图 4.9 orders 表结构

② orders 表结构的修改：增加列 o_sendaddress

根据以上步骤查看 orders 数据表结构后，点击工具栏上的"添加栏位"，录入需要新增的字段 o_sendaddess，完成数据表的修改，如图 4.10 所示。

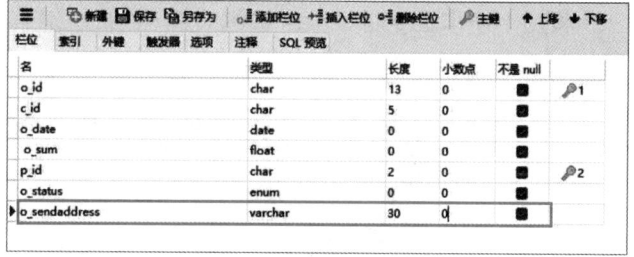

图 4.10 修改数据表结构

③ orders 表结构的复制

登录 Navicate for MySQL，双击连接名，找到 netbuy 数据库，右键单击该数据库下面的表结构"orders"，选择"复制表"，如图 4.11 所示，即显示 orders 表复制了一张 orders-copy 表，如图 4.12 所示。

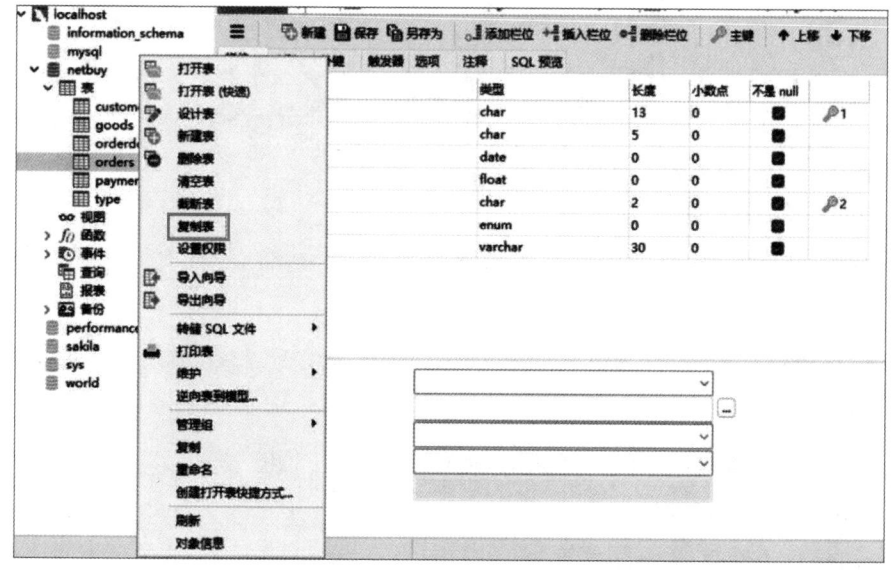

图 4.11 复制数据表

075

图 4.12 数据表复制结果

④ orders-copy 表结构的删除

根据上述步骤复制 orders 数据表结构后,右键单击复制的表结构"orders_copy",选择"删除表",如图 4.13 所示。

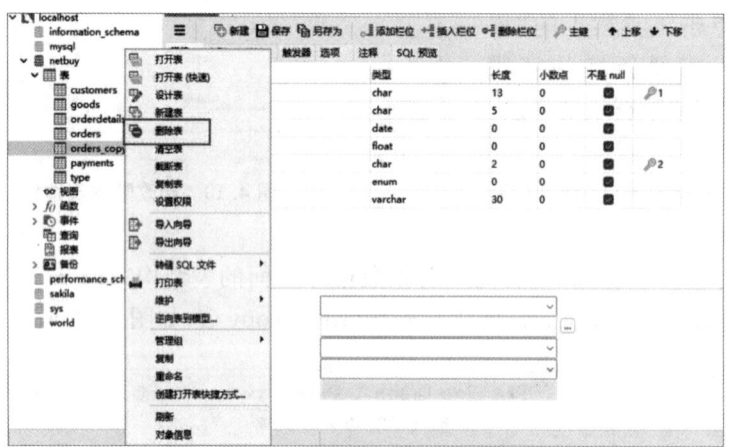

图 4.13 数据库表结构删除

(2) 使用命令行完成表的管理

① orders 表结构的查看

```
mysql> DESCRIBE orders;
```

② orders 表结构的修改:增加列 o_sendaddress

```
mysql> ALTER TABLE orders ADD o_sendaddress VARCHAR(30) NOT NULL AFTER o_status;
```

③ orders 表结构的复制

```
mysql> CREATE TABLE orders_copy LIKE orders;
```

④ orders1 表结构的删除

```
mysql> DROP TABLE orders_copy;
```

任务 4.3 "在线购物商城"系统的表记录操作

任务工单

完成数据表记录操作的任务,见任务工单 4-3。

任务工单 4-3　数据表记录的操作

任务名称	数据表记录操作		课时	
组别		成员	小组成绩	
学号		姓名	综合成绩	
任务情境	"在线购物商城"数据库中创建了表结构之后,除了对表结构进行管理外,还需对表结构中表记录进行更新操作,包括在表中插入数据、修改表中的记录以及删除表中的记录等操作。			
任务目标	1. 知识目标:掌握数据表记录的插入、修改、删除的方法。 2. 技能目标:能够进行数据表记录的插入、修改、删除操作。 3. 素质目标:培养学习、工作中应具备的敬业精神,以及不断提升探究问题、解决问题的能力。			
任务要求	按本任务后面列出的具体任务内容,完成数据表记录的操作。			
课前知识链接	1. 观看在线学习平台课前发布的视频。 2. 完成课前发布的任务测试。			任务 4.3 课程预习
任务实施	(1) 使用图形界面完成表数据的操作 ① 插入数据:向 customers 表插入表记录。 ② 修改数据:修改 orders 表订单号为 2019092500003 的订单金额为 596。 ③ 删除数据:删除 customers 表中女客户的记录。 (2) 使用命令行完成表数据的操作 ① 插入数据:向 customers 表插入表记录。 ② 修改数据:修改 orders 表订单号为 2019092500003 的订单金额为 596。 ③ 删除数据:删除 customers 表中女客户的记录。			
任务实施总结				
任务检查与评估	**任务检查** 1. 能否正确插入"在线购物商城"数据表记录的数据。 2. 能否正确修改、删除"在线购物商城"数据表记录的数据。 **任务评估**			
	评估项目	评估结果		
	是否小组合作完成任务操作	□是　　□否		
	能否独立完成任务操作	□不能　　□基本能够　　□能		
	自我评价任务操作	□仅能理解　　　　　□不会操作 □会操作不理解　　　□能理解会操作		
	改进措施			
任务点评				

相关知识

4.3.1 插入表数据

数据表创建好后,需要录入数据,可以使用图形界面或命令行界面插入数据。

1. 使用图形界面插入数据

登录 Navicate for MySQL,双击连接名,找到 netbuy 数据库,双击该数据库下面的表结构,单击右键,打开表,点击最下方的"+"号,如图 4.14 所示。

图 4.14 插入数据

2. 使用命令行插入数据

(1) 使用 INSERT INTO|REPLACE 语句插入数据,语法格式如下:

```
INSERT|REPLACE
  [INTO] tbl_name[(col_name,...)]
  VALUES{expr|DEFAULT,...},(...),...
|SET col_name={expr|DEFAULT},...
```

【例 4-14】 向 customers 表中插入一条数据('C0016','李平','女','1993-02-15','360121199302158899','江西省南昌市','18970882341','123477','普通客户')。

mysql> INSERT INTO customers VALUES ('C0016','李平','女','1993-02-15','360121199302158899','江西省南昌市','18970882341','123477','普通客户');

【例 4-15】 再次向 customers 表中插入这条数据('C0016','李平','女','1993-02-15','360121199302158899','江西省南昌市','18970882341','123477','普通客户')。

mysql> REPLACE INTO customers VALUES ('C0016','李平','女','1993-2-15','360121199302158899','江西省南昌市','18970882341','123477','普通客户');

【例 4-16】 假设有一张客户表与 customers 表的结构相同,现将 customers 表的数据插入到客户表中。

```
mysql> INSERT INTO 客户表 SELECT * FROM customers;
```

4.3.2 修改表数据

1. 使用图形界面修改数据库表数据

登录 Navicate for MySQL,双击连接名,找到 netbuy 数据库,双击该数据库下面的表结构,修改表数据,如图 4.15 所示。

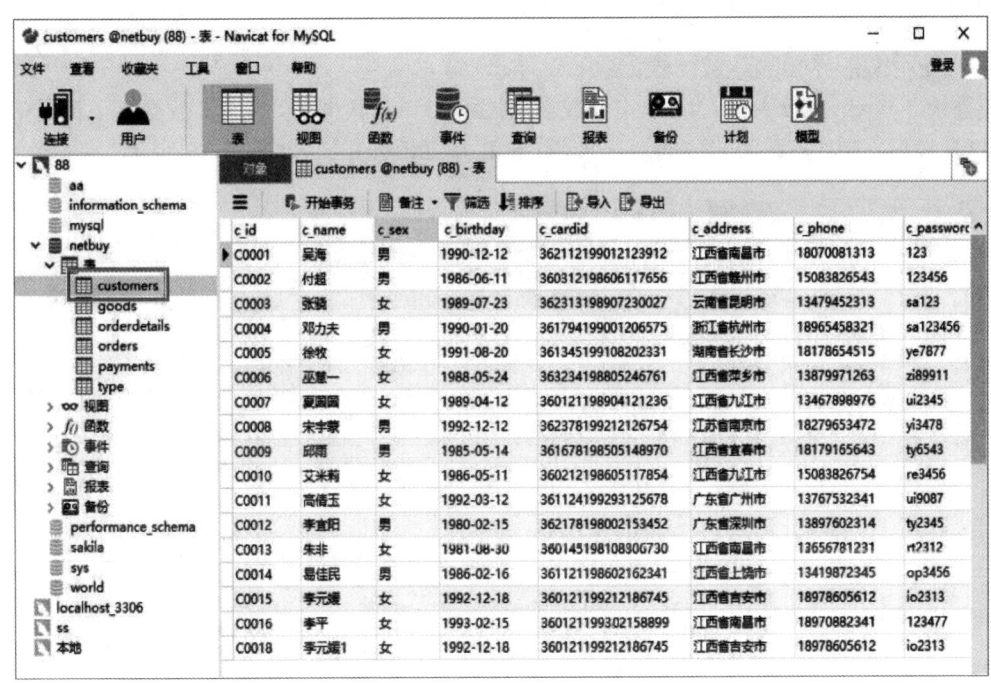

图 4.15 修改数据库表数据

2. 使用命令行修改数据表数据

还可以用 UPDATE 命令对表中的数据进行修改。既可以修改一个表的数据,也可以修改多个表的数据。

修改单个数据表的数据语法格式如下:

```
UPDATE  tbl_name
SET col_name 1 = expr1[, col_name 2 = expr2...]
[WHERE 子句]
[ORDER BY 子句]
[LIMIT 子句]
```

说明:

① SET:根据 WHERE 子句中指定的条件,对符合条件的数据行进行修改。若语句中

不设定 WHERE 子句,则更新所有行。

② expr:可以是常量、变量或表达式。可以同时修改所在数据行的多个列值,中间用逗号隔开。

【例 4-17】 将订单编号为"2019092500003"的订单金额修改为 596。

```
mysql> UPDATE orders SET o_sum=596 WHERE O_ID='2019092500003';
```

【例 4-18】 将类别编号为"006"的类别名称修改为"电脑数码"。

```
mysql> UPDATE type SET t_name='电脑数码' WHERE t_id='006';
```

4.3.3 删除数据表记录

1. 使用图形界面删除数据表记录

登录 Navicate for MySQL,双击连接名,找到 netbuy 数据库,双击该数据库下面的表结构,打开表后,选中要删除的数据表记录,右键单击"删除记录",如图 4.16 所示。

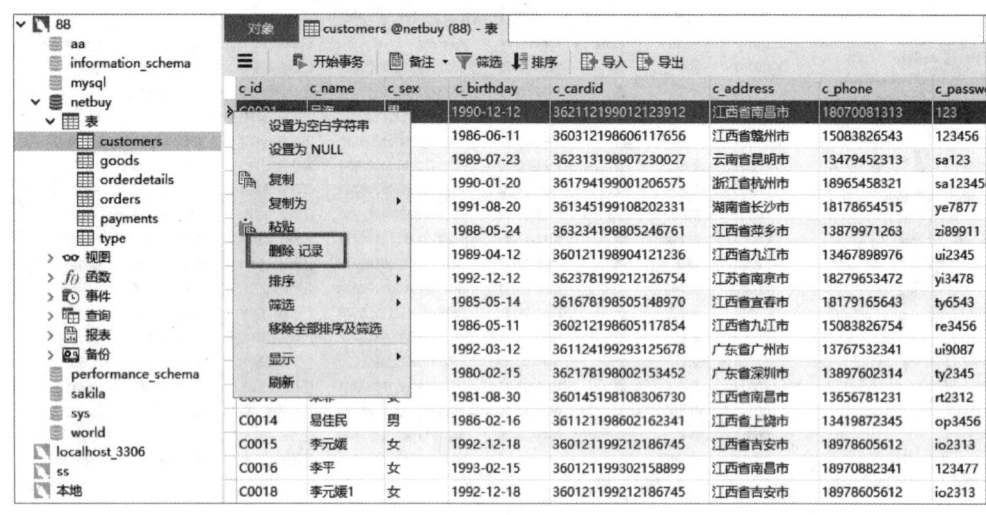

图 4.16 删除数据库表记录

2. 使用命令行删除数据表记录

从单个表中删除的语法格式如下:

```
DELETE [LOW_PRIORITY] [QUICK] [IGNORE] FROM tbl_name
[WHERE 子句]
[ORDER BY 子句]
[LIMIT 子句]
```

说明:

① QUICK:修饰符,可以加快部分种类的删除操作的速度。

② FROM:用于指定从何处删除数据。

③ WHERE 子句:指定的删除条件。如果省略 WHERE 子句则删除该表的所有行。

④ ORDER BY 子句:各行按照子句中指定的顺序进行删除,此子句只在与 LIMIT 联

系用时才起作用。

⑤ LIMIT 子句：用于告知服务器在控制命令被返回到客户端前被删除的行的最大值。

⑥ 数据删除后将不能恢复，因此，在执行删除前一定要对数据做好备份。

【例 4-19】 删除女客户的记录。

mysql>DELETE FROM CUSTOMERS   WHERE c_sex='女';

【例 4-20】 删除客户编号为"C0005"的订单金额小于 500 元的订单记录。

mysql> DELETE FROM ORDERS   WHERE c_id='C0005'and o_sum<500 ;

 **任务实施**

1. 任务内容

（1）使用图形界面完成表数据的操作

① 插入数据：向 customers 表插入表记录。

② 修改数据：修改 orders 表订单号为 2019092500003 的订单金额为 596。

③ 删除数据：删除 customers 表中女客户的记录。

（2）使用命令行完成表数据的操作

① 插入数据：向 customers 表插入表记录。

② 修改数据：修改 orders 表订单号为 2019092500003 的订单金额为 596。

③ 删除数据：删除 customers 表中女客户的记录。

2. 实施步骤

（1）使用图形界面完成表数据的操作

① 插入数据：向 customers 表插入表记录

登录 Navicate for MySQL，双击连接名，找到 netbuy 数据库，右键单击该数据库下面的表结构"customers"，选择"打开表"，如图 4.17 所示。

图 4.17 打开数据库表

点击“+”,新增表记录,如图 4.18 所示。

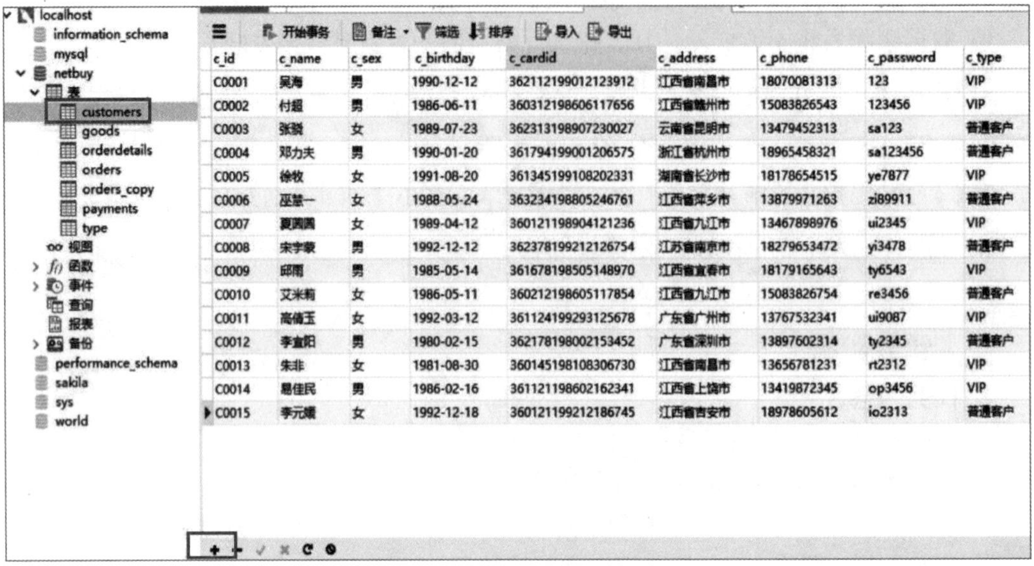

c_id	c_name	c_sex	c_birthday	c_cardid	c_address	c_phone	c_password	c_type
C0001	吴海	男	1990-12-12	362112199012123912	江西省南昌市	18070081313	123	VIP
C0002	付超	男	1986-06-11	360312198606117656	江西省赣州市	15083826543	123456	VIP
C0003	张骁	女	1989-07-23	362313198907230027	云南省昆明市	13479452313	sa123	普通客户
C0004	邓力夫	男	1990-01-20	361794199001206575	浙江省杭州市	18965458321	sa123456	普通客户
C0005	徐牧	女	1991-08-20	361345199108202331	湖南省长沙市	18178654515	ye7877	VIP
C0006	巫慧一	女	1988-05-24	363234198805246761	江西省萍乡市	13879971263	zi89911	普通客户
C0007	夏圆圆	女	1989-04-12	360121198904121236	江西省九江市	13467898976	ui2345	VIP
C0008	宋宇黎	男	1992-12-12	362378199212126754	江苏省南京市	18279653472	yi3478	普通客户
C0009	邱雨	男	1985-05-14	361678198505148970	江西省宜春市	18179165643	ty6543	VIP
C0010	艾米莉	女	1986-05-11	360212198605117854	江西省九江市	15083826754	re3456	普通客户
C0011	高倩玉	女	1992-03-12	361124199293125678	广东省广州市	13767532341	ui9087	VIP
C0012	李宣阳	男	1980-02-15	362178198002153452	广东省深圳市	13897602314	ty2345	普通客户
C0013	朱非	女	1981-08-30	360145198108306730	江西省南昌市	13656781231	rt2312	VIP
C0014	易佳民	男	1986-02-16	361121198602162341	江西省上饶市	13419872345	op3456	VIP
C0015	李元媛	女	1992-12-18	360121199212186745	江西省吉安市	18978605612	io2313	普通客户

图 4.18　新增数据表记录

② 修改数据:修改 orders 表订单号为 2019092500003 的订单金额为 596

orders 表与上述 customers 表的打开步骤相同,不再赘述。打开 orders 表后,找到 orders 表中订单编号为“2019092500003”的记录,点击“o_sum”,修改金额为“596”,如图 4.19 所示。

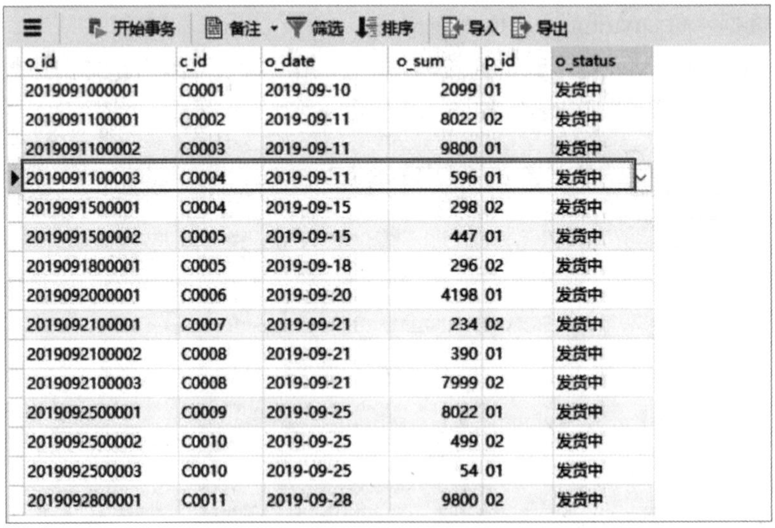

o_id	c_id	o_date	o_sum	p_id	o_status
2019091000001	C0001	2019-09-10	2099	01	发货中
2019091100001	C0002	2019-09-11	8022	02	发货中
2019091100002	C0003	2019-09-11	9800	01	发货中
2019091100003	C0004	2019-09-11	596	01	发货中
2019091500001	C0004	2019-09-15	298	02	发货中
2019091500002	C0005	2019-09-15	447	01	发货中
2019091800001	C0005	2019-09-18	296	02	发货中
2019092000001	C0006	2019-09-20	4198	01	发货中
2019092100001	C0007	2019-09-21	234	02	发货中
2019092100002	C0008	2019-09-21	390	01	发货中
2019092100003	C0008	2019-09-21	7999	02	发货中
2019092500001	C0009	2019-09-25	8022	01	发货中
2019092500002	C0010	2019-09-25	499	02	发货中
2019092500003	C0010	2019-09-25	54	01	发货中
2019092800001	C0011	2019-09-28	9800	02	发货中

图 4.19　修改数据表记录

③ 删除数据:删除 customers 表中女客户的记录

根据上述同样的步骤打开 customers 表后,选中并右键单击表中“女”客户的记录,点击“删除记录”,如图 4.20 所示。

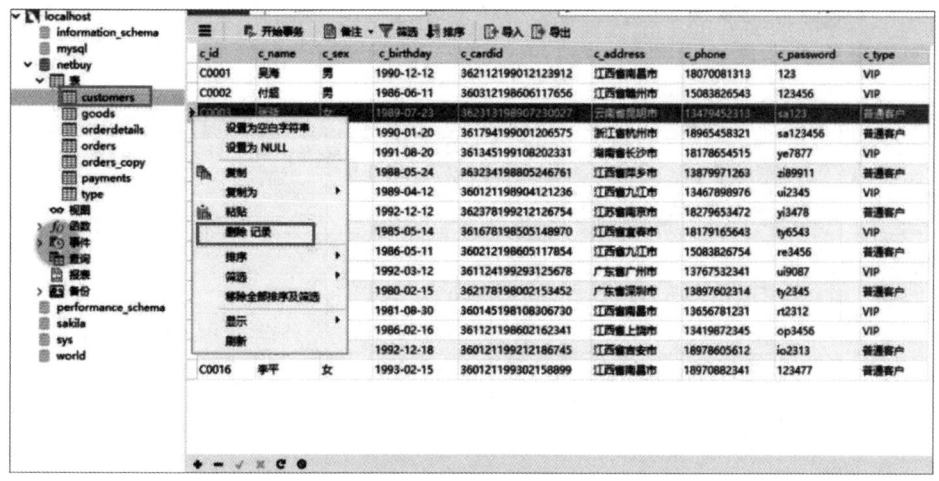

图 4.20 删除数据表记录

(2) 使用命令行完成表数据的操作

① 插入数据：向 customers 表插入表记录

```
INSERT INTO customers VALUES ('C0017','黄平','男','1998-03-15','360121199803153913','江西省南昌市','18670883456','125688','普通客户');
```

② 修改数据：修改 orders 表订单号为 201909250002 的订单金额为"7910"

```
UPDATE orders SET o_sum=7910 WHERE o_ID='201909250002';
```

③ 删除数据：删除 customers 表中女客户的记录

```
DELETE FROM CUSTOMERS WHERE c_sex='女';
```

项目拓展实训　数据表与数据管理

一、实训目的和要求

1. 掌握用户数据表的创建方法。
2. 掌握查看数据库表的方法。
4. 掌握修改数据表的方法。
5. 掌握删除数据表的方法。

二、实训条件

MySQL 8.0、Navicate for MySQL。

三、实训内容

1. 创建数据库及数据表

创建 teachdb 所需要的 7 张数据表的表结构见表 4.7～表 4.13。

表 4.7 students 表

字段名	类型	长度	是否空值	约束	默认值	备注
s_id	定长字符型 CHAR	8	NOT NULL	主键		学号
s_name	变长字符型 VARCHAR	8	NOT NULL			姓名
sex	ENUM('男','女')		NOT NULL			性别
birthday	日期型 DATE		NOT NULL			出生日期
d_id	定长字符型 CHAR	8	NOT NULL	外键		系别
address	变长字符 VARCHAR	20	NOT NULL			家庭地址
phone	定长字符 CHAR	12	NULL			联系电话
photo	二进制 BLOB		NULL			照片

表 4.8 courses 表

字段名	类型	长度	是否空值	约束	默认值	备注
c_id	定长字符型 CHAR	4	NOT NULL	主键		课程号
c_name	变长字符型 VARCHAR	10	NOT NULL			课程名
hours	小整数型 TINYINT	3	NOT NULL			学时
credit	小整数型 TINYINT	3	NOT NULL			学分
type	定长字符 CHAR	4	NOT NULL		必修	类型

表 4.9 credits 表

字段名	类型	长度	是否空值	约束	默认值	备注
s_id	定长字符型 CHAR	8	NOT NULL	外键		学号
credit	小整数型 TINYINT	3	NOT NULL			学分

表 4.10 scores 表

字段名	类型	长度	是否空值	约束	默认值	备注
s_id	定长字符型 CHAR	8	NOT NULL	外键		学号
c_id	定长字符型 CHAR	4	NULL	外键		课程号
report	浮点数 FLOAT		NULL			成绩

表 4.11 departments 表

字段名	类型	长度	是否空值	约束	默认值	备注
d_id	定长字符型 CHAR	8	NOT NULL	主键		系别
d_name	变长字符型 VARCHAR	16	NOT NULL			院系名称

表 4.12 teachers 表

字段名	类型	长度	是否空值	约束	默认值	备注
t_id	定长字符型 CHAR	8	NOT NULL	主键		教师编号
t_name	变长字符型 VARCHAR	8	NOT NULL			教师姓名
d_id	定长字符型 CHAR	4	NULL	外键		系别

表 4.13　teach 表

字段名	类型	长度	是否空值	约束	默认值	备注
t_id	定长字符型 CHAR	8	NOT NULL	外键		教师编号
c_id	定长字符型 CHAR	4	NULL	外键		课程编号

2. 表的管理

（1）查看 students 的表结构。
（2）在 students 表的 photo 列后面增加 speciality 列。
（3）修改 students 表的 sex 列的默认值为"女"。

3. 表数据管理

（1）用 INSERT INTO 插入表 4.14～表 4.18 中的数据。

表 4.14　students 数据

s_id	s_name	sex	birthday	d_id	address	phone	photo	speciality
122001	张群	女	1990-02-01	D001	文明路 8 号			
122002	张平	男	1992-03-02	D001	人民路 9 号			
122003	余亮	男	1992-06-03	D002	北京路 188 号	0102987654		
122004	李军	男	1993-02-01	D002	东风路 110 号	0209887766		

表 4.15　courses 数据

c_id	c_name	hours	credit	type
A001	MySQL	64	3	专业课
A002	计算机文化基础	64	2	选修课
A003	操作系统	72	3	专业基础课
A004	数据结构	54	3	专业基础课

表 4.16　departments 数据

d_id	d_name	d_id	d_name
D001	信息学院	D003	建工学院
D002	机电学院	D004	珠宝学院

表 4.17　scores 数据

s_id	c_id	report
122001	A001	87.0
122001	A002	56.0
122001	A003	76.0
122002	A001	67.0
122002	A002	87.0

表 4.18 teachers 数据

t_id	t_name	d_id
100100	陈静	D001
100120	丁秋宜	D001
100122	郑成	D004
100123	钟成梦	D004
100130	雷鸣	D001

（2）将学号为 122001 学生的 A01 成绩修改为 80 分。

（3）删除性别为"女"的数据记录。

4. 数据库系统工程师考试真题实训

某订单管理系统的部分数据库关系模式如下：

客户：CUSTOMERS(<u>Cno</u>,Cname,CageCsex)，各属性分别表示客户编号、客户姓名、年龄和性别；

商品：GOODS(<u>Gno</u>,Gname,Gprice,Gorigin)，各属性分别表示商品编号、商品名称、单价和产地；

订单：ORDERS(<u>Ono</u>,Cno,Gno,Oprice,Onumber)，各属性分别表示订单编号、客户编号、商品编号、顾客购买商品的单价和数量。

有关关系模式的说明如下：

（1）下划线标出的属性是表的主键。

（2）商品表中的 Gprice 是商品的当前价格，可能会发生变动；订单表中的 Gprice 订单成交时的商品单价。

一个订单只包含一位顾客购买的一种商品；其商品数量最少 1 件，最多 99 件。

根据以上描述，回答下列问题，将 SQL 语句的空缺部分补充完整。

请将下面创建订单表的 SQL 语句中(a)、(b)、(c)补充完整，要求定义实体完整性约束、参照完整性约束以及其他完整性约束。

```
CREATE TABLE ORDERS(
Ono CHAR(20) PRIMARY KEY,
Cno CHAR(10)( a ),
Gno CHAR(15)( b ),
Oprice NUMERIC(7,2),
Onumber SMALLINT ( c ));
```

四、实训分析与总结

1. 对实训中遇到的问题进行分析、讨论。
2. 对实训过程、方法进行总结。

项目小结

本项目主要介绍常见数据类型和完整性约束的创建方法、数据表的创建、表的管理及表数据的管理,采用任务驱动的方法,通过实例详细介绍了使用图形界面和命令行创建、查看、复制、修改、删除数据表结构;使用图形界面和命令行插入、修改、删除表数据。学习完本项目后,可以掌握通过图形界面和命令行两种方式进行数据表的创建、表的管理、表数据的管理的基本操作。本项目内容是本课程学习的重点知识,创建表和表数据管理为后续数据查询的学习打下坚实的基础。

自测习题

一、选择题

1. 在 MySQL 中,通常使用( )语句来指定一个已有数据库作为当前工作数据库。
   A. USING　　　B. USED　　　C. USES　　　D. USE

2. 下列 SQL 语句中,创建关系表的是( )。
   A. ALTER　　　B. CREATE　　　C. UPDATE　　　D. INSERT

3. (数据库系统工程师考试真题)要从数据库中删除 people 表及其所有数据,以下语句正确的是( )。
   A. DELETE table people
   B. DROP table people
   C. ERASE table people
   D. ALTER table people

4. ("1+X"真题)创建表的语句正确的是( )。
   A. create table mytable(id int,username varchar(20));
   B. createtable mytable(id int,username varchar(20));
   C. create table mytable(id,username(20) varchar));
   D. create table mytable(id int;uername varchar(20));

5. ("1+X"真题)数据库的基本操作中写法有错误的是( )。
   A. select * from table where x>5;
   B. insert into table (user,password) values('sys','123456');
   C. update table set user='user1';
   D. delete from table user='user1';

6. ("1+X"真题)学生表的主键是 id,班级表的主键是 cid,关于学生表和班级表创建关联的说法正确的是( )。
   A. 在学生表中添加 foreign key cid references class(cid)
   B. 在班级表中添加 foreign key cid references class(cid)
   C. 在学生表中添加关联 foreign key id references class(cid)
   D. 在班级表中添加关联 foreign key id references class(cid)

7. ("1+X"真题)学生表中的外键 cid 和班级表中的主键 cid 添加外键约束后,下列说法正确的是( )。

A. 若学生表中有 cid 为 1 的行,可以删除班级表中主键 cid 为 1 的行

B. 若学生表中有 cid 为 1 的行,不可以删除班级表中主键 cid 为 1 的行

C. 若学生表中没有 cid 为 1 的行,不可以删除班级表中主键 cid 为 1 的行

D. 学生表中有没有 cid 为 1 的行都可以删除班级表中主键 cid 为 1 的行

8. ("1+X"真题)有一个 student 表,该数据表有以下字段,id(主键 ID),student_code(学生编号),username(学生姓名),age(学生年龄),class_id(班级 ID),info(备注信息),由于数据录入错误,现需要把 1 班小明同学的年龄改为 16 岁并修改小明为李小明,下列 SQL 语句正确的是(　　)。

A. update student set age=16 where username=小明

B. update student set age=16,username="李小明"

C. update student set age=16,username="李小明" where username="小明" and cid=1

D. update student set student.age=16,username="李小明" where studentusername="小明" and cid=1

9. ("1+X"真题)给商品表添加数据,商品价格(price):20元,商品名称(name):牙膏。下列 SQL 语句正确的是(　　)。

A. insert into item(name,price)values(20,'牙膏')

B. insert item(name,price)values('牙膏')

C. insert into item(name,price)values(20)

D. insert into item(name,price)values('牙膏',20)

10. ("1+X"真题)有一个 student 表,主键字段 id,年龄 age 字段,请把所有数据 age 都增加 5,下列 SQL 语句正确的是(　　)。

A. update student set age=age+5

B. update age+=5 from student

C. update student set age=age+5 where id = 5

D. update set age=age+5 from student

二、填空题

1. 在 MySQL 中,通常使用_____值来表示一个列没有值或缺值的情形。

2. 在 CREATE TABLE 语句中,通常使用_____关键字来指定主键。

3. 在 MySQL 中,可以使用 INSERT 或_____语句,向数据库中已有的表插入一行或多行元组数据。

4. 在 MySQL 中,可以使用_____语句或_____语句删除表中的数据。

5. 在 MySQL 中,可以使用_____语句来修改、更新一个表或多个表中的数据。

三、简答题

1. 什么是实体完整性?如何实现实体完整性约束?

2. 常见的约束有哪些,分别代表什么,如何使用?

3. 简述 UNIQUE 约束与 PRIMARY KEY 约束的异同。

4. 简述 INSERT 语句与 REPLACE 语句的区别。

项目 5 "在线购物商城"系统的数据查询

 项目导读

查询和统计数据是数据库的基本功能。在数据库实际操作中,经常遇到类似的查询,例如,查询订单金额在 500～2 000 元的订单号;查询姓"李"的客户;查询货到付款,并且订单金额在 2 000 元以上的客户姓名等。这些查询有些是简单的单表查询,有些是字符匹配方面的查询,有些是基于多表的查询,有些需要使用函数进行统计。对于多表查询,可以使用连接查询和嵌套查询(子查询)的办法来实现。本项目以"在线购物商城数据库"netbuy 中的数据表为例,介绍数据表的简单查询、连接查询、嵌套查询和合并查询。

 项目目标

➢ **知识目标**
1. 了解 MySQL 的简单查询。
2. 掌握连接查询的使用方法。
3. 掌握嵌套查询的使用方法。
4. 掌握合并查询的使用方法。

➢ **技能目标**
2. 能够使用 MySQL 语句进行数据单表查询。
3. 能够使用 MySQL 语句进行数据多表查询。
4. 能够使用 MySQL 语句进行数据嵌套查询、合并查询。

➢ **素质目标**
1. 培养分析问题、解决问题的探究能力。
2. 培养严谨细致、团队协作、精益求精的工匠精神。
3. 培养良好的编程习惯和职业素养。

 思政小课堂

在某一个数据表中查找自己想要的信息,可以通过单表查询功能来完成,而多表查询则要从两个或者多个数据表中通过相同字段进行连接查询。子查询是高级查询中的一项重要知识点,它是在单表查询、多表查询的基础上,通过嵌套得到更加精细的数据。数据查询从单表查询到多表查询再到子查询,由简单到复杂,步步深入,层层递进,让查询的结果更加准确、高效。这也要求数据库开发人员在学习、工作中追求严谨的查询方式,高效获取有价值的数据信息。

姚期智,世界著名计算机学家,2000 年图灵奖获得者,中国科学院院士,世界现代密码学基础的奠基人。

2000 年,对计算理论包括伪随机数生成、密码学与通信复杂性的突出贡献使姚期智荣膺图灵奖,成为图灵奖创立以来首位获奖的亚裔学者,也是迄今为止获此殊荣的唯一华裔计算机科学家。正如他所言:"科学精神就是求真、求善、求美。"求真,是精益求精的严谨,是勇攀高峰的执着,他用极致书写自己精彩的人生。

任务 5.1　"在线购物商城"系统的简单查询

任务工单

完成数据的简单查询的任务，见任务工单 5-1。

任务工单 5-1　数据的单表查询

任务名称	数据的单表查询		课时	
组别		成员	小组成绩	
学号		姓名	综合成绩	
任务情境	根据"在线购物商城"的需求，公司创建对应的数据库表，并且对表结构的数据进行了插入、更新。本任务将从简单的单表查询开始，学习使用查询的基本语法，学习 FROM、WHERE、GROUP BY、ORDER BY、HAVING 和 LIMIT 等子句的使用，学习聚合函数在数据统计查询中的应用。			
任务目标	1. 知识目标：掌握 MySQL 简单查询的方法。 2. 技能目标：能够使用命令行进行简单查询。 3. 素质目标：培养严谨的科学态度，严谨细致的工匠精神。			
任务要求	按本任务后面列出的具体任务内容，完成系统的简单查询			
课前知识链接	1. 观看在线学习平台课前发布的视频。 2. 完成课前发布的任务测试。			任务 5.1 课程预习
任务实施	根据公司领导的要求，销售部主管按会员查看平均订单金额大于 500 元的会员编码、平均订单金额，查询结果按照平均报价降序排列。			
任务实施总结				
任务检查	1. 能否正确进行任务分析。 2. 能否正确根据任务进行简单查询。			
任务评估				
任务检查与评估	评估项目	评估结果		
	是否小组合作完成任务操作	□是　　　□否		
	能否独立完成任务操作	□不能　　□基本能够　　□能		
	自我评价任务操作	□仅能理解　　　　　□不会操作 □会操作不理解　　　□能理解会操作		
	改进措施			
任务点评				

相关知识

5.1.1 SELECT 语法结构

SELECT 语句可以从一个或多个表中选取特定的行和列,结果通常是生成一个临时表。其基本语法格式如下:

```
SELECT [ALL|DISTINCT]
[FROM 表名[,表名]……]
[WHERE 子句]
[GROUP BY 子句]
[HAVING 子句]
[ORDER BY 子句]
[LIMIT 子句]
```

说明:

① SELECT 子句:指定要查询的列名称,列与列之间用逗号隔开。

② FROM 子句:指定要查询的表,可以指定两个以上的表,表与表之间用逗号隔开。

③ WHERE 子句:指定要查询的条件。

④ GROUP BY:子句用于对查询结果进行分组。

⑤ HAVING 子句:指定分组的条件,通常在 GROUP BY 子句之后。

⑥ ORDER BY 子句:用于对查询结果进行排序。

⑦ LIMIT 子句:限制查询的输出结果行。

5.1.2 SELECT 查询列

1. SELECT 子句

SELECT 子句用于指定要返回的列,SELECT 常用参数见表 5.1。

表 5.1 SELECT 子句参数

参数	说明
*	通配符,返回所有列值
列名	指明返回结果的列,如果是多列,用逗号隔开
DISTINCT	消除重复行
AS	使用 AS 定义查询的列别名

(1) 通配符"*"的使用

【例 5-1】 查询 goods 中的所有数据信息。

```
mysql> SELECT * FROM goods;
```

查询结果如图 5.1 所示。

g_id	g_name	t_id	g_price	g_discount	g_number	g_prodate	g_status	t_desc
D00001	华为MateBook X Pro 2019	004	7999	0.9	4	2019-06-11	热销	采用科技媒体The Verge
D00002	微软Surface Book 2	004	20588	0.9	2	2019-05-31	热销	搭配I5 7300U处理器+集
D00003	惠普Spectre 13幽灵超轻	004	9299	0.9	2	2019-08-31	热销	续航10小树以上，移动
D00004	THINKPAD X240	004	5099	0.9	5	2019-07-21	热销	搭载intel coreI5处理器
G00001	小米全面屏电视E55A	001	2099	0.9	10	2018-12-05	热销	全面屏设计，搭配高质
G00002	苹果IPHONE XS	001	8022	0.9	2	2019-01-01	热销	超视网膜显示屏，双卡
G00003	苹果IPHONE XS MAX	001	9800	0.9	3	2019-02-22	热销	超视网膜显示屏，双卡
G00004	华为MATE20	001	4900	0.9	4	2019-03-01	热销	超广角三摄 40W超级快
K00001	ZNCI金属铁镂空书立夹	003	13.5	0.9	4	2019-01-12	热销	创意办公文具用品2501
K00002	得力笔筒创意时尚收纳盒	003	65	0.9	6	2019-05-21	热销	韩国小清新多功能金属

图 5.1　数据查询结果(通配符)

(2) SELECT 列名的使用

【例 5-2】　查询 goods 表中的商品编号、商品名称、商品价格。

```
mysql>  SELECT g_id,g_name,g_price  FROM goods;
```

查询结果如图 5.2 所示。

g_id	g_name	g_price
D00001	华为MateBook X Pro 2019	7999
D00002	微软Surface Book 2	20588
D00003	惠普Spectre 13幽灵超轻	9299
D00004	THINKPAD X240	5099
G00001	小米全面屏电视E55A	2099
G00002	苹果IPHONE XS	8022
G00003	苹果IPHONE XS MAX	9800
G00004	华为MATE20	4900
K00001	ZNCI金属铁镂空书立夹	13.5
K00002	得力笔筒创意时尚收纳盒	65
K00003	创易CY3394彩色长尾夹	39

图 5.2　结果(列名)

(3) DISTINCT 的使用

【例 5-3】　查询 goods 表中的折扣信息，并去掉重复值。

```
mysql>  SELECT distinct g_discount FROM netbuy.goods;
```

查询结果如图 5.3 所示。

(4) AS 的使用

【例 5-4】　统计 customers 表中客户的人数，并将该列另命名为“客户人数”。

```
mysql>  SELECT COUNT(*) AS '客户人数' FROM customers;
```

查询结果如图 5.4 所示。

g_discount
0.9
0.95
0.8

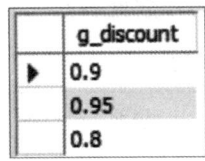

图 5.3　数据查询结果(OISTINCT)

客户人数
16

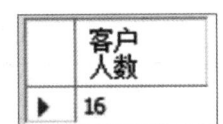

图 5.4　数据查询结果(AS)

5.1.3　WHERE 子句

WHERE 子句指定查询的条件，限制返回的数据行。WHERE 子句必须紧跟 FROM 子句之后，在 WHERE 子句中，使用一个条件从 FROM 子句的中间结果中选取行。其语法格式如下：

```
WHERE  where_definition
```

其中，where_definition 为查询条件。

WHERE 子句可以使用的查询条件见表 5-2，包括比较运算、逻辑运算、范围和空值。

表 5.2　WHERE 查询条件

过滤类型	查询条件
比较运算	=、>、<、>=、<=、<>、! >、! <、! =
逻辑运算	AND、OR、NOT
字符串运算	LIKE、ESCAPE
范围	BETWEEN...AND...、IN
空值	IS NULL、IS NOT NULL

注意：IN 关键字既可以指定范围，也可以表示子查询。

【例 5-5】　查询 goods 表中生产日期为"2019-5-31"的商品信息。

```
mysql> SELECT * FROM netbuy.goods where g_prodate='2019-5-31';
```

查询结果如图 5.5 所示。

图 5.5　数据查询结果(比较运算)

【例 5-6】　查询 goods 表中生产日期在 2019 年 5 月的商品信息。

```
mysql> SELECT * FROM netbuy.goods where g_prodate BETWEEN '2019-5-1' AND '2019-5-31';
```

查询结果如图 5.6 所示。

图 5.6　数据查询结果(范围)

【例 5-7】　查询 customers 表中电话不为空的客户信息。

```
mysql> SELECT * FROM netbuy.customers where c_phone is not NULL;
```

查询结果如图 5.7 所示。

图 5.7　数据查询结果(空值)

【例 5-8】 查询姓“李”的客户信息。

```
mysql> SELECT * FROM netbuy.customers where c_name like '李%';
```

查询结果如图 5.8 所示。

c_id	c_name	c_sex	c_birthday	c_cardid	c_address	c_phone	c_password	c_type
C0015	李元媛	女	1992-12-18	360121199212186745	江西省吉安市	18978605612	io2313	普通客户
C0012	李宜阳	男	1980-02-15	362178198002153452	广东省深圳市	13897602314	ty2345	普通客户
C0016	李平	女	1993-02-15	360121199302158899	江西省南昌市	18970882341	123477	普通客户
NULL	NULL	NULL	NULL	NULL	NULL	NULL	NULL	NULL

图 5.8 数据查询结果(字符串运算)

可以与 LIKE 相匹配的符号的含义见表 5.3。

表 5.3 与 LIKE 相匹配的符号的含义

符 号	含 义
%	多个字符
_	单个字符
[-]	指定字符的取值范围,例如,[x-z]表示 x 到 z 中的任意单个字符
[^]	指定字符要排除的取值范围,例如,[^x-z]表示不在集合 x 到 z 中的任意单个字符

【例 5-9】 查询姓名是两位字符的客户信息。

```
mysql> SELECT * FROM netbuy.customers where c_name like '__';
```

查询结果如图 5.9 所示。

c_id	c_name	c_sex	c_birthday	c_cardid	c_address	c_phone	c_password	c_type
C0001	吴海	男	1990-12-12	362112199012123912	江西省南昌市	18070081313	123	VIP
C0002	付超	男	1986-06-11	360312198606117656	江西省赣州市	15083826543	123456	VIP
C0003	张骁	女	1989-07-23	362313198907230027	云南省昆明市	13479452313	sa123	普通客户
C0005	徐牧	女	1991-08-20	361345199108202331	湖南省长沙市	18178654515	ye7877	VIP
C0009	邱雨	男	1985-05-14	361678198505148970	江西省宜春市	18179165643	ty6543	VIP
C0013	朱非	女	1981-08-30	360145198108306730	江西省南昌市	13656781231	rt2312	VIP
C0016	李平	女	1993-02-15	360121199302158899	江西省南昌市	18970882341	123477	普通客户
NULL	NULL	NULL	NULL	NULL	NULL	NULL	NULL	NULL

图 5.9 数据查询结果(like)

5.1.4 ORDER BY 子句

ORDER BY 子句可以保证结果中的行按一定顺序排列。其语法格式如下:

```
ORDER BY{列|表达式|正整数}[ASC|DESC],...
```

说明:

① ORDER BY 子句后可以是一个列、一个表达式,也可以用正整数表示列,如指定 3,则表示按第三列排序。

② 关键字 ASC 表示升序排列，DESC 表示降序排列，系统默认值为 ASC。

③ 指定要排序的列可以多列。如果多列，则系统先按照第一列排序，当该列出现重复值时，按第二列排序，以此类推。

【例 5-10】 按订单详情表降序排序列出商品编号为"G0001"的商品编号和下单数量。

```
mysql> SELECT g_id,od_number FROM netbuy.orderdetails where g_id = 'G00001' order by od_number DESC;
```

查询结果如图 5.10 所示。

【例 5-11】 按客户和出生日期排序。

```
mysql> SELECT * FROM netbuy.customers order by 1,4 DESC;
```

查询结果如图 5.11 所示。

图 5.10 数据查询结果 1

图 5.11 数据查询结果 2

5.1.5 使用聚合函数查询

常用的聚合函数及其功能见表 5.4。

表 5.4 常用聚合函数

常用函数	功　能
SUM((DISTINCT|ALL|*))	计算某列值的总和
COUNT((DISTINCT|ALL|列名|*))	计算某列值的个数
AVG((DISTINCT|ALL|列名))	计算某列值的平均数
MAX((DISTINCT|ALL|列名))	计算某列值的最大值
MIN((DISTINCT|ALL|列名))	计算某列值的最小值
VARIANCE/STDDEV((DISTINCT|ALL|列名))	计算特定的表达式中的所有值的方差/标准差

说明：

① DISTINCT 表示在计算过程中去掉列中的重复值，如果不指定 DISTINCT 或指定 ALL，则计算所有列值。

② COUNT(*)计算所有记录的数量，也包括控制所在的行，而 COUNT(列名)则只计算列的数量，不计该列中的空值。同样，AVG、MAX、MIN 和 SUM 函数也不计空的列值，

即不把空值所在行计算在内,只对列中的非空值进行计算。

【例 5-12】 查询 orderdetails 表中订单记录总数以及订单数量的总和。

```
mysql> SELECT count(*) as 订单记录总数,sum(od_number) as 订单数量总和 FROM netbuy.
orderdetails;
```

查询结果如图 5.12 所示。

	订单记录总数	订单数量总和
▶	15	33

图 5.12 数据查询结果 3

【例 5-13】 查询 orders 表中订单金额的平均值、最大值、最小值。

```
mysql> SELECT avg(o_sum) as 订单金额平均值,max(o_sum) as 订单金额最大值,min(o_sum) as
订单金额最大值 FROM netbuy.orders;
```

查询结果如图 5.13 所示。

	订单金额平均值	订单金额最大值	订单金额最大值
▶	3516.9333333333334	9800	54

图 5.13 数据查询结果 4

5.1.6 GROUP BY 子句

GROUP BY 子句主要根据字段对行进行分组。例如,根据商品的类别对 goods 表中的所有行分组,结果是每种类别的商品成为一组。其语法格式如下:

```
GROUP BY{列名|表达式|正整数}[ASC|DESC],...[WITH ROLLUP]
```

说明:

① GROUP BY 子句后通常包含列名或表达式。也可以指定正整数表示列,如指定 3,则表示按第三列分组。

② ASC 为升序,DESC 为降序,系统默认为 ASC,将按分组的第一列升序排序输出结果。

③ 可以指定多列分组。若指定多列分组,则按先指定的第一列分组再对第二列分组,以此类推。

④ 使用带 ROLLUP 操作符的 GROUP BY 子句时,表示在结果集内不仅包括由 GROUP BY 提供的正常行,还包含汇总行。

【例 5-14】 对 orders 表中的记录按订单日期分类,统计订单金额的和。

```
mysql> SELECT o_date as 订单日期,sum(o_sum) as 订单金额和 FROM netbuy.orders group by
o_date;
```

查询结果如图 5.14 所示。

【例 5-15】 统计各个类别客户人数。

mysql> SELECT c_type as 客户类别,count(*) as '各类别客户人数' FROM netbuy.customers group by c_type;

查询结果如图 5.15 所示。

图 5.14　数据查询结果 5

图 5.15　数据查询结果 6

【例 5-16】 查询订单表中每个客户的进货金额大于 300 的记录信息

mysql> SELECT c_id as '客户编码',sum(o_sum) 进货金额 FROM netbuy.orders group by c_id having sum(o_sum)>300;

查询结果如图 5.16 所示。

图 5.16　数据查询结果 7

5.1.7　LIMIT 子句

LIMIT 子句主要用于被 SELECT 语句返回的行数,其语法格式如下:

LIMIT{[偏移量,]行数|行数 OFFSET 偏移量}

例如,"LIMIT 5"表示返回 SELECT 语句的结果集中最前面 5 行,而"LIMIT 3,5"则表示从第 4 行开始返回 5 行。值得注意的是初始行的偏移量为 0 而不是 1。

【例 5-17】 查询订单中订单金额位于前 5 的订单。

mysql> SELECT o_sum as 订单金额 FROM netbuy.orders order by o_sum desc LIMIT 5;

查询结果如图 5.17 所示。

【例 5-18】 查询订单中订单金额排名第 4 到第 8 笔的订单。

```
mysql> SELECT o_sum as 订单金额  FROM  netbuy.orders order by o_sum desc LIMIT 3,8;
```

查询结果如图 5.18 所示。

图 5.17 数据查询结果 8

图 5.18 数据查询结果 9

任务实施

1. 任务内容

根据公司领导的要求,销售部主管想按会员查看平均订单金额大于 500 的会员编码、平均订单金额,查询结果按照平均报价降序排列。

2. 实施步骤

```
mysql>  use netbuy;
        select c_id,avg(o_sum) as avg_o_sum from orders
        group by c_id
        having avg(o_sum)>500
        order by  avg_o_sum;
```

查询结果如图 5.19 所示。

图 5.19 数据查询结果 10

任务 5.2 "在线购物商城"系统的连接查询

 任务工单

完成数据的连接查询的任务,见任务工单 5-2。

任务工单 5-2　数据的连接查询

任务名称	数据的连接查询		课时	
组别		成员	小组成绩	
学号		姓名	综合成绩	
任务情境	数据库的设计原则之一是精简,通常每个表应尽可能单一,从而在存放不同的数据时,最大限度减少数据冗余。而在实际工作中,经常需要从多个表中查询用户需要的数据并生成临时结果,这种查询方式就是连接查询。当查询的数据来源为两个及以上数据表时,可用内连接、外连接或自连接来实现。			
任务目标	1. 知识目标:掌握 MySQL 连接查询的方法。 2. 技能目标:能够使用命令行进行连接查询。 3. 素质目标:培养多维度思考与解决问题的能力、沟通能力与团队协作能力。			
任务要求	按本任务后面列出的具体任务内容,完成数据连接查询。			
课前知识链接	1. 观看在线学习平台课前发布的视频。 2. 完成课前发布的任务测试。			任务 5.2 课程预习
任务实施	公司销售主管想了解每张销售订单的订单信息和销售商品的一些相关属性,销售信息包括订单编号、购买数量、购买价格等,商品的相关属性包括商品编号、商品名称、折扣、商品状态等。			
任务实施总结				
	任务检查			
	1. 能否正确进行任务分析。 2. 能否正确根据任务进行数据连接查询。			
	任务评估			
任务检查与评估	评估项目		评估结果	
	是否小组合作完成任务操作	□是	□否	
	能否独立完成任务操作	□不能	□基本能够	□能
	自我评价任务操作	□仅能理解 □会操作不理解	□不会操作 □能理解会操作	
	改进措施			
任务点评				

相关知识

5.2.1 内连接

内连接(INNER JOIN)使用比较运算符进行表间某(或某些)列数据的比较操作,并列出这些表中与连接条件相匹配的数据行,组合成新记录,也就是说,在内连接查询中,只有满足条件的记录才能出现在结果关系中。其语法格式如下:

```
SELECT 表名.列名 [,...n] FROM {表1 [连接方式] JOIN 表2  ON 连接条件|USING(字段)}
WHERE 查询条件
```

说明:

① 内连接是系统默认的,可以省略 INNER 关键字。使用内连接后,FROM 子句中的 ON 条件主要用来连接表,其他并不属于连接表的条件可以使用 WHERE 子句来指定。

② 在 JOIN 连接中,如果连接的条件由两表中相同类型的字段相连,则可用 USING(字段)来连接。

【例5-19】 在 netbuy 数据库中查询客户的购买信息。要求显示会员编号、会员名称、订单日期、订单编号、订单金额。

```
mysql> SELECT customers.c_id,c_name,orders.o_id,o_date,o_sum   FROM customers join orders on customers.c_id=orders.c_id;
```

查询结果如图 5.20 所示。

c_id	c_name	o_id	o_date	o_sum
C0001	吴海	20190910000001	2019-09-10	2099
C0002	付超	20190911000001	2019-09-11	8022
C0003	张骁	20190911000002	2019-09-11	9800
C0004	邓力夫	20190911000003	2019-09-11	596
C0004	邓力夫	20190915000001	2019-09-15	298
C0005	徐牧	20190915000002	2019-09-15	447
C0005	徐牧	20190918000001	2019-09-18	296
C0006	巫慧一	20190920000001	2019-09-20	4198
C0007	夏圆圆	20190921000001	2019-09-21	234
C0008	宋宇蒙	20190921000002	2019-09-21	390
C0008	宋宇蒙	20190921000003	2019-09-21	7999

图 5.20　数据查询结果 11

【例5-20】 在 netbuy 数据库中查询客户的购买信息。要求显示会员编号、会员名称、订单编号、商品编码、商品名称、购买数量、购买价格、订单金额。

```
mysql>SELECT customers.c_id,c_name,orders.o_id,goods.g_id,g_name,od_number,
od_price,o_sum   FROM customers
join orders on customers.c_id=orders.c_id
join orderdetails on orders.o_id=orderdetails.o_id
join goods on orderdetails.g_id=goods.g_id;
```

查询结果如图 5.21 所示。

c_id	c_name	o_id	g_id	g_name	od_number	od_price	o_sum
C0001	吴海	2019091000001	G00001	小米全面屏电视E55A	1	2099	2099
C0002	付超	2019091100001	G00002	苹果IPHONE XS	1	8022	8022
C0003	张骁	2019091100002	G00003	苹果IPHONE XS MAX	1	9800	9800
C0003	张骁	2019091100002	D00003	惠普Spectre 13幽灵超轻	1	9299	9800
C0004	邓力夫	2019091500001	T00001	ADIDAS NEO 运动休闲DW8347	2	298	298
C0005	徐牧	2019091500002	U00001	艾维诺2合1沐浴露	3	447	447
C0005	徐牧	2019091800001	T00003	HATHA防滑瑜伽垫	2	296	296
C0006	巫慧一	2019092000001	G00001	小米全面屏电视E55A	2	4198	4198
C0007	夏圆圆	2019092100001	K00003	创易CY3394彩色长尾夹	6	234	234
C0008	宋宇蒙	2019092100002	K00002	得力笔筒创意时尚收纳盒	6	390	390
C0008	宋宇蒙	2019092100003	D00001	华为MateBook X Pro 2019	1	7999	7999

图 5.21　数据查询结果 12

5.2.2　外连接

外连接分为左外连接(LEFT OUTER JOIN)和右外连接(RIGHT OUTER JOIN)。

LEFT OUTER JOIN 是指返回连接查询的表中匹配的行和所有来自左表不符合指定条件的行。以左边为准,左表的记录将会全部显示出来,而右表只会显示符合搜索条件的记录。

RIGHT OUTER JOIN 是指返回连接查询的表中匹配的行和所有来自右表不符合指定条件的行。以右边为准,右表的记录将会全部显示出来,而左表只会显示符合搜索条件的记录。

【例 5-21】 用 LEFT OUTER JOIN 查询已购买的客户,以及未购买的客户记录。

```
mysql> SELECT customers.c_id,c_name,orders.o_id,o_date,o_sum  FROM customers left
join orders on customers.c_id=orders.c_id;
```

查询结果如图 5.22 所示。

c_id	c_name	o_id	o_date	o_sum
C0001	吴海	2019091000001	2019-09-10	2099
C0007	夏圆圆	2019092100001	2019-09-21	234
C0008	宋宇蒙	2019092100002	2019-09-21	390
C0008	宋宇蒙	2019092100003	2019-09-21	7999
C0006	巫慧一	2019092000001	2019-09-20	4198
C0003	张骁	2019091100002	2019-09-11	9800
C0005	徐牧	2019091500002	2019-09-15	447
C0005	徐牧	2019091800001	2019-09-18	296
C0014	易佳民	NULL	NULL	NULL
C0013	朱非	NULL	NULL	NULL
C0015	李元嫒	NULL	NULL	NULL

图 5.22　数据查询结果 13

C00014、C0013、C0015 对应的 o_id 为 NULL 值,表示这些客户未购买商品。

【例 5-22】 例 5-21 的任务也可以用 RIGHT OUTER JOIN 查询完成。

```
mysql> SELECT customers.c_id,c_name,orders.o_id,o_date,o_sum  FROM orders right join
customers on customers.c_id=orders.c_id;
```

查询结果与图 5.22 一致。c_id 列没有 NULL 值,表示订单编号都有客户对应的记录。

5.2.3 自连接

自连接指数据表与其自身实现连接查询操作,是多表连接的一种形式。自连接也可以理解为一个表的多个副本之间的连接行为,在实现自连接操作时,必须为表指定别名,以生成所谓表的副本。

【例 5-23】 在订单表中找到订单金额比 C0001 高的所有信息。

```
mysql> SELECT b.* from orders as a,orders as b  where a.c_id='C0001' and a.o_sum<b.o_
sum;
```

说明:
① 别名 a,b 虽然名称不同,但为同一个表,定义别名的目的是更方便在自身进行删选。
② 执行 SELECT 通过(中间表)所得到的 b.*,就是最终结果。

查询结果如图 5.23 所示。

o_id	c_id	o_date	o_sum	p_id	o_status	o_sendaddress
2019091100001	C0002	2019-09-11	8022	02	发货中	
2019091100002	C0003	2019-09-11	9800	01	发货中	
2019092000001	C0006	2019-09-20	4198	01	发货中	
2019092100003	C0008	2019-09-21	7999	02	发货中	
2019092500001	C0009	2019-09-25	8022	01	发货中	
2019092800001	C0011	2019-09-28	9800	02	发货中	

图 5.23 数据查询结果 14

 任务实施

1. 任务内容

公司销售主管想了解每张销售订单的订单信息和销售商品的一些相关属性,销售信息包括订单编号、购买数量、购买价格等,商品的相关属性包括商品编号、商品名称、折扣、商品状态等。

2. 实施步骤

形式一:

```
mysql> use netbuy;
SELECT orders.o_id,od_price,od_number,orderdetails.g_id,g_name,
g_discount,g_status
FROM orders,orderdetails,goods
where orders.o_id=orderdetails.o_id and goods.g_id=orderdetails.g_id;
```

形式二：

```
mysql> use netbuy;
SELECT orders.o_id,od_price,od_number,orderdetails.g_id,g_name,
g_discount,g_status
FROM orders inner join orderdetails on orders.o_id=orderdetails.o_id
inner join goods on goods.g_id=orderdetails.g_id;
```

查询结果如图 5.24 所示。

o_id	od_price	od_number	g_id	g_name	g_discount	g_status
2019091000001	2099	1	G00001	小米全面屏电视E55A	0.9	热销
2019091100001	8022	1	G00002	苹果IPHONE XS	0.9	热销
2019091100002	9800	1	G00003	苹果IPHONE XS MAX	0.9	热销
2019091100002	9299	1	D00003	惠普Spectre 13幽灵超轻	0.9	热销
2019091500001	298	2	T00001	ADIDAS NEO 运动休闲DW8347	0.95	热销
2019091500002	447	3	U00001	艾维诺2合1沐浴露	0.9	热销
2019091800001	296	2	T00003	HATHA防滑瑜伽垫	0.8	热销
2019092000001	4198	2	G00001	小米全面屏电视E55A	0.9	热销
2019092100001	234	6	K00003	创易CY3394彩色长尾夹	0.9	热销
2019092100002	390	6	K00001	得力笔筒创意时尚收纳盒	0.9	热销
2019092100003	7999	1	D00001	华为MateBook X Pro 2019	0.9	热销

图 5.24 数据查询结果 15

任务 5.3 "在线购物商城"系统的嵌套查询

 **任务工单**

完成数据的嵌套查询的任务,见任务工单 5-3。

任务工单 5-3 数据的嵌套查询

任务名称	数据的嵌套查询			课时	
组别		成员		小组成绩	
学号		姓名		综合成绩	
任务情境	当数据涉及多级查询时,需要考虑嵌套查询(子查询),子查询也是 SELECT 查询,但是是另一个 SELECT 查询的附属。MySQL 可以嵌套多个查询,在外面一层的查询中使用里面一层查询产生的结果集。这样就不是执行两个(或者多个)独立的查询,而是执行包含一个(或者多个)子查询的单独查询。					
任务目标	1. 知识目标:掌握 MySQL 嵌套查询的方法。 2. 技能目标:能够使用命令行进行嵌套查询。 3. 素质目标:培养分析问题、解决问题的探究能力;培养精益求精的工匠精神。					
任务要求	按本任务后面列出的具体任务内容,完成数据表记录的操作。					
课前知识链接	1. 观看在线学习平台课前发布的视频。 2. 完成课前发布的任务测试。					
任务实施	根据公司领导的要求,销售主管想查询属于热销的且销售订单金额大于 5 000 元的商品订单编号、送货方式、订单状态。					
任务实施总结						
任务检查与评估	**任务检查**					
	1. 能否正确进行任务分析。 2. 能否正确根据任务进行数据嵌套查询。					
	任务评估					
	评估项目	评估结果				
	是否小组合作完成任务操作	□是	□否			
	能否独立完成任务操作	□不能	□基本能够	□能		
	自我评价任务操作	□仅能理解 □会操作不理解	□不会操作 □能理解会操作			
	改进措施					
任务点评						

相关知识

5.3.1 带有 IN 关键字的子查询

通过使用 IN 关键字可以把原表中目标列的值和子查询返回的结果集进行比较,判断给定值是否在子查询结果集中,如果列值与子查询的结果一致或存在与之匹配的数据行,则表示查询结果包含该数据行。其语法格式如下:

```
mysql> SELECT selelct_list
FROM tbl_name
WHERE expression IN[NOT IN](sbuquery);
```

当表达式与子查询的结果表中的某个值相等时,IN 返回 TRUE,否则返回 FALSE;若使用了 NOT,则返回的值刚好相反。

【例 5-24】 在 customers 表中查找出在 2019 年 9 月 11 日购买商品的会员姓名和电话。

```
mysql> SELECT c_name,c_phone FROM netbuy.customers where c_id in(select c_id from orders where o_date='2019-09-11');
```

查询结果如图 5.25 所示。

【例 5-25】 查询订单金额大于 500 元的会员姓名,并按会员姓名降序排序。

```
mysql> SELECT c_name FROM netbuy.customers where c_id in(select c_id from orders where o_sum>500) order by c_name desc;
```

查询结果如图 5.26 所示。

图 5.25　数据查询结果 16　　图 5.26　数据查询结果 17

注意,子查询使用 ORDER BY 时,只能在外层使用,不能在内层使用。

5.3.2 比较子查询

比较子查询可以被认为是 IN 子查询的扩展,它使表达式的值与子查询的结果集进行比较运算。其语法格式如下:

```
SELECT seleict_list
FROM tbl_name
WHERE expression {<|<=|=|>|>=|!=|<>}{ALL|SOME|ANY}(sbuquery);
```

注意,使用 ALL 操作符时,表达式与子查询结果集中的每个值进行比较,当表达式与每个值都满足比较的关系时,才返回 TRUE,否则返回 FALSE。

【例 5-26】 查询出销售数量少于平均销售数量的商品编号和商品名称。

```
mysql>SELECT g_id,g_name FROM netbuy.goods where g_id in(select g_id from orderdetails
where od_number<(select avg(od_number)from orderdetails));
```

查询结果如图 5.27 所示。

	g_id	g_name
▶	G00001	小米全面屏电视E55A
	G00002	苹果IPHONE XS
	G00003	苹果IPHONE XS MAX
	D00003	惠普Spectre 13幽灵超轻
	T00001	ADIDAS NEO 运动休闲DW8347
	T00003	HATHA防滑瑜伽垫
	D00001	华为MateBook X Pro 2019
	T00002	Columbia放拔水夹克
*	NULL	NULL

图 5.27 数据查询结果 18

【例 5-27】 查询所有会员订单金额大于 C0002 的订单信息。

```
mysql>SELECT * FROM orders where o_sum > ANY(SELECT o_sum from orders where c_id=
'C0002');
```

查询结果如图 5.28 所示。

	o_id	c_id	o_date	o_sum	p_id	o_status	o_sendaddress
▶	2019091100002	C0003	2019-09-11	9800	01	发货中	
	2019092800001	C0011	2019-09-28	9800	02	发货中	
*	NULL	NULL	NULL	NULL	NULL	NULL	NULL

图 5.28 数据查询结果 19

5.3.3 EXISTS 子查询

在子查询中可以使用 EXISTS 和 NOT EXISTS 操作符判断某个值是否在一系列的值中。基于查询所指定的条件,子查询返回 TRUE 或 FALSE,子查询不产生任何数据。其语法格式如下:

```
SELECT seleict_list
FROM tbl_name
WHERE expression EXISTS[NOT EXISTS](sbuquery);
```

【例 5-28】 查询购买了商品的客户姓名和电话。

```
mysql> select c_name,c_phone from customers where exists ( select * from orders
where c_id = customers. c_id ) ;
```

查询结果如图 5.29 所示。

	c_name	c_phone
▶	吴海	18070081313
	付超	15083826543
	张骁	13479452313
	邓力夫	18965458321
	徐牧	18178654515
	巫慧一	13879971263
	夏圆圆	13467898976
	宋宇蒙	18279653472
	邱雨	18179165643
	艾米莉	15083826754
	高倩玉	13767532341

图 5.29 数据查询结果 20

任务实施

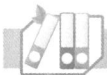

1. 任务内容

根据公司领导的要求,销售主管想查询属于热销的且销售订单金额大于 5 000 元的商品订单编号、送货方式、订单状态。

2. 实施步骤

```
mysql> use netbuy;
       SELECT o_id,p_id,o_status FROM orders where o_id in
       (select o_id from orderdetails where od_price>5000 and g_id
       in (select g_id from goods where g_status="热销"));
```

查询结果如图 5.30 所示。

	o_id	p_id	o_status
▶	2019092100003	02	发货中
	2019091100002	01	发货中
	2019091100001	02	发货中
	2019092500001	01	发货中
	2019092800001	02	发货中
*	NULL	NULL	NULL

图 5.30 数据查询结果 21

任务 5.4 "在线购物商城"系统的合并查询

任务工单

完成数据的合并查询的任务,见任务工单 5-3。

任务工单 5-3 数据的合并查询

任务名称	数据的合并查询		课时	
组别		成员	小组成绩	
学号		姓名	综合成绩	
任务情境	当数据需要将几个 SELECT 语句查询处理的结果合并到一起显示时,需要使用合并查询。合并查询是指将多个 SELECLT 语句返回的结果通过 UNION 组合为一个结果集。参与查询的 SELECT 语句中的列数和列的顺序必须相同,数据类型也必须兼容。			
任务目标	1. 知识目标:掌握 MySQL 联合查询的方法。 2. 技能目标:能够使用命令行进行联合查询。 3. 素质目标:培养分析问题、解决问题的探究能力;培养团结协作能力。			
任务要求	按本任务后面列出的具体任务内容,完成合并查询操作。			
课前知识链接	1. 观看在线学习平台课前发布的视频。 2. 完成课前发布的任务测试。 任务 5.4 课程预习			
任务实施	查询 orders(订单主表)中的订单编号、会员编号,ordersdetails(订单子表)中的商品编号、购买价格、购买数量,并将查询结果合并为一个结果集。			
任务实施总结				
任务检查与评估	**任务检查** 1. 能否正确进行任务分析。 2. 能否正确根据任务进行联合查询。			
^	**任务评估**			
^	评估项目	评估结果		
^	是否小组合作完成任务操作	□是	□否	
^	能否独立完成任务操作	□不能	□基本能够	□能
^	自我评价任务操作	□仅能理解 □会操作不理解	□不会操作 □能理解会操作	
^	改进措施				
任务点评				

 **相关知识**

5.4.1 使用 UNION 关键字

使用 UNION 关键字可以将多个结果集合并到一起,并且去除相同记录。其语法格式如下:

SELECT ... UNION select ... [UNION SELECT...]

【例 5-29】 连接查询 C0001 和 C0002 会员的信息。

mysql> SELECT c_id,c_name,c_SEX FROM netbuy.customers WHERE c_id='C0001' UNION SELECT C_ID,c_name,c_SEX FROM netbuy.customers where c_id='C0002';

查询结果如图 5.31 所示。

【例 5-30】 查询 orders 表销售记录中 2019 年 9 月 11 日和 2019 年 9 月 25 日的顾客会员编号。

mysql> SELECT C_ID FROM netbuy.orders where o_date='2019-09-11' UNION SELECT C_ID FROM netbuy.orders where o_date='2019-09-25';

查询结果如图 5.32 所示。

c_id	c_name	c_SEX
C0001	吴海	男
C0002	付超	男

图 5.31 数据查询结果 22

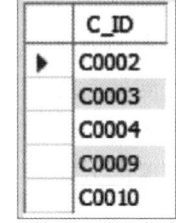

图 5.32 数据查询结果 23

5.4.2 使用 UNION ALL 关键字

使用 UNION ALL 关键字可以合并多个结果集,但不去除相同记录,只是将表简单地连接在一起。其语法格式如下:

SELECT ... UNION[ALL|DISTINCT] select ... [UNION[ALL|DISTINCT] SELECT...]

【例 5-31】 例 5-29 还可以用 UNION ALL 查询。

mysql> SELECT c_id,c_name,c_SEX FROM netbuy.customers WHERE c_id='C0001' UNION ALL SELECT C_ID,c_name,c_SEX FROM netbuy.customers where c_id='C0002';

说明:

ALL 指查询结果包含所有的行。如果不使用 ALL,则系统自动删除重复行。

查询结果如图 5.33 所示。

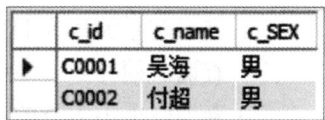

图 5.33 数据查询结果 24

**任务实施**

1. 任务内容

查询 orders（订单主表）中的订单编号、会员编号和 ordersdetails（订单子表）中的商品编号、购买价格、购买数量，并将查询结果合并为一个结果集。

2. 实施步骤

```
mysql> use netbuy;
       SELECT o_id,c_id FROM orders
       union
       select o_id,g_id from orderdetails;
```

查询结果如图 5.34 所示。

o_id	c_id
2019091000001	C0001
2019091100001	C0002
2019091100002	C0003
2019091100003	C0004
2019091500001	C0004
2019091500002	C0005
2019091800001	C0005
2019092000001	C0006
2019092100001	C0007
2019092100002	C0008
2019092100003	C0008

图 5.34　数据查询结果 25

项目拓展实训　数据综合查询

一、实训目的和要求

1. 掌握用户数据库的创建方法。
2. 掌握打开数据库的方法。
3. 掌握查看数据库的方法。
4. 掌握修改数据库的方法。
5. 掌握删除数据库的方法。

二、实训条件

MySQL、Navicate for MySQL。

三、实训内容

1. 在 teachdb 数据库中执行以下查询。

（1）查询学生的学号、姓名和联系电话。

（2）查询学生所在系部，去掉重复值。

（3）统计男生的学生人数。

（4）查询学生的姓名、系号和联系地址。

（5）查询选修了 A001 课程且成绩在 80 分以上的学生。

（6）查询院系编号为 D001 或 D002 的学生。

（7）查询成绩在 60~70 分之间的学号和课程号。

（8）查询电话不为空的学生信息。

（9）查询姓"李"的学生信息。

(10) 查询住址在北京路的学生信息。

(11) 按系统计各系的学生人数。

(12) 求选修的各门课程的平均成绩和选修该课程的人数。

(13) 统计各系教师人数,包括汇总行。

(14) 按成绩降序排序列出选修 A001 课程的学生学号和成绩。

(15) 选修了 2 门以上课的学生学号。

(16) 查询所有学生选过的课程名和课程号。

(17) 查询所有信息学院学生的选修课程和及成绩。

(18) 查询选修了"陈静"老师课程的学生。

(19) 查询信息学院成绩 80 分以上的学生信息。

(20) 用 LEFT OUTER JOIN 查询已选课学生,以及未选修课的学生信息。

(21) 查询信息学院的学生信息。

(22) 查询不及格的学生姓名。

(23) 查询必修课成绩在 90 分以上的学生姓名。

(24) 查询选修了 MySQL 相关课程的学生学号和姓名。

(25) 查询 students 表中比所有信息学院的学生年龄都大的学生学号、姓名。

(26) 连接查询学号为 122001 和 123001 学生的信息。

2. (数据库系统工程师考试真题)某教务管理系统的部分数据库关系模式如下:

学生:STUDENT(<u>Sno</u>,Sname,Ssex,Sage,Sdept),各属性分别表示学号、姓名、性别、年龄、所在系名;

课程:COURSE(<u>Cno</u>,Cname,Cpno,Ceredit),各属性分别表示课程号、课程名、选修课的课程号、学分;

选课:SC(<u>Sno</u>,<u>Cno</u>,Grade),各属性分别表示学号、课程号、成绩。

有关关系模式的说明如下:

(1) 下划线标出的属性是表的主键;

(2) 课程名取值唯一。

根据以上描述,回答下列问题,将 SQL 语句的空缺部分补充完整。

【问题 1】

查询每一门课程的间接先修课(先修课的先修课),要求输出课程号和间接先修课的课程号。即使某门课程没有先修课(k),也需要输出,不过其间接先修课为空。此功能由下面的 SQL 语句实现,请补全(h)。

```
SELECT K1.Cno,( h )
FROM COURSE K1 ( i ) OUTER JOIN COURSE K2 ( j )(( k ));
```

【问题 2】

查询选修了课程表中已有全部课程的学生,要求输出学号和姓名。此功能由下面的 SQL 语句实现,请补全(l)~(r)。

```
SELECT Sno,Sname FROM STUDENT
WHERE NOT EXISTS
```

```
(SELECT * FROM ( l )
WHERE ( m )
(SELECT * FROM ( n )
WHERE( o )));
FROM COURSE K1( p ) OUTER JOIN COURSE K2 ( q )(( r ));
```

3. (数据库系统工程师考试真题)某订单管理系统的部分数据库关系模式如下：

客户：CUSTOMERS(Cno,Cname,Cage,Csex)，各属性分别表示客户编号、客户姓名、年龄和性别；

商品：GOODS(Gno,Gname,Gprice,Gorigin)，各属性分别表示商品编号、商品名称、单价和产地；

订单：ORDERS(Ono,Cno,Gno,Oprice,Onumber)，各属性分别表示订单编号、客户编号、商品编号、顾客购买商品的单价和数量。

有关关系模式的说明如下：

(1) 下划线标出的属性是表的主键。

(2) 商品表中的 Gprice 是商品的当前价格，可能会发生变动；订单表中的 Oprice 是订单成交时的商品单价。

一个订单只包含一位顾客购买的一种商品；其商品数量最少1件，最多99件。

根据以上描述，回答下列问题，将 SQL 语句的空缺部分补充完整。

【问题 1】

查询所有订单的详细情况，要求输出订单号(Ono)、客户姓名(Cname)、商品名称(Gname)、单价(Oprice)、数量(Onumber)和金额(Oamount)，查询结果按照金额从大到小排列。此功能由下面的 SQL 语句实现，请补全(d)~(h)。

```
SELECT Ono, Cname, Gname, Oprice, Onumber, ( d ) AS Oamount
FROM CUSTOMERS, ORDERS, GOODS
WHERE( e )
AND( f )( g )BY ( h );
```

【问题 2】

查询未售出商品的编号和名称。此功能由下面的 SQL 语句实现，请补全(n)、(o)。

```
SELECT Gno, Gname  FROM( n )
( o )
SELECT Gno, Gname  FROM GOODS_SOLD;
```

四、实训分析与总结

1. 对实训中遇到的问题进行分析、讨论。
2. 对实训过程、方法进行总结。

项目小结

本项目主要介绍数据库表中的单表查询以及使用连接查询和嵌套查询(子查询)进行多表连接查询和合并查询,其中重点介绍了使用命令行进行单表以及连接查询及子查询的多表连接查询。学习完本项目后,要掌握分析企业实际需求,学会使用命令行进行单表查询、连接查询、嵌套查询(子查询)、合并查询。本项目内容是本课程学习的重点内容,掌握了这些 MySQL 知识点,对于数据库的查询就会得心应手,也能更高效地应用 MySQL 数据库。

自测习题

一、选择题

1. 在 MySQL 中,通常使用(　　)语句来进行数据的检索、输出操作。
   A. SELECT　　　B. INSERT　　　C. DELECT　　　D. UPDATE

2. ("1+X"真题)在 MySQL 中,联合查询使用的关键字是(　　)。
   A. JOIN　　　B. UNION　　　C. ALL　　　D. FULL

3. (数据库系统工程师真题)在数据库管理系统中,以下 SQL 语句书写顺序正确的是(　　)。
   A. SELECT→FROM→GROUP BY→WHERE
   B. SELECT→FROM→WHERE→GROUP BY
   C. SELECT→WHERE→GROUP BY→FROM
   D. SELECT→WHERE→FROM→GROUP BY

4. SQL 语言允许使用通配符进行字符串匹配,其中'%'可以表示(　　)。
   A. 零个字符　　　B. 1个字符　　　C. 多个字符　　　D. 以上都可以

5. ("1+X"真题)有一个学生表 student,含有以下字段 id、username、age、score,获取成绩最好的学生(　　)。
   A. SELECT max(score) FROM student
   B. SELECT avg(score) FROM student
   C. SELECT sum() FROM student
   D. SELECT count() FROM student

6. 求每个交易所的平均单价的 SQL 语句是(　　)。
   A. SELECT 交易所,avg(单价) FROM stock GROUP BY 单价
   B. SELECT 交易所,avg(单价) FROM stock ORDER BY 单价
   C. SELECT 交易所,avg(单价) FROM stock ORDER BY 交易所
   D. SELECT 交易所,avg(单价) FROM stock GROUP BY 交易所

7. 从 customers 表中的 c_name 字段查找姓"张"的学生。可以使用如下代码:SELECT * FROM customers WHERE (　　)。
   A. NAME='张*'　　　　　　　　　　B. NAME='%张%'

C. NAME LIKE'张%' D. NAME LIKE'张*'

8. ("1+X"真题)student(s_id,s_name,s_age,s_sex)学生表,查询年龄最大的5位学生( )。

   A. SELECT * FROM student WHERE ORDER BY s_age ASC LIMIT 5
   B. SELECT * FROM student ORDER BY s_age ASC LIMIT 5
   C. SELECT * FROM student ORDER BY s_age DESC LIMIT 5
   D. SELECT * FROM student DESC LIMIT 5

9. ("1+X"真题)在 MySQL 中,查找出班主任"王笑笑"班的全部男生的信息,则正确的 SQL 语句是( )。

   A. SELECT * FROM 学生 WHERE 性别='男' AND 班级编号 ==(SELECT 班级编号 FROM 班级 WHERE 班主任='王笑笑')
   B. SELECT * FROM 学生 WHERE 性别='男' AND 班级编号 IN (SELECT 班级编号 FROM 班级 WHERE 班主任='王笑笑')
   C. SELECT * FROM 学生 WHERE 性别='男' AND 班级编号 UNION (SELECT 班级编号 FROM 班级 WHERE 班主任='王笑笑')
   D. SELECT * FROM 学生 WHERE 性别='男' AND 班级编号 AS (SELECT 班级编号 FROM 班级 WHERE 班主任='王笑笑')

10. (数据库系统工程师真题)假设有两个数据库表 isurance 表和 employee 表分别记录了某地所有工作人员的社保信息和基本信息:

    insurance(id,is_valid),各属性分别表示身份证号、社保是否有效,其中 is_valid=1 表示社保有效,is_valid=0 表示社保无效。

    employee (id,name,salay,is_local),各属性分别表示身份证号、姓名、每月工资、户口是否在当地,其中 is_local=1 表示户口在当地,is_local=0 表示户口不在当地。

    2021年农历新年,为疫情防控,鼓励留在工作地过年,决定对社保有效且户口不在当地的人群发放津贴。可筛选出满足补贴发放条件人员的 SQL 语句为( )。

    A. SELECT * FROM employee, insurance WHERE insurance. id = employee. id AND insurance. is_ Valid=1
    B. SELECT * FROM employee, insurance WHERE insurance. is_ valid = 1 AND employee. is_local=0
    C. SELECT * FROM employee, insurance WHERE insurance. id = employee. id AND insurance. is_valid= 1 AND insurance. is_local=0
    D. SELECT * FROM employee, insurance WHERE insurance. id = employee. id AND insurance. is_valid= 1 AND employee. is_local=1

二、简答题

1. 简述 SELECT 语句由那些子句构成,其作用分别是什么。
2. 简述 WHERE 子句与 HAVING 子句的区别。
3. 什么是连接查询? 分为几类?
4. 简述什么是子查询。
5. 简述 UNION 语句的作用。

项目6 "在线购物商城"系统视图和索引的创建与管理

 项目导读

视图和索引的创建与管理是 MySQL 数据库管理系统中的一项重要操作。要想合理地创建与管理视图和索引,需要了解视图和索引在数据库中存在的意义。本项目介绍视图和索引的基本概念以及创建、查询、修改和删除视图和索引的方法,通过视图对数据进行查询和统计,强调正确认识索引的重要性和如何创建合适的索引。

 项目目标

> 知识目标
1. 熟悉数据库视图和索引的概念。
2. 掌握数据库中视图的创建、查看、删除以及修改方法。
3. 掌握数据库中索引的创建、查看以及删除方法。
4. 掌握数据库中视图和索引的使用方法。

> 技能目标
1. 能够创建合理的视图和索引。
2. 能够使用图形界面和 SQL 语句完成视图的创建以及管理。
3. 能够使用图形界面和 SQL 语句完成索引的创建以及管理。

> 素质目标
1. 培养发现问题、解决问题的能力。
2. 培养数据安全意识。
3. 培养编写代码时的规范意识、标准意识以及不怕困难的职业精神。

思政小课堂

视图可以隐藏数据的复杂性,提高数据的安全性,还可以在用户查询过程中过滤不需要的数据,简化操作。索引可以提高查询速度。在快速发展的数字时代,数据库开发人员需要保持潜心钻研的精神,追求更简洁、安全、有效的数据操作方式。

何新贵,中国工程院院士,获得"CFF 终身成就奖",是我国首批计算机软件工作者之一。他在国产计算机上成功研制出多个 Fortran 编译系统,这是我国第一批自主开发并向全国推广的编译程序系统,有助于我国军用数值计算编程摆脱落后状态,促使我国工程领域全面采用高级程序设计语言。他提出的模糊数库、加权模糊逻辑、模糊分布值逻辑、可执行模糊语义网络、模糊 H 网、主动模糊网络、模糊推理网络、加权神经元网络以及过程神经元网络等理论与技术对边缘科学、"知识处理学"的建立和发展起了较大作用。在取得成绩后,何新贵并没有停下继续钻研的脚步,依然踏实工作,潜心钻研,在软件技术、人工智能的理论研究方面,不断追求极致,在编译、数据库、模糊逻辑、最优化处理和军用软件等领域作出了突出贡献,促进了我国数据库、人工智能和软件工程技术发展和应用。

任务 6.1 "在线购物商城"系统的视图创建与管理

任务工单

完成数据库视图的创建任务,见任务工单 6-1。

任务工单 6-1 创建"在线购物商城"数据库视图

任务名称	数据库视图的创建		课时	
组别		成员	小组成绩	
学号		姓名	综合成绩	
任务情境	根据在线购物商城系统安全运行的需求,为了提高数据的安全性和保密性,公司要求通过数据库视图对外提供相应的数据。			
任务目标	1. 知识目标:掌握数据库视图的创建、查看、修改以及删除方法。 2. 技能目标:能够使用图形化工具和命令行创建、修改以及删除视图。 3. 素质目标:增强数据保护意识和数据素养。			
任务要求	按本任务后面列出的具体任务内容,完成数据库视图的创建。			
课前知识链接	1. 观看在线学习平台课前发布的视频。 2. 完成课前发布的任务测试。 任务 6.1 课程预习			
任务实施	(1) 使用图形界面创建 ebuy 库的 customers 表的视图。 (2) 使用命令行创建 netbuy 库的 customers 表的视图。 (3) 使用图形界面查看 ebuy 库的 customers 表的视图。 (4) 使用命令行查看视图 netbuy 库的 customers 表的视图。 (5) 使用图形界面修改 ebuy 库的 customers 表的视图。 (6) 使用命令行修改 netbuy 库的 customers 表的视图。 (7) 使用图形界面删除 ebuy 库的 customers 表的视图。 (8) 使用命令行删除 netbuy 库的 customers 表的视图。			
任务实施总结				
任务检查与评估	**任务检查**			
	1. 能否成功使用图形界面 Navicate for MySQL 创建 ebuy 数据库中 customers 表的视图。 2. 能否成功使用命令行创建和管理 netbuy 数据库中 customers 表的视图。			
	任务评估			
	评估项目	评估结果		
	是否小组合作完成任务操作	□是 □否		
	能否独立完成任务操作	□不能 □基本能够 □能		
	自我评价任务操作	□仅能理解 □不会操作 □会操作不理解 □能理解会操作		
	改进措施			
任务点评				

相关知识

6.1.1 视图介绍

1. 视图简介

从用户角度看,视图是从一个特定的角度来查看数据库中的数据。从数据库系统内部来看,视图是由 SELECT 语句查询定义的虚拟表;从数据库系统外部来看,视图就如同一张表,可以对视图进行查询、插入、修改和删除等操作。

定义视图所引用的表称为基本表。视图的作用类似于筛选,定义视图可以来自当前或其他数据库的一个或多个表,甚至其他视图。

视图一经定义便存储在数据库中,但与之相对应的数据并不会再存储一份。视图只是查看表中数据的一个窗口,通过视图看到的数据来自基本表中。当通过视图修改数据时,相应基本表中的数据也会发生改变。同样地,如果基本表中的数据发生变化,这种变化也会自动反映到视图中。

2. 视图的功能

与直接从数据库表中提取数据相比,视图的功能可以归纳为以下 4 点。

(1) 简化操作

使用视图可以简化数据查询操作,对于经常使用但结构复杂的 SELECT 语句,建议将其封装为一个视图,后期通过封装的视图查询数据。

(2) 避免数据冗余

视图保存的是一条 SELECT 语句,所有的数据源于数据库表,这样就可以由一个表或多个表派生出来多种视图,为不同应用程序提供服务的同时,避免了数据冗余。

(3) 增强数据安全性

同一个数据库表可以创建不同的视图,为不同的用户分配不同的视图,这样就可以实现不同的用户只能查询或修改与之对应的数据,继而增强了对数据的访问控制安全性。

(4) 提高数据的逻辑独立性

如果没有视图,应用程序一定是建立在数据库表上的;而使用视图之后,应用程序就可以建立在视图之上,从而使应用程序和数据库表在一定程度上实现逻辑分离。视图在以下两个方面使应用程序与数据逻辑独立:

① 使用视图可以向应用程序屏蔽表结构,此时即便表结构发生变化(例如表的字段名发生变化),也只需重新定义视图或者修改视图的定义,无须修改应用程序。

② 使用视图可以向数据库表屏蔽应用程序,此时即便应用程序发生变化,也只需重新定义视图或修改视图的定义,无须修改数据库表结构即可使应用程序正常运行。

3. 视图的特点

视图的功能决定了视图的特点,具体归纳为以下 3 点。

(1) 简单性

视图不仅可以简化用户对数据的理解,也可以简化他们的操作。那些经常被使用的查询可以被定义为视图,以便用户不必每次都为以后的操作指定全部的条件。

(2) 安全性

用户通过视图只能查询和修改自己能见到的数据,但不能授权到数据库特定行和特定列上。视图可以使用户限制在数据的不同子集上,例如另一视图的一个子集,或视图和基本表合并后的子集。

(3) 逻辑数据独立性

视图可帮助用户屏蔽真实表结构变化带来的影响。

6.1.2 创建视图

1. 使用图形界面创建视图

(1) 打开 Navicat for MySQL 控制台,双击连接名,双击 ebuy 数据库,右键单击"视图",选择"新建视图"菜单;或者单击中间工具栏上的"视图"按钮,如图 6.1 所示。新建视图窗口如图 6.2 所示。

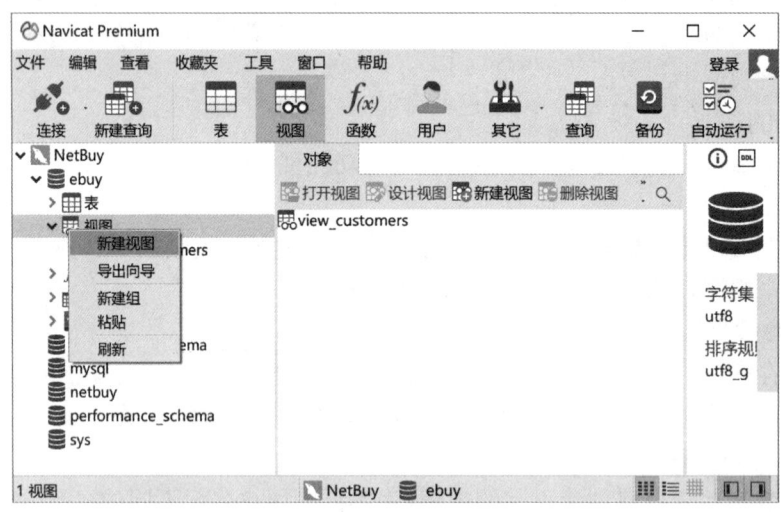

图 6.1 新建视图

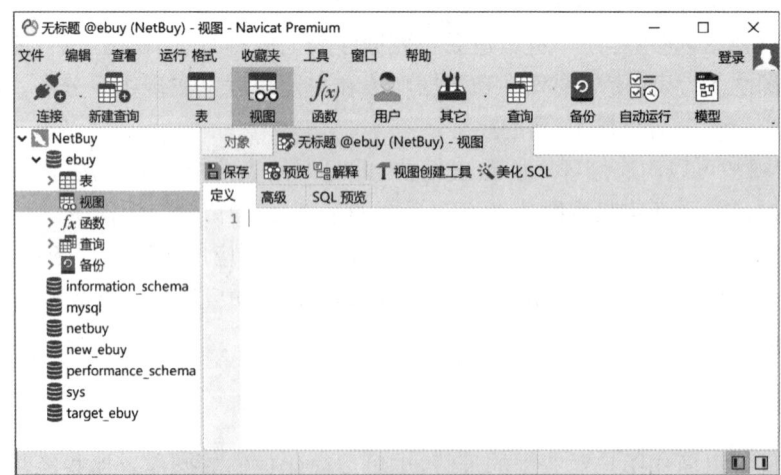

图 6.2 新建视图窗口

(2) 单击"视图创建工具",双击"goods"后,goods 表及其字段将自动加入窗口右上方的"关系窗口"中,窗口如图 6.3 所示。

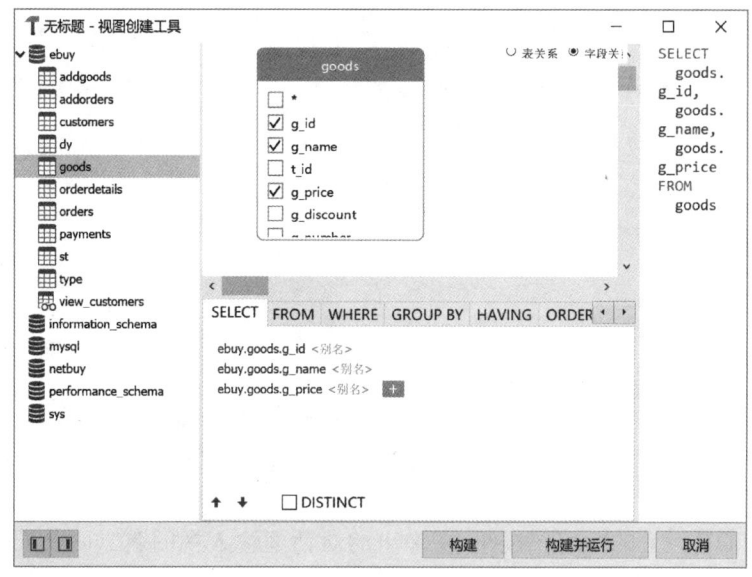

图 6.3 视图设计对话框 1

在该窗口中可以进行以下操作。

① 如果视图中的数据来自多张表,则继续双击其他数据表进行添加,并且可以通过拖动连接字段设置表与表连接的连接关系,然后选择需要查询的字段。

② 在窗口右下方的条件窗口中,可以定义字段的别名、查询条件等。

(3) 单击"构建并运行"按钮,返回新建视图窗口。在"定义"选项卡中可以看到自动生成的查询语句和结果,如图 6.4 所示;在"SQL 预览"选项卡中可以看到自动生成的创建视图的语句,如图 6.5 所示。

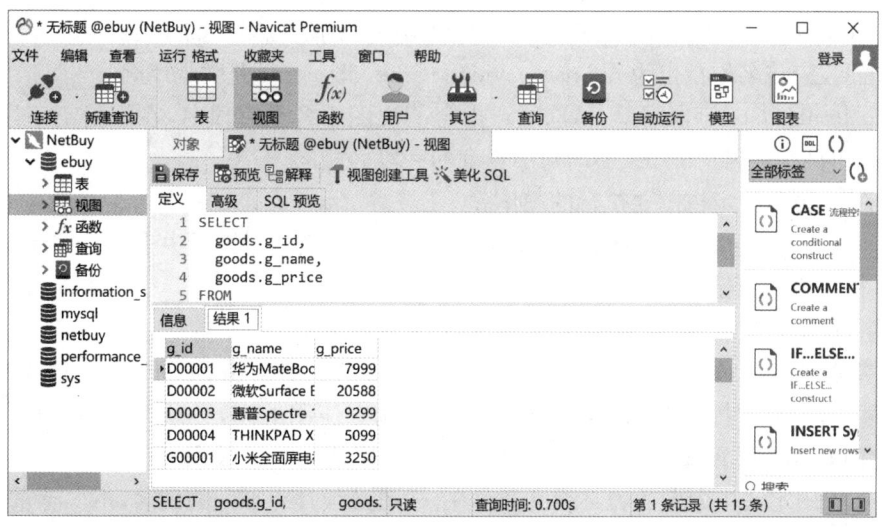

图 6.4 预览查询结果

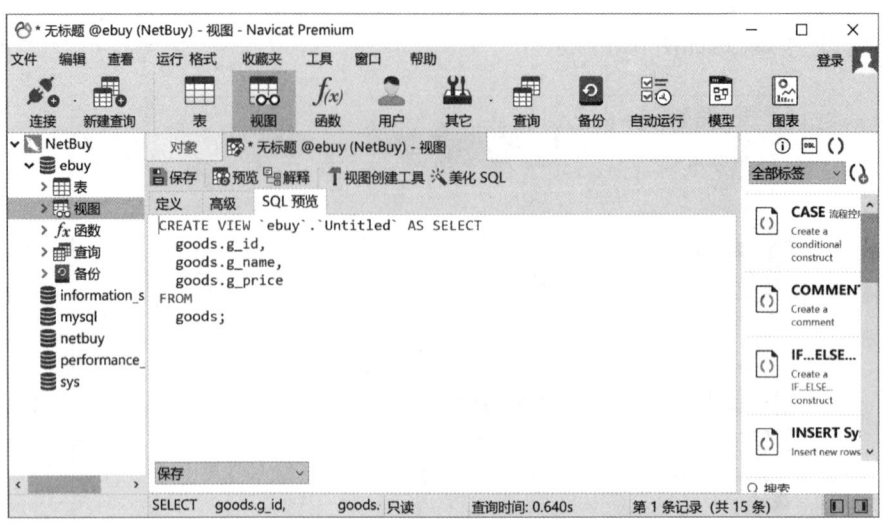

图 6.5　预览创建视图语句

（4）单击工具栏上的"保存"按钮，在弹出的对话框输入视图名"view_goods"，单击"确定"按钮，即可完成视图（view_goods）的创建。

2. 使用命令行创建视图

创建视图使用 CREATE [OR REPLACE] VIEW 语句，语法格式如下：

```
CREATE [OR REPLACE] VIEW view_name [(column_list)]
AS select_statement...
```

说明：

① CREATE VIEW：创建视图的关键字。CREATE VIEW 创建视图时，如果存在相同名的视图，则会报错；但使用 OR REPLACE 子句后，如果存在相同名的视图，则会替换已有的视图。

② view_name：视图名称。默认在当前数据库中创建视图。如果要在其他给定数据库中创建视图，应将名称指定为 db_name.view_name，db_name 是数据库名。

③ column_list：字段清单，可选项。指定了视图中各个字段名，在不指定字段的情况下，视图中的字段名与 SELECT 语句中查询的字段名相同。

④ AS：表示指定视图要执行的操作。

⑤ select_statement：完整的查询语句，表示从某个表或者视图中查出某些满足条件的记录，并将这些记录显示在视图中。

注意，视图定义服从以下权限：

① 要求具有针对视图的 CREATE VIEW 权限，以及针对由 SELECT 语句选择的每一列上的某些权限。对于在 SELECT 语句中其他地方使用的列，必须具有 SELECT 权限。如果还有 OR REPLACE 子句，则必须在视图上具有 DROP 权限。

② 在视图定义中命名的表必须已经存在，视图必须具有唯一的列名，不得有重复。

③ 视图名不能与表同名。

④ 在视图的 FROM 子句中不能使用子查询。
⑤ 在视图的 SELECT 语句不能引用系统或用户变量。
⑥ 在视图的 SELECT 语句不能引用预处理语句参数。
⑦ 在视图定义中允许使用 ORDER BY，但是，如果对特定视图进行选择时，使用了自己的 ORDER BY 语句，则在视图定义中使用的 ORDER BY 将被忽略。
⑧ 在定义中引用的表或视图必须存在。
⑨ 在定义中不能引用 TEMPORARY 表，也不能创建 TEMPORARY 视图。
⑩ 不能将触发程序与视图关联在一起。

另外还须注意：
① 定义视图时基本表可以是当前数据库中的表，也可以是另外一个数据库的基本表。
② 定义视图时可在视图后面指明视图的列名称，名称之间用逗号分开，但列数要与 SELECT 语句检查的列数相等。
③ 使用视图查询时，若其关联的基本表中添加了新字段，则该视图将不包含新字段。
④ 如果与视图相关联的表或视图被删除，则该视图将不能再使用。

视图的创建可以来自一个基本表、多个基本表及视图。

(1) 基于一个表创建视图

【例 6-1】 在 goods 表中创建 view_goods。

```
mysql> CREATE OR REPLACE VIEW view_goods
       AS SELECT g_id, cg_name, g_price FROM goods;
```

【例 6-2】 创建基于 netbuy 数据库中的 goods 表的视图 view_goods。

```
mysql> CREATE OR REPLACE VIEW view_goods
       AS SELECT g_id, cg_name, g_price FROM netbuy.goods;
```

(2) 基于多个表创建视图

【例 6-3】 在 netbuy 数据库中，基于 customers 表、orders 表和 orderdetails 表创建视图视图名为 view_coo，包括会员号、会员姓名、订单日期、购买数量和购买价格。

```
mysql> CREATE OR REPLACE VIEW view_coo AS
       select customers.c_id, c_name, orders.o_date, o_sum,
       orderdetails.od_number, od_price
       FROM customers
       JOIN orders on customers.c_id = orders.c_id
       JOIN orderdetails on orders.o_id = orderdetails.o_id;
```

(3) 可以基于视图创建新的视图

【例 6-4】 基于视图 view_coo，创建视图 view_coo_sa，统计某位会员购买产品的总消费金额和平均消费金额。

```
mysql> CREATE OR REPLACE VIEW view_coo_sa(会员号,会员姓名,总消费,平均消费)
       AS select c_id, c_name, sum(o_sum), avg(o_sum)
       FROM view_coo GROUP BY c_id;
```

6.1.3 查看视图

查看视图是指查看数据库中已存在的视图的定义。查看视图必须要有 SHOW VIEW 的权限,查看视图的方法包括 DESCRIBE 语句、SHOW TABLE STATUS 语句和 SHOW CREATE VIEW 语句等。

1. 使用图形界面创建数据表

(1) 打开 Navicate for MySQL 控制台,双击连接名,展开数据库,点击"视图"进行查看,如图 6.6 所示。

图 6.6 查看视图

(2) 双击"view_goods",查看视图定义,如图 6.7 所示。

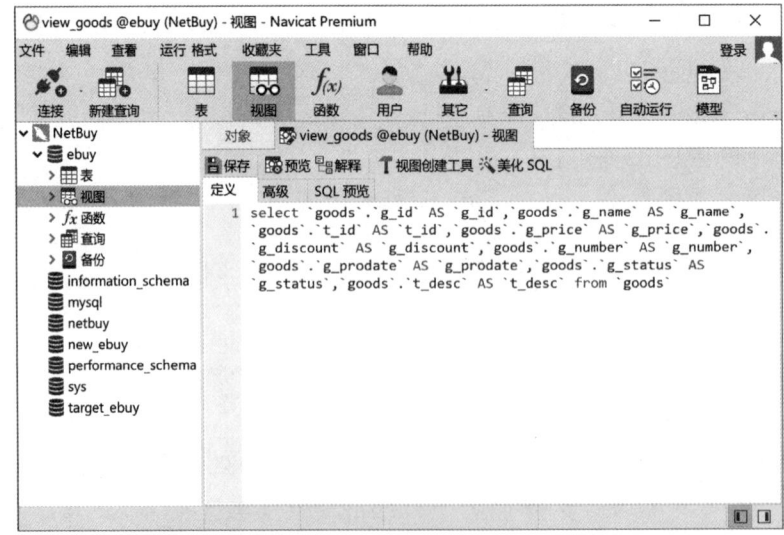

图 6.7 查看视图定义

2. 使用命令行创建表

视图是一张虚表,视图的查询与查询基本表一样,用 SHOW TABLES 命令查看新创建的视图。

【例 6-5】 使用 SHOW TABLES 命令查看视图。

```
mysql> SHOW TABLES;
```

【例 6-6】 查看视图 view_customers 的定义。

```
mysql> SHOW CREATE VIEW view_customers;
```

6.1.4 修改视图

1. 使用图形界面修改视图

(1) 打开 Navicate for MySQL 控制台,双击连接名,依次展开 ebuy 和视图,右键单击"view_goods",选择"设计视图"命令(或者单击中间工具栏上的"设计视图"按钮),打开视图设计窗口,单击"视图创建工具",然后双击"goods"表,打开如图 6.8 所示的视图设计对话框。

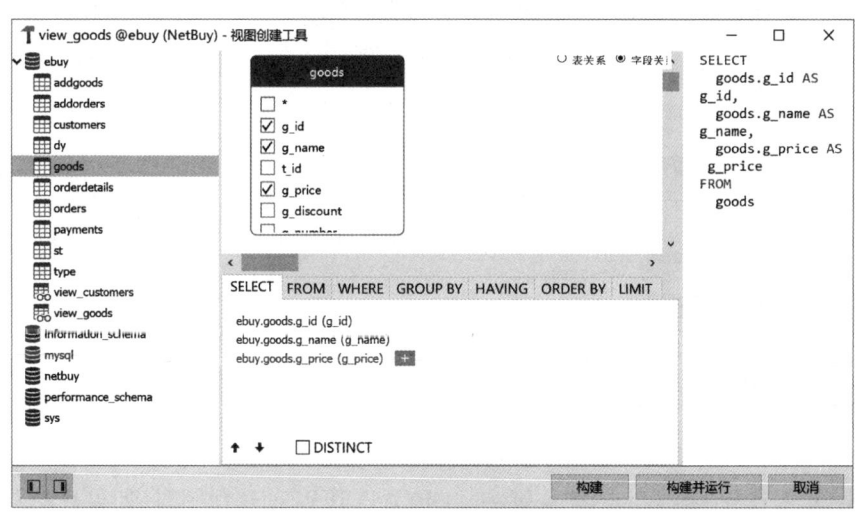

图 6.8 视图设计对话框 2

2. 使用命令行修改视图

对于已经存在的视图,可以使用 CREATE [OR REPLACE] VIEW 语句可以进行修改,其语法在 6.1.2 小节有详解,不再赘述。

使用 ALTER VIEW 语句修改视图,其语法格式如下:

```
ALTER VIEW view_name[(column_list)] AS select_statement
```

【例 6-7】 修改视图 view_customers,用 AS 定义列别名,并增加"人数"字段,统计会员男、女生人数。

```
mysql> ALTER VIEW netbuy.view_customers
    AS SELECT c_id AS 会员号, c_sex AS 会员性别, COUNT(*) AS 人数
    FROM netbuy.customers GROUP BY c_id, c_sex;
```

6.1.5 删除视图

1. 使用图形界面删除视图

（1）打开 Navicate for MySQL 控制台，双击连接名，依次展开 Netbuy 和视图，右键单击 view_goods，选择"删除视图"命令（或者单击中间工具栏上的"删除视图"按钮），打开如图 6.9 所示的删除视图对话框。

图 6.9　删除视图对话框

2. 使用命令行删除视图

使用 DROP VIEW 语句删除视图，其语法格式如下：

```
DROP VIEW [IF EXISTS] view_name[, view_name]...
```

说明：

① DROP VIEW：删除视图的关键字。DROP VIEW 创建视图时，如果视图不存在，则会报错；但添加 IF EXISTS 关键字后，即使视图不存在，也不会报错。

② view_name：视图名称。

【例 6-8】　删除视图 view_goods。

```
mysql> DROP VIEW view_goods;
```

说明：

① 用 DROP VIEW 语句可以同时删除一个或多个视图，视图名之间用逗号隔开；

② 删除某个视图后，基于该视图的操作将不可执行。

 **任务实施**

3. 任务内容

（1）使用图形界面创建 ebuy 库的 view_customers 表的视图。

（2）使用命令行创建 netbuy 库的 view_customers 表的视图。

(3) 使用图形界面查看 ebuy 库的 view_customers 表的视图。
(4) 使用命令行查看视图 netbuy 库的 view_customers 表的视图。
(5) 使用图形界面修改 ebuy 库的 view_customers 表的视图。
(6) 使用命令行修改 netbuy 库的 view_customers 表的视图。
(7) 使用图形界面删除 ebuy 库的 view_customers 表的视图。
(8) 使用命令行删除 netbuy 库的 view_customers 表的视图。

4. 实施步骤

(1) 使用图形界面创建 ebuy 库的 customers 表的视图

新建视图的操作步骤在 6.1.2 节中已作说明，在此不再赘述。在新建视图窗口中点击"视图创建工具"菜单，双击"customers"表，进入视图设计窗口，如图 6.10 所示。勾选视图需要展示的字段，然后点击"构建并运行"，返回新建视图窗口，如图 6.11 所示。

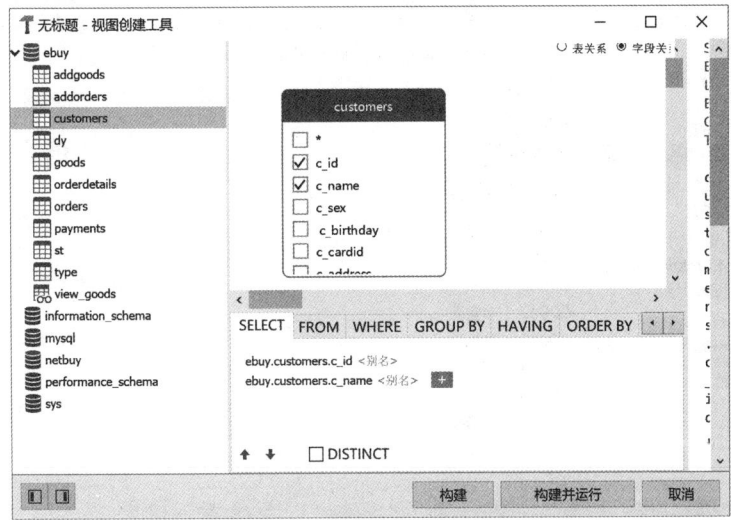

图 6.10　视图设计对话框 3

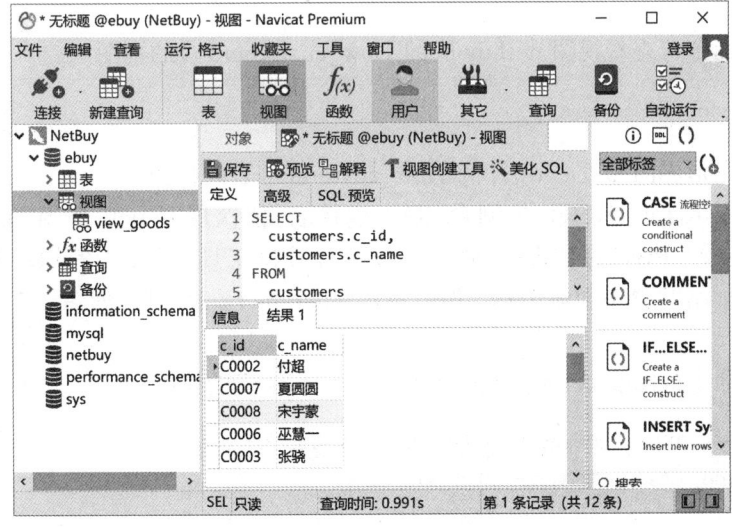

图 6.11　图形界面创建视图

点击"保存",在弹出的输入框中输入视图名称,完成视图创建。

(2) 使用命令行创建 netbuy 库的 view_customers 表的视图

```
mysql> CREATE OR REPLACE VIEW view_customers
    AS SELECT c_id, c_name FROM customers;
```

(3) 使用图形界面查看 ebuy 库的 view_customers 表的视图

打开 Navicate for MySQL 控制台,双击连接名,展开 ebuy 数据库和视图,点击"view_customers",查看视图,如图 6.12 所示。

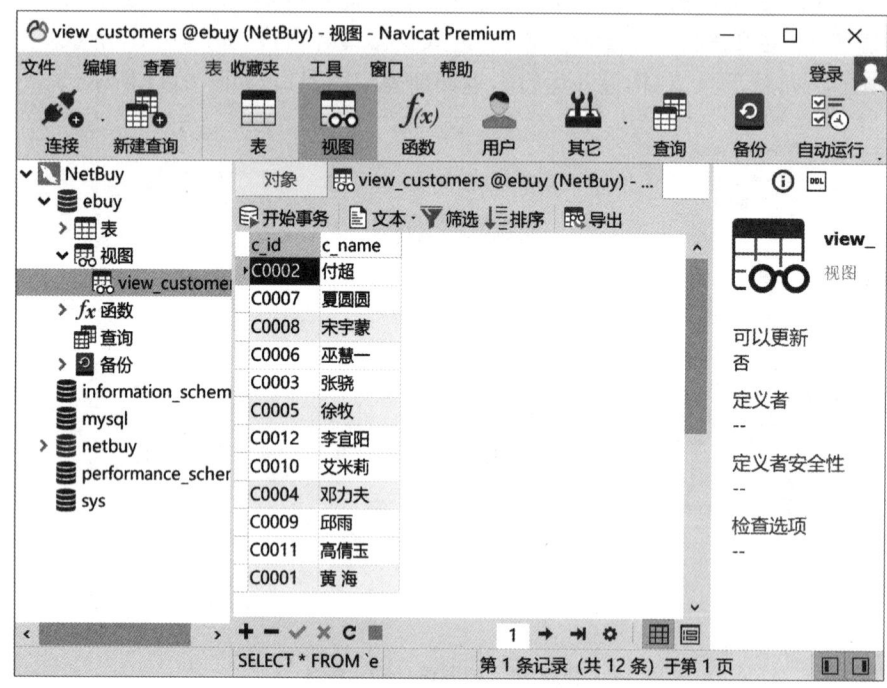

图 6.12　图形界面查看视图

(4) 使用命令行查看视图 netbuy 库的 view_customers 表的视图

```
mysql> DESC view_customers;
```

(5) 使用图形界面修改 ebuy 库的 view_customers 表的视图

打开 Navicate for MySQL 控制台,双击连接名,依次展开 netbuy 和视图,右键单击"view_customers",选择"设计视图"命令(或者单击中间工具栏上的"设计视图"按钮),打开视图设计窗口,单击"视图创建工具",然后双击"customers"表,打开如图 6.13 所示的"视图设计"对话框。

(6) 使用命令行修改 netbuy 库的 view_customers 表的视图

```
mysql> ALTER VIEW netbuy.view_customers AS SELECT c_id,
    c_name, c_sex FROM netbuy.customers;
```

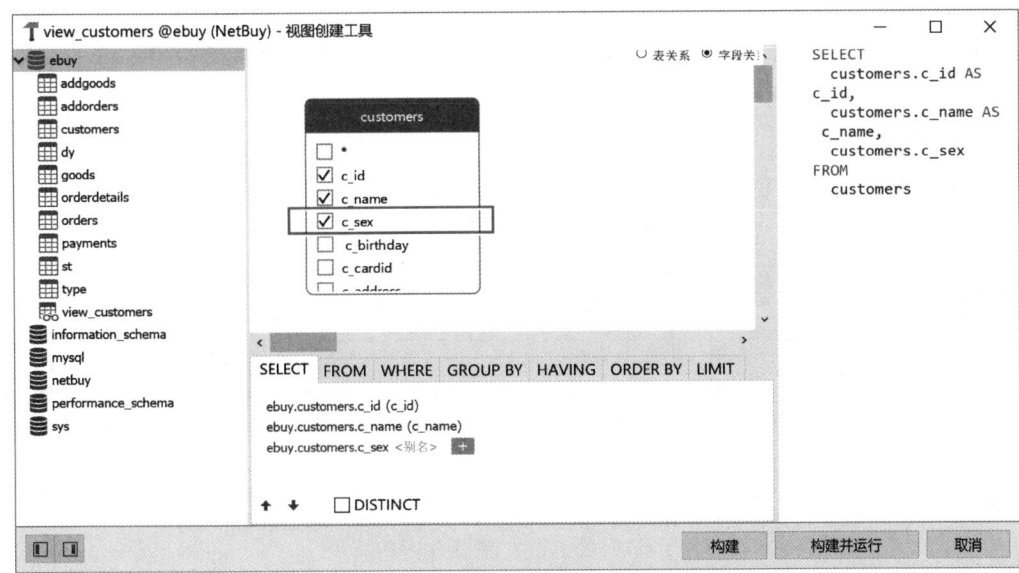

图 6.13 图形界面修改视图

（7）使用图形界面删除 ebuy 库的 view_customers 表的视图

打开 Navicate for MySQL 控制台，双击连接名，展开 ebuy 库，点击"视图"→"view_customers"，然后在右边窗口点击"删除视图"→"确定"，即可删除视图，如图 6.14 所示。

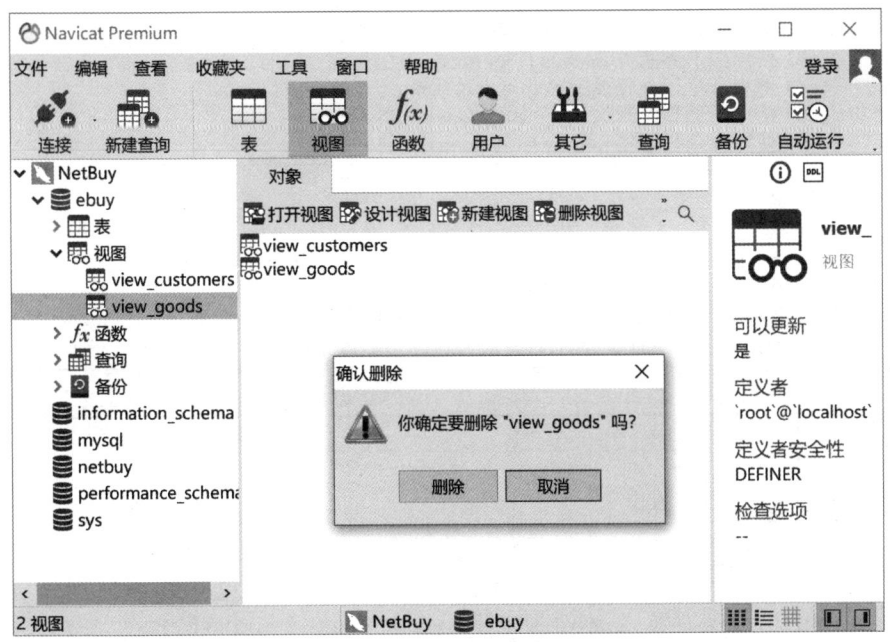

图 6.14 图形界面删除视图

（8）使用命令行删除 netbuy 库的 view_customers 表的视图

```
mysql> DROP VIEW view_customers;
```

任务 6.2 "在线购物商城"系统的索引创建与管理

 **任务工单**

完成数据库索引的创建与管理任务,见任务工单 6-2。

任务工单 6-2　数据库索引的创建与管理

任务名称	数据库索引的创建与管理		课时	
组别		成员	小组成绩	
姓名		学号	综合成绩	
任务情境	随着公司规模的不断扩大,业务量的增加,数据库的数据规模会变得非常庞大,此时数据查询、修改等操作的耗时会变得很长。只有减少数据库操作的耗时,才能更好地进行数据库管理。			
任务目标	1. 知识目标:掌握创建、查看、删除数据库索引的 SQL 语句的基本语法。 2. 技能目标:能够使用图形化工具和命令行创建、查看、删除数据库索引。 3. 素质目标:培养善于观察、善于思考、善于学习的品质。			
任务要求	按本任务后面列出的具体任务内容,完成数据库的管理。			
课前知识链接	1. 观看在线学习平台课前发布的视频。 2. 完成课前发布的任务测试。 任务6.2课程预习			
任务实施	(1) 使用图形界面创建 ebuy 库的 goods 表的索引。 (2) 使用命令行创建 netbuy 库的 goods 表的索引。 (3) 使用图形界面查看 ebuy 库的 goods 表的索引。 (4) 使用命令行查看视图 netbuy 库的 goods 表的索引。 (5) 使用图形界面删除 ebuy 库的 goods 表的索引。 (6) 使用命令行删除 netbuy 库的 goods 表的索引。			
任务实施总结				
任务检查与评估	任务检查			
	1. 能否成功使用图形界面 Navicate for MySQL 查看、修改和删除数据库索引。 2. 能否成功使用命令行创建、查看和删除数据库索引。			
	任务评估			
	评估项目	评估结果		
	是否小组合作完成任务操作	□是	□否	
	能否独立完成任务操作	□不能	□基本能够	□能
	自我评价任务操作	□仅能理解 □会操作不理解	□不会操作 □能理解会操作	
	改进措施				
任务点评				

相关知识

6.2.1 索引介绍

1. 索引的基本概念

索引是一种特殊的数据库结构,可以用来快速查询数据库表中的特定记录,在 MySQL 中,所有的数据类型都可以被索引。

MySQL 支持的索引主要有 Hash 索引和 B-Tree 索引。目前,大部分 MySQL 索引以 B-Tree 方式存储。B-Tree 索引是 MySQL 数据库中使用最为频繁的索引类型,Archive 存储引擎以外的其他所有存储引擎都支持 B-tree 索引。不仅在 MySQL 中如此,在其他很多数据库管理系统中,B-Tree 索引也同样作为最主要的索引类型,这主要是因为 B-Tree 索引的存储结构在数据库的数据检索中有着非常优异的表现。

在与索引有关的操作中需要注意以下 6 点。

(1) 索引是一个简单的表,MySQL 将一个表的索引都保存在同一个索引文件中,因此索引也需要占用物理空间。如果有大量的索引,则索引文件可能会比数据文件更快地达到最大的文件尺寸。

(2) 在更新表中索引列上的数据时,MySQL 会自动更新索引,索引数总是和表的内容保持一致。更新时可能需要重新组织一个索引,如果表中的索引越多,更新耗时就越长,降低了添加、删除、修改和其他写入操作的效率。

(3) 使用"!"=以及"<>"时,MySQL 无法使用索引。

(4) 当字段使用函数时,MySQL 无法使用索引;当连接条件字段类型不一致时,MySQL 无法使用索引;当组合索引里使用非第一个索引时也无法使用索引。

(5) 在使用 LIKE 时,以"%"开头时无法使用索引;在使用 or 时,要求 or 前后字段都有索引。

(6) 如果从表中删除列,则索引可能会受到影响。如果所删除的列为索引的组成部分,则该列也会从索引中被删除。如果组成索引的所有列都被删除,则整个索引将被删除。

2. 索引分类

MySQL 的索引包括普通索引、唯一性索引、主键、全文索引和空间索引。

(1) 普通索引

该索引的关键字是 INDEX,这是最基本的索引,它没有任何限制。

(2) 唯一性索引

该索引的关键字是 UNIQUE。它与普通索引类似,但是其列的值必须唯一,允许有空值。如果是组合索引,则列值的组合必须唯一。在一个表上可以创建多个唯一性索引。

(3) 主键索引

该索引的关键字是 PRIMARY KEY。它是一种特殊的唯一索引,不允许有空值。通常在创建表的同时创建主键索引,也可通过修改表的方法增加主键索引,但一个表只能有一个主键索引。

(4) 全文索引

该索引的关键字是 FULLTEXT。它只能对 CHAR、VARCHAR 和 TEXT 类型的列编制索引,并且只能在 MyISAM 表中编制,在 MySQL 默认情况下,对于中文作用不大。

(5) 空间索引

该索引的关键字是 SPATIAL,它只能对空间列编制索引,并且只能在 MyISAM 表中编制。

3. 索引的设计原则

索引设计不合理或者缺少都会造成数据库和应用程序的性能障碍。高效的索引对于获得良好的性能非常重要,设计索引时,应考虑以下原则。

(1) 索引并非越多越好。一个表中如果有大量的索引,不仅占用磁盘空间将增大,而且由于当表中数据更改的同时,索引也会进行调整和更新,所以会影响 INSERT、DELETE、UPDATE 等语句的性能。

(2) 避免对经常更新的表建立过多的索引,并且索引中的列应尽可能地少。对经常用于查询的字段应该创建索引,但要避免添加不必要的字段。

(3) 数据量小的表,最好不要使用索引。当数据较少时,查询花费的时间可能比遍历索引的时间还要短,索引可能不会产生优化效果。

(4) 在条件表达式中经常用到的不同值较多的列上建立索引,在不同值较少的列上不要建立索引。比如在 students 表的"sex"字段上只有"男"与"女"两个不同值,此时没有必要建立索引,因为如果建立索引不但不会提高查询效率,反而会严重降低更新速度。

(5) 当唯一性是某种数据本身的特征时,指定唯一索引。使用唯一性索引能够确保定义的列的数据完整性,提高查询速度。

(6) 在频繁进行排序或分组(即进行 GROUP BY 或 ORDER BY 操作)的列上建立索引,如果待排序的列上有多个,可以在这些列上建立组合索引。

(7) 删除不再使用或者很少使用的索引。

6.2.2 创建索引

1. 通过图形界面创建索引

以通过图形界面在 customers 表的 c_id 字段上创建主键索引、c_address 字段上创建普通索引为例。

(1) 打开 Navicate for MySQL 控制台,双击连接名,展开 ebuy 数据库,再展开数据库下面的表,右键单击 customers 表,选择"设计表"(或者单击工具栏上的"设计表"按钮),打开的 customers 表结构设计窗口如图 6.15 所示。

(2) 在此设置或取消某个字段的主键索引。选择需要设置主键索引的字段,单击工具栏上的"主键"按钮;若要取消主键索引的设置,则再次单击"主键"按钮,图 6.16 中已经给 c_id 字段设置了主键索引。

(3) 切换到"索引"选项卡,如图 6.16 所示。

(4) 单击工具栏上的"添加索引"按钮,可以给字段添加指定的索引,例如在 customers 表创建普通索引 index_address,如图 6.17 所示。

(5) 单击工具栏上的"保存"按钮,完成 customers 表中主键和普通索引的创建。

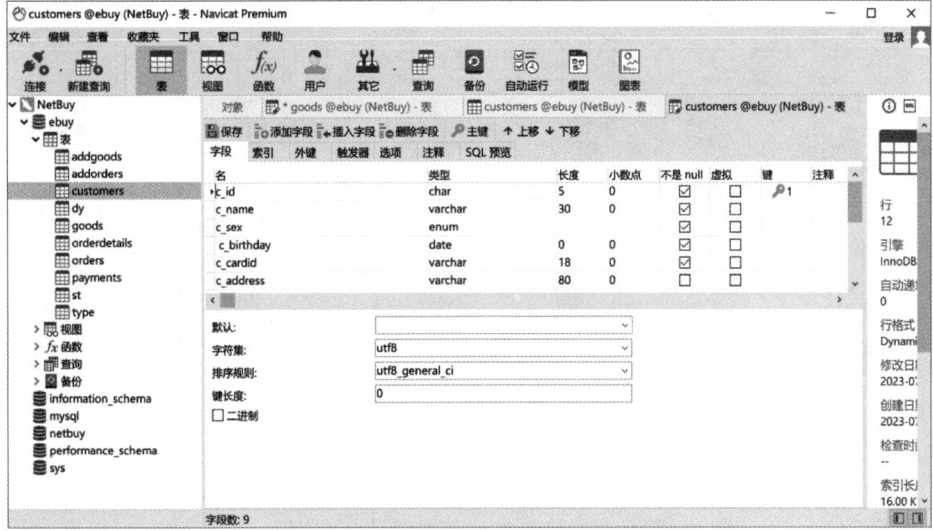

图 6.15　customers 表的结构设计窗口

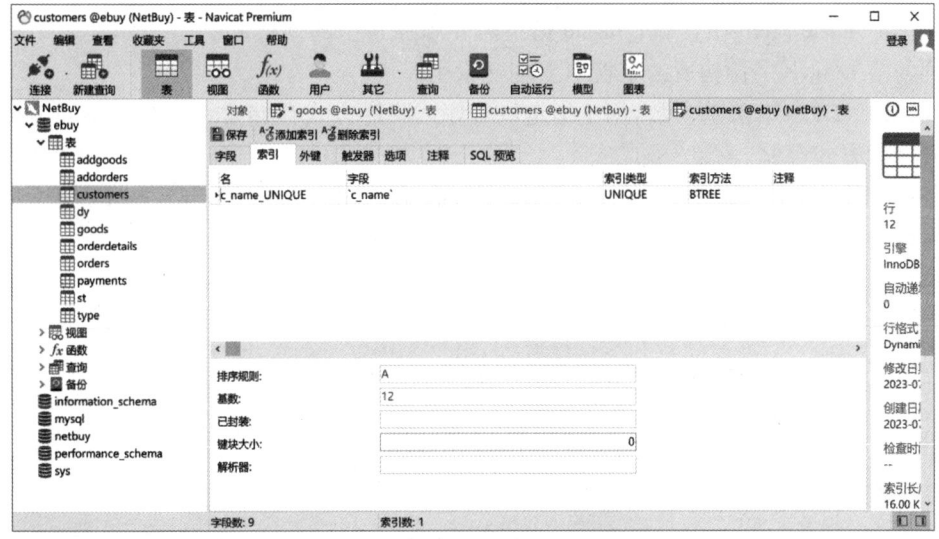

图 6.16　customers 表的索引设计窗口

2. 在创建表时创建索引

创建表的时候可以直接创建索引,这种方式最简单、方便,其语法格式如下:

```
CREATE TABLE [IF NOT EXISTS] table_name [col_name col_definition]
 [UNIQUE|FULLTEXT|SPATIAL] [INDEX|KEY] [index_name]
 (col_name [length]) [ASC|DESC]
```

说明:

① UNIQUE、FULLTEXT 和 SPATIAL:可选参数可选项,分别表示唯一索引、全文索引和空间索引。

② INDEX 与 KEY:二者为同义词,作用相同,都表示创建索引。

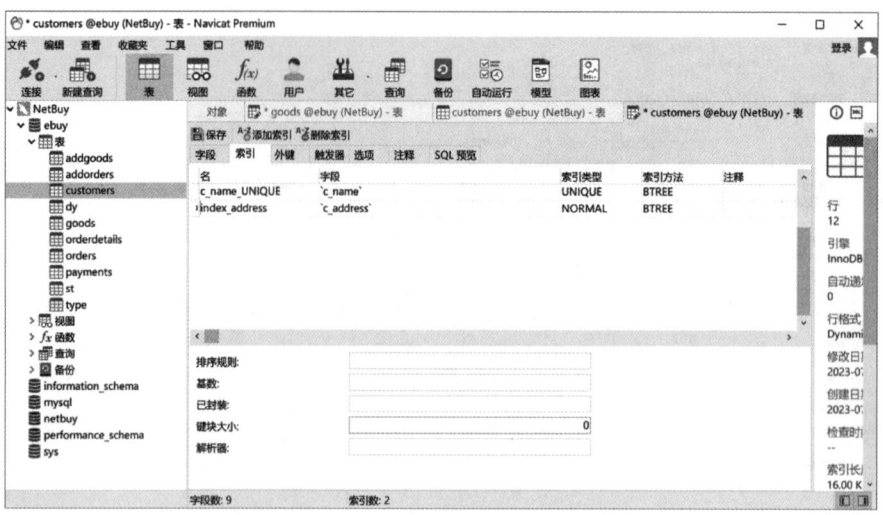

图 6.17　customers 表的索引设计窗口

③ index_name：可选项，表示索引名称。在省略的情况下，索引名默认为 col_name。

④ col_name [length]：col_name 指定需要添加索引的列；[length]表示使用字符串类型的列的前 length 字符构成的字符串上创建索引。

⑤ ASC|DESC：可选参数，用于指定以升序或降序方式存储索引。在省略的情况下默认以升序的方式存储。

【例 6-9】　在数据库 ebuy 中创建 customers2 表，c_id 为主键索引，c_name 为唯一性索引，并以 c_address 列前 5 位字符创建索引。

```
mysql> CREATE TABLE customers2 (
    c_id char(5) NOT NULL,
    c_name varchar(30) NOT NULL,
    c_sex enum('男','女') NOT NULL,
    c_birthday date NOT NULL,
    c_cardid varchar(18) NOT NULL,
    c_address varchar(80) DEFAULT NULL,
c_phone varchar(11) DEFAULT NULL,
c_password varchar(30) NOT NULL,
c_type varchar(10) NOT NULL,
PRIMARY KEY (c_id),
UNIQUE index c_name_index (c_name),
Index   c_address_index(c_address(5))
) ENGINE=InnoDB DEFAULT CHARSET=utf8;
```

3. 用 CREATE INDEX 语句创建索引

如果表已建好，就可以使用 CREATE INDEX 语句建立索引。其语法格式如下：

```
CREATE [UNIQUE|FULLTEXT|SPATIAL] INDEX index_name
ON table_name (col_name[length] [ASC|DESC]),...
```

说明：

① 对于 CHAR 和 VARCHAR 列，只用一列的一部分就可创建索引。使用列的一部分创建索引可以使索引文件大大减小，从而节省大量的磁盘空间，有可能提高 INSERT 操作的速度。

② 创建索引时，使用 col_name(length) 语法，可对前缀编制索引。前缀包括每列值的前 length 个字符。BLOB 和 TEXT 列也可以编制索引，但是必须给出前缀长度。因为在多数情况下名称的前 10 个字符不同，所以编制前缀索引不会比使用列的全名创建索引的速度慢很多。

③ CREATE INDEX 语句并不能创建主键。

④ 索引名可以不写，若不写索引名，则默认与列名相同。

(1) 创建普通索引

【例 6-10】 为便于按地址进行查询，为 customers 表的 c_address 列上的前 6 个字符建立一个升序索引 c_address_index。

```
mysql> CREATE INDEX c_address_index ON customers (c_address(6) ASC);
```

【例 6-11】 为经常作为查询条件的字段创建索引，如以 orders 表的 o_date 字段经常作为查询条件。

```
mysql> CREATE INDEX o_date_index ON orders (o_date);
```

(2) 创建唯一性索引

【例 6-12】 在 customers 表的 c_name 列上建立一个唯一性索引 c_name_index。

```
mysql> CREATE UNIQUE INDEX c_name_index ON customers (c_name);
```

【例 6-13】 在 goods 表的 g_name 列上建立一个唯一性索引 g_name_index。

```
mysql> CREATE UNIQUE INDEX g_name_index ON goods (g_name);
```

(3) 创建多列索引

【例 6-14】 在 orderdetails 表的 o_id 和 g_id 列上建立一个复合索引 orderdetails_index。

```
mysql> CREATE INDEX orderdetails_index ON orderdetails (o_id, g_id);
```

4. 通过 ALTER TABLE 语句创建索引

在已经存在的表上可以用 ALTER TABLE 语句创建索引，其语法格式如下：

```
ALTER TABLE table_name  ADD [PRIMARY KEY| UNIQUE | FULLTEXT | SPATIAL ]
INDEX index_name(col_name [(length)] [ASC|DESC]);
```

说明：

① 主键索引必定是唯一的，而唯一性索引不一定是主键。

② 一张表上只能有一个主键，但可以有一个或者多个唯一性索引。

【例 6-15】 在 goods 表上建立 g_id 主键索引（假如还未建立主键），并且建立 g_name 列和 t_id 列的复合索引，以提高表的检索速度。

```
mysql> ALTER TABLE goods ADD PRIMARY KEY(g_id), ADD INDEX mark(g_name, t_id);
```

【例6-16】 在payments表中的p_mode列创建唯一性索引。

```
mysql> ALTER TABLE payments ADD UNIQUE INDEX p_mode_index(p_mode);
```

6.2.3 查看索引

如果想要查看表中创建索引的情况,可以使用SHOW INDEX FROM tbl_name语句,也可以使用SHOW INDEX FROM tbl_name语句。

【例6-17】 查看customers表上的索引。

```
mysql> SHOW INDEX FROM customers;
```

6.2.4 删除索引

不再使用的索引会降低表的更新速度,影响数据库的性能。对于已经存在的索引,可以通过DROP语句或ALTER TABLE语句删除。

1. 用DROP INDEX语句删除索引

DROP INDEX语句的语法格式如下:

```
DROP INDEX index_name ON table_name;
```

其中,index_name是要删除的索引名称,table_name是索引所在的表。

说明:

① DROP INDEX子句可以删除各种类型的索引。

② 删除唯一性索引,如同删除普通索引一样,用DROP INDEX语句即可,不能写成DROP UNIQUE INDEX,但是创建唯一性索引要写成ADD UNIQUE INDEX。

③ 如要删除主键索引,则直接使用DROP PRIMARY KEY子句进行删除,不需要提供索引名称,因为一个表中只有一个主键。

【例6-18】 删除goods表中的mark索引。

```
mysql> DROP INDEX mark ON goods;
```

2. 用ALTER TABLE语句删除索引

ALTER TABLE语句的语法格式如下:

```
ALTER [IGNORE] TABLE table_name | DROP PRIMARY KEY
| DROP INDEX index_name | DROP FOREIGN KEY fk_symbol;
```

【例6-19】 例6-18中,也可以用ALTER TABLE语句删除。

```
mysql> ALTER TABLE goods
    DROP PRIMARY KEY, DROP INDEX mark;
```

任务实施

1. 任务内容

(1) 使用图形界面创建ebuy库的goods表的索引。

(2) 使用命令行创建netbuy库的goods表的索引。

(3) 使用图形界面查看 ebuy 库的 goods 表的索引。
(4) 使用命令行查看视图 netbuy 库的 goods 表的索引。
(5) 使用图形界面删除 ebuy 库的 goods 表的索引。
(6) 使用命令行删除 netbuy 库的 goods 表的索引。

2. 实施步骤

(1) 使用图形界面创建 ebuy 库的 goods 表的索引

① 登录 Navicate for MySQL，双击连接名，展开数据库 ebuy，"表"→"goods"，在右边窗口中点击"设计表"，如图 6.18 所示。

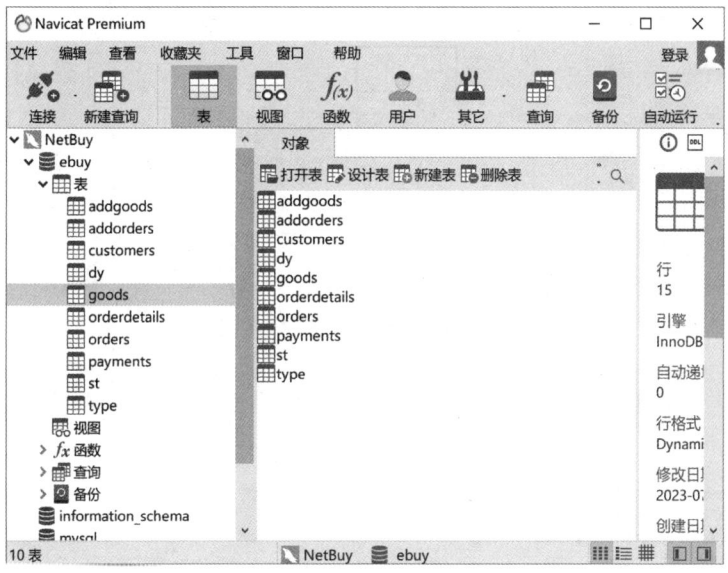

图 6.18　图形界面创建索引 1

② 点击"索引"选项卡，然后点击"添加索引"，在弹出的输入框中输入索引名"gname_tid"，然后点击字段列的"..."，如图 6.19 所示。

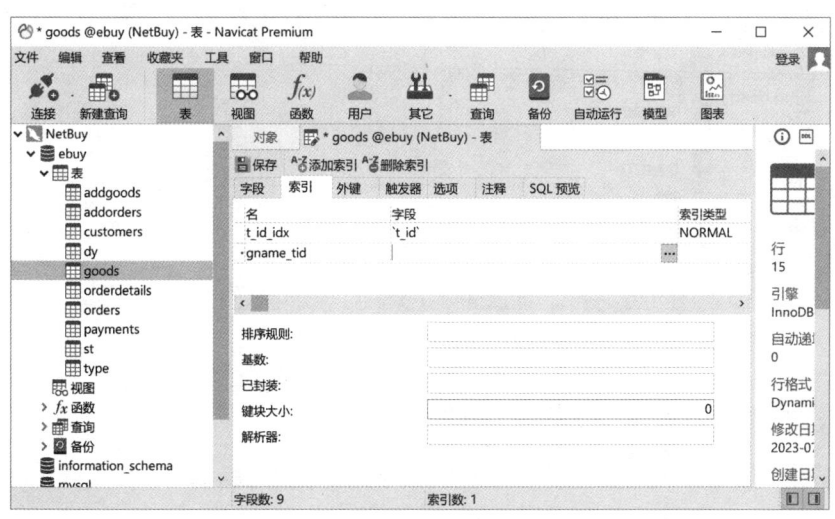

图 6.19　图形界面创建索引 2

③ 勾选对应字段,然后点击"确定",如图 6.20 所示。

图 6.20　图形界面创建索引 3

④ 点击"√",在弹出的选择框中选择"NORMAL",然后点击保存,完成索引创建,如图 6.21 所示。

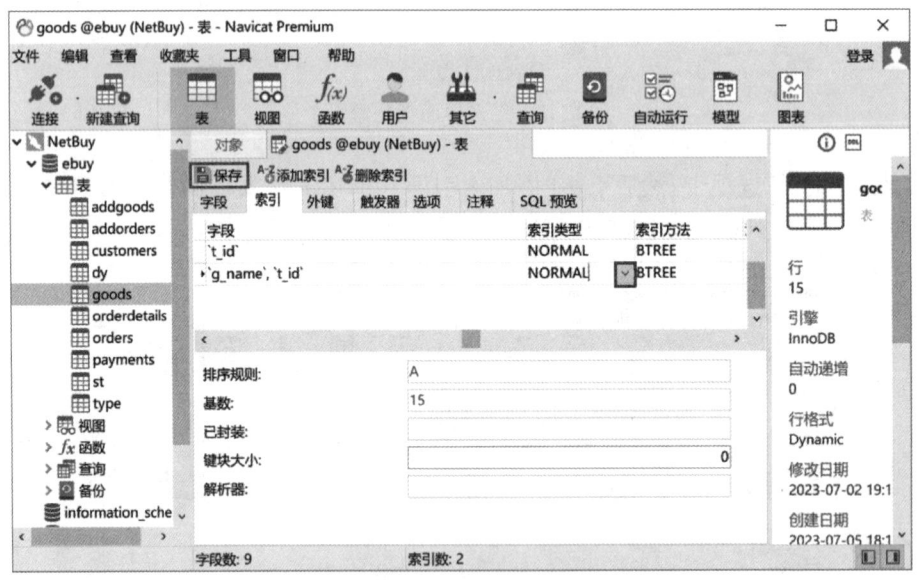

图 6.21　图形界面创建索引 4

(2) 使用命令行创建 netbuy 库的 goods 表的索引

```
mysql> ALTER TABLE goods ADD INDEX gname_tid_idx (g_name, t_id);
```

(3) 使用图形界面查看 ebuy 库的 goods 表的索引

在前文中使用图形界面创建索引后点击"索引",即可查看创建的索引,如图 6.22 所示。

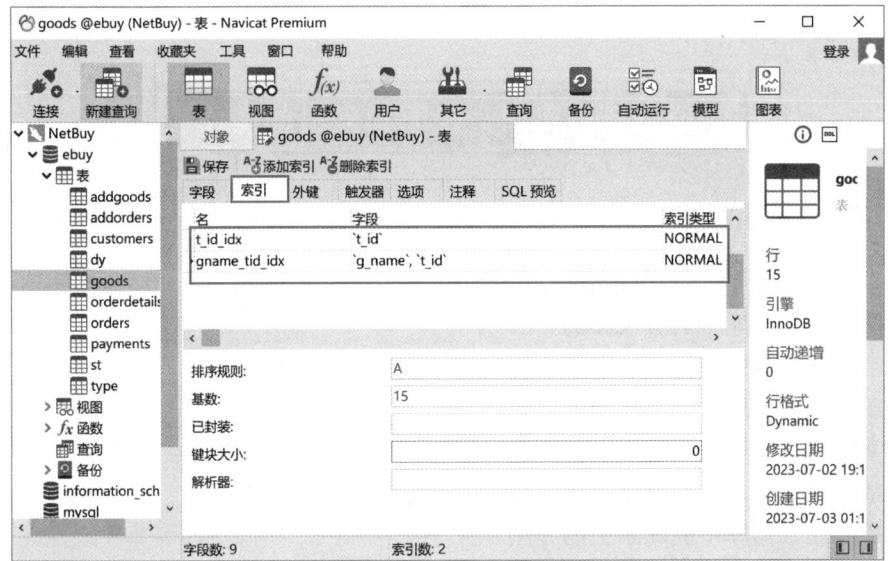

图 6.22　图形界面查看索引

(4) 使用命令行查看视图 netbuy 库的 goods 表的索引

```
mysql> SHOW INDEX FROM goods;
```

(5) 使用图形界面删除 ebuy 库的 goods 表的索引

经过上述使用图形界面创建索引、查看索引后,选择对应的索引,点击"删除索引",在弹出的窗口中点击"删除"按钮即可删除索引,如图 6.23 所示。

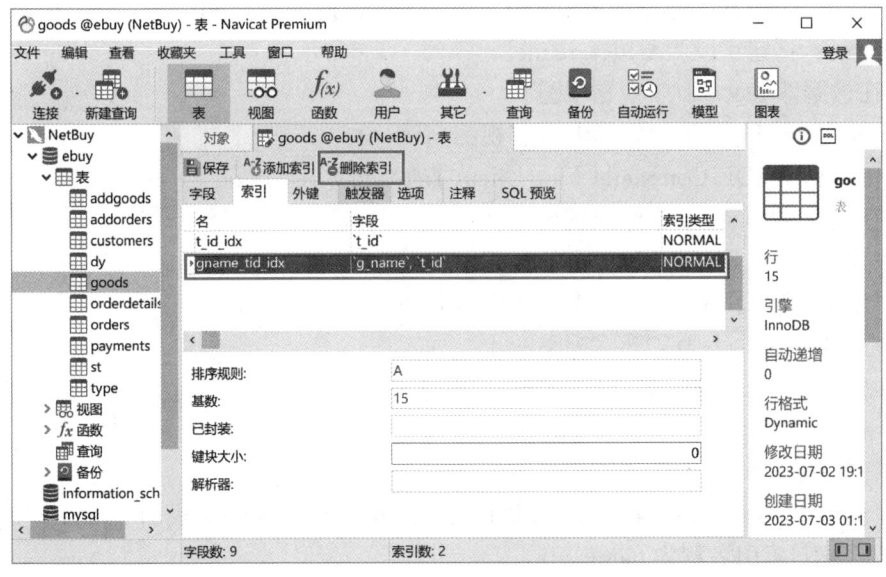

图 6.23　图形界面删除索引

（6）使用命令行删除 netbuy 库的 goods 表的索引

```
mysql> DROP INDEX gname_tid_idx ON goods;
```

项目拓展实训　视图和索引的操作

一、实训目的和要求

1. 掌握在数据库中创建视图的方法。
2. 掌握在数据库中查看视图的方法。
3. 掌握在数据库中修改视图的方法。
4. 掌握在数据库中删除视图的方法。
5. 掌握在数据库中创建索引的方法。
6. 掌握在数据库中修改索引的方法。
7. 掌握在数据库中删除索引的方法。

二、实训条件

MySQL、Navicate for MySQL、PHPMyAdmin。

三、实训内容

1. 在数据库 teachdb 中创建视图

（1）使用 Navicate for MySQL，创建数据库 teachdb 的 students 表的视图 view_stu，指定字段为 s_id、s_name。

（2）使用 MySQL Command Line Client 创建数据库 teachdb 的 teachers 表的视图 view_teachers，指定字段为 t_id、t_name。

2. 在数据库 teachdb 中查看视图

（1）使用 Navicate for MySQL 查看视图 view_stu。

（2）使用 MySQL Command Line Client 查看 view_teachers。

3. 在数据库 teachdb 中修改视图

（1）使用 Navicate for MySQL 修改视图 view_stu。

（2）使用 MySQL Command Line Client 修改 view_teachers。

4. 在数据库 teachdb 中删除视图

（1）使用 Navicate for MySQL 修改视图 view_stu。

（2）使用 MySQL Command Line Client 修改 view_teachers。

5. 在数据库 teachdb 中创建索引

（1）使用 Navicate for MySQL，对数据库 teachdb 的 students 表的 s_name 字段创建 UNIQUE 索引，索引名称为 name_idx。

（2）使用 MySQL Command Line Client，对数据库 teachdb 的 teachers 表的视图

t_name 字段创建 UNIQUE 索引,索引名为 name_idx。

6. 在数据库 teachdb 中查看视图

（1）使用 Navicate for MySQL 查看 students 表的索引 name_idx。

（2）使用 MySQL Command Line Client 查看 teachers 表的索引 name_idx。

7. 在数据库 teachdb 中删除视图

（1）使用 Navicate for MySQL 删除表 students 表的索引 name_idx。

（2）使用 MySQL Command Line Client 删除表的索引 name_idx。

四、实训分析与总结

1. 对实训中遇到的问题进行分析、讨论。
2. 对实训过程、方法进行总结。

项目小结

本项目主要讲解了视图和索引的创建与管理,介绍了视图和索引的基本概念,采用任务驱动的方法,通过实例详细介绍了使用图形界面和命令行创建、查询、修改和删除视图和索引的方法,并强调了正确认识索引的重要性和如何创建合适的索引。学习完本项目后,学会通过图形界面和命令行两种方式进行数据视图和索引的创建与管理。本项目是本课程学习的重点知识,为后面数据库的优化打下坚实的基础。

自测习题

一、选择题

1. 对于视图,下面哪个操作是不允许的?（   ）
   A. SELECT   B. INSERT   C. DELETE   D. CREATE INDEX
2. 善于视图和索引下列说法正确的是（   ）。
   A. 视图是观察数据的一种方法,只能基于基本表建立
   B. 视图是虚表,观察到的数据是实际基本表中的数据
   C. 索引查找法一定比表扫描法查询速度快
   D. 索引的创建只和数据的存储有关系
3. SQL 语言中,删除一个视图的命令是（   ）。
   A. DELETE   B. DROP   C. CREATE   D. REMOVE
4. 下列哪种情况不适合建立索引?（   ）
   A. 经常被查询搜索的列   B. 包含太多重复选用值的列
   C. 是外键或主键的列   D. 该列的值唯一的列
5. MySQL 中唯一索引的关键字是（   ）。
   A. FULLTEXT INDEX   B. ONLY INDEX
   C. UNIQUE INDEX   D. INDEX
6. 支持外键、索引及事务的存储引擎为（   ）。

A. MYISAM   B. InnoDB   C. MEMORY   D. CHARACTER

7. ("1+X"真题)在 MySQL 中,关于索引管理说法错误的是(　　)。
   A. 执行 CREATE TABLE 语句时可以创建索引,也可以单独用 CREATE INDEX 或 ALTER TABLE 来为表增加索引
   B. 可通过唯一索引设定的数据表中的某些字段列不能包含重复值
   C. ALTER TABLE 或 DROP INDEX 语句都能删除数据表中的索引
   D. 查看索引的命令为:SHOW INDEX 数据表名

8. ("1+X"真题)视图上不能完成的操作是(　　)。
   A. 查询   B. 在视图上定义新的视图
   C. 更新视图   D. 在视图上定义新的表

9. ("1+X"真题)MySQL 数据库中,创建唯一索引的方式是(　　)。
   A. CREATE INDEX   B. CREATE TABLE
   C. 创建视图时设置主键约束   D. 创建表时设置唯一约束

10. (数据库系统工程师考试真题)下面哪种方法不能用于创建索引?(　　)
    A. 使用 CREATE INDEX 语句   B. 使用 CREATE TABLE 语句
    C. 使用 ALTER TABLE 语句   D. 使用 CREATE DATABASE 语句

11. (数据库系统工程师考试真题)下面关于索引描述中错误的是哪一项?(　　)
    A. 索引可以提高数据查询的速度   B. 索引可以降低数据的插入速度
    C. InnoDB 存储引擎支持全文索引   D. 删除索引的命令是 DROP INDEX

二、填空题

1. 在 MySQL 中,可以使用_____语句创建视图。
2. 在 MySQL 中,可以使用_____语句删除视图。
3. 视图是一个虚表,它是从_____中导出的表,在数据库中,只存放视图的_____,不存放视图的_____。
4. 创建普通索引时,通常使用的关键字是_____或 KEY。
5. 创建唯一性索引时,通常使用的关键字是_____。

三、简答题

1. (企业面试题)解释视图与表的区别。
2. 简述视图的意义和优点。
3. 简述索引的概述及其作用。
4. (企业面试题)列举索引的几种分类。
5. 分别简述在 MySQL 中创建、查看和删除索引使用的 SQL 语句。

项目7 "在线购物商城"系统的 MySQL 编程

📖 项目导读

MySQL 编程是通过 SQL 特有的语言,在 SQL 标准的基础上增加了一些程序设计语言的元素,包括常量、变量、运算符、表达式、流程控制、存储过程、函数、触发器、游标等,编写相应的 SQL 代码(属于脚本语言)。要想编写良好的 SQL 代码,需要了解 MySQL 相关的程序设计知识,例如编程基础语法、流程控制语句、函数、存储过程、触发器、游标、事件等。

📖 项目目标

➢ 知识目标
1. 掌握 MySQL 编程基础知识。
2. 掌握存储过程的创建与管理。
3. 掌握函数的创建与管理。
4. 掌握触发器的创建与管理。
5. 掌握游标的创建与使用。
6. 掌握事件的创建与管理。

➢ 技能目标
1. 能够声明、赋值和使用变量,将变量用于查询、计算和逻辑判断等操作。
2. 能够编写复杂的表达式,包括数学运算、字符串处理、逻辑运算等。
3. 能够使用流程控制语句编写具有条件判断和循环控制的代码块。
4. 能够根据业务需求,创建和管理存储过程、函数、触发器、游标和事件,实现数据库中的业务逻辑和自动化操作。

➢ 素质目标
1. 培养良好的逻辑思维和分析问题、解决问题的能力。
2. 培养独立思考、细心、勇于探索、克服困难的能力。
3. 培养团队合作能力和沟通能力。
4. 培养自我学习和不断更新知识的意识。

思政小课堂

编程的过程是反复查找错误、修正错误、改进功能,直到成功的过程,这需要认真、细心、勇于探索、坚持不懈的工匠精神。

杨芙清,中国软件开拓者,我国"软件工程的铺路人"。她几十年如一日地开拓、进取、勤奋、认真、勇于探索的工匠精神值得我们学习。

1969 年 12 月,国务院正式向北京大学下达了研制每秒 100 万次的大型计算机——150 机的任务。这是我国为解决石油勘探而研制的百万次大型计算机,如能研制成功,不仅是中国计算机科学的重大突破,也是我国石油勘探数字化的第一次革命,国防工业、气象等众多科研领域都将因此获益。37 岁的杨芙清被分配负责指令系统文本和操作系统的设计。面对无技术、无资料、无经验的重重困难,许多人信心不足。但是她想:"我们中国人一定要争口气,把它研制成功。"150 机是运算速度为每秒 100 万次的大型计算机,研制时首先需要设计指令系统。杨芙清编写的指令文本涉及上百条指令,编写指令文本是一项十分精细、繁琐的工作。在反复修改设计出一版、二版、三版,直至最后定稿的过程中,杨芙清不知付出了多少心血,熬了多少夜。写出了指令文本后,她又率领软件组的科技人员经过 1 年多的艰苦奋战,终于设计出 150 机整套操作系统软件。

任务 7.1　MySQL 编程基础知识

 **任务工单**

完成订单发货紧急程度判断的任务,见任务工单 7-1。

任务工单 7-1　订单发货紧急程度判断

任务名称	订单发货紧急程度判断		课时	
组别		成员	小组成绩	
学号		姓名	综合成绩	
任务情境	根据公司业务需求,需要根据提供的订单编号查询订单金额,且与发货状态为"发货中"的平均订单金额相比较,然后判断发货的紧急程度。如果大于平均订单金额,则级别定为"特急";如果等于平均订单金额,则级别定为"加急",否则级别定为"平急"。			
任务目标	1. 知识目标:掌握变量的定义、变量的赋值、变量的输出、运算符与表达式、函数的使用;掌握流程控制语句的使用方法。 2. 技能目标:能够灵活应用变量;能够编写带逻辑结构的控制语句。 3. 素质目标:培养独立思考、勇于探索的精神,以及发现问题、分析问题、解决问题的能力。			
任务要求	按本任务后面列出的具体任务内容,完成订单发货紧急程度判断。			
课前知识链接	1. 观看在线学习平台课前发布的视频。 2. 完成课前发布的任务测试。			任务7.1课程预习
任务实施	(1) 定义变量并赋值。 (2) 编写流程控制语句。 (3) 输出变量的值。			
任务实施总结				
任务检查与评估	任务检查			
	1. 能否正确定义变量和给变量赋值。 2. 能否正确编写流程控制语句。			
	任务评估			
	评估项目	评估结果		
	是否小组合作完成任务操作	□是　　　□否		
	能否独立完成任务操作	□不能　　□基本能够　　□能		
	自我评价任务操作	□仅能理解　　　　　　□不会操作 □会操作不理解　　　　□能理解会操作		
	改进措施			
任务点评				

 **相关知识**

7.1.1 常量与变量

1. 常量

常量是指在程序运行过程中值不变的量,又称为字面值或标量值。根据常量值的类型不同,分为字符串常量、数值常量、十六进制常量、日期时间常量等。常量的格式取决于它所表示的值的数据类型。

(1) 字符串常量

字符串是指用单引号或双引号括起来的字符序列,分为 ASCII 字符串常量和 Unicode 字符串常量。ASCII 字符串常量是用单引号括起来的,由 ASCII 字符构成的符号串,例如 'mysql'、'oracle' 等。Unicode 字符串常量与 ASCII 字符串常量相似,但其前面有一个 N 标志符["N"代表 SQL‐92 标准中的国际语言(National Language)],N 前缀必须为大写,且只能用单引号括起字符串,例如 N'mysql'。

(2) 数值常量

数值常量可以分为整数常量和浮点数常量。

整数常量是不带小数点的十进制数,例如 2,+1453,−2147483648。

浮点数常量是使用小数点的数值常量,例如 −1.39,1.5E5,0.5E−2。

(3) 十六进制常量

MySQL 支持十六进制值。一个十六进制值通常指定为一个字符串常量,每对十六进制数字被转换为一个字符,其最前面有一个大写字母 X 或小写字母 x。在引号中只可以使用数字 0~9 及字母 a~f(或 A~F)。x'4D7953514C' 表示字符串 MySQL。十六进制数值不区分大小写,其前缀"X"或"x"可以被"0x"取代而且不用引号,即 X'41' 可以替换为 0x41,注意,"0x"中 x 一定要小写。十六进制值的默认类型是字符串。

(4) 日期时间常量

日期时间常量是由单引号将表示日期时间的字符串括起来构成。日期型常量包括年、月、日,数据类型为 DATE,如"2019-12-27"。时间型常量包括小时数、分钟数、秒数及微秒数,数据类型为 TIME,如"18:40:43.00013"。MySQL 还支持日期/时间的组合,数据类型为 DATETIME 或 TIMESTAMP,如"2019-12-27 18:40:43"。DATETIME 和 TIMESTAMP 的区别在于:DATETIME 的年份在 1000~9999 之间,而 TIMESTAMP 的年份在 1970~2037 之间,另外 TIMESTAMP 在插入带微秒的日期时间时,微秒将被忽略。TIMESTAMP 还支持时区,即在不同时区转换为相应时间。

2. 变量

变量用来存放程序计算中需要的数据或中间结果,其值可以改变。变量只有在程序执行的时候才有效,程序结束后其不再有效。MySQL 变量可分为局部变量、用户变量、系统变量。下面主要介绍局部变量和系统变量。

(1) 局部变量

局部变量一般用在 SQL 语句块中,例如存储过程的 BEGIN…END 程序段中。其作用域仅限于该语句块,在该语句块执行完毕后,局部变量就消失了。DECLARE 语句专门用于定义局部变量,可以使用 DEFAULT 来说明默认值,还可以通过 SET 语句给不同类型的变量赋值。

① 定义局部变量,其语法格式如下:

```
DECLARE 变量名1[,变量名2,...] 数据类型 [DEFAULT 默认值]
```

【例 7-1】 定义一个名为 g_name 变量,类型为 varchar(20),默认值为"笔记本电脑"。

```
DECLARE g_name varchar(20) DEFAULT '笔记本电脑';
```

② 给局部变量赋初值,其语法格式如下:

```
SET 变量名1=表达式1[,变量名2=表达式2]...
```

【例 7-2】 定义 3 个局部变量,分别为 g_price,g_discount,g_pd,类型均为 float,使用 SET 语句分别为局部变量赋值。

```
DECLARE g_price,g_discount,g_number float;
SET g_price=120, g_discount=0.8
SET g_pd= g_price* g_discount
```

MySQL 中还可以使用 SELECT... INTO 为一个或多个局部变量赋值,语法格式如下:

```
SELECT 列名1[,...] INTO 变量名[,...]  FROM 表名   WHERE 查询条件
```

【例 7-3】 定义变量 gn 和 gp,从 goods 表中查询 g_id(商品编号)为"G00001"的 g_name(商品名称)和 g_price(商品价格),然后赋值给变量。

```
DECLARE gn varchar(20);
DECLARE gp float;
SELECT g_name,g_price INTO gn,gp FROM goods
Where g_id='G00001'
```

(2) 系统变量

MySQL 有一些特定的设置,当 MySQL 数据库服务器启动的时候,这些设置被读取出来决定下一步骤。例如,有些设置定义了数据如何被存储,有些设置则影响处理速度,还有些与日期有关,这些设置就是系统变量。和用户变量一样,系统变量也是一个值和一个数据类型,但不同的是,系统变量在 MySQL 服务器启动时就被引入并初始化为默认值。

大多数的系统变量应用于其他 SQL 语句中时,必须在名称前加两个@符号,而为了与其他 SQL 产品保持一致,某些特定的系统变量需要省略这两个@符号的。如 CURRENT_DATE(系统日期)、CURRENT_TIME(系统时间)、CURRENT_TIMESTAMP(系统日期和时间)和 CURRENT_USER 等。

【例 7-4】 输出当前使用的 MySQL 数据库的版本及当前的系统时间。

```
SELECT @@version as '版本号';
SELECT CURRENT_TIME as '当前系统时间';
```

7.1.2 运算符与表达式

在 MySQL 数据库中,一个表达式是常量、列名、运算符和函数的组合,然后得到一个值。运算符是用来连接表达式中各个操作数的符号,通过运算符,可以使数据库功能更加强大。而且可以更加灵活地使用表中的数据。MySQL 数据库中的运算符主要有算术运算符、比较运算符、逻辑运算符和位运算符。

1. 算术运算符

算术运算符是 MySQL 中最常用的一类运算符。MySQL 支持的算术运算符包括加、减、乘、除、求余,见表 7.1。

表 7.1 MySQL 中常用的算术运算符

符号	表达式的形式	作用
+	$x_1 + x_2 + \ldots + x_n$	加法运算
-	$x_1 - x_2 - \ldots - x_n$	减法运算
*	$x_1 * x_2 * \ldots * x_n$	乘法运算
/	x_1 / x_2	除法运算,返回 x_1 除以 x_2 的商
DIV	x_1 DIV x_2	除法运算,返回商。同"/"
%或 MOD	$x_1 \% x_2$ 或 x_1 mod x_2	求余运算,返回 x_1 除以 x_2 的余数

【例 7-5】 通过 SELECT 语句使用算术运算符。

```
mysql> SET @num=20;
mysql> Select @num+10,@num-10,@num*10,@num/10,@num div 2,@num%2,@num mod 2;
```

运行结果如图 7.1 所示。

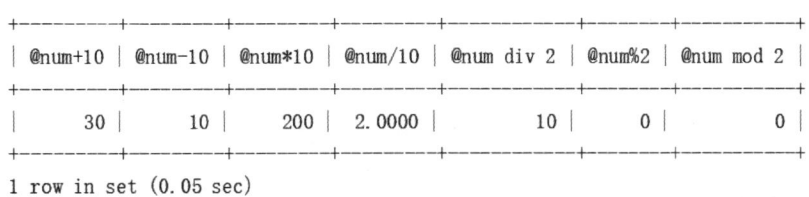

图 7.1 运行结果(算术运算符)

2. 比较运算符

比较运算符,又称关系运算符,用于比较两个表达式的值,常见比较运算符见表 7.2。其运算结果为逻辑值,可以为 1(真)、0(假)或 NULL(不能确定)。

表 7.2 MySQL 中常用的比较运算符

运算符	含义	运算符	含义
=	等于	<=>	相等或都等于空
>,>=	大于、大于等于	<>、!=	不等于
<,<=	小于、小于等于		

【例7-6】 通过SELECT语句使用比较运算符。

```
mysql> SELECT 'ab'='ab','ab'='ab','b'>'a',NULL=NULL,NULL<=>NULL,NULL is NULL;
```

运行结果如图7.2所示。

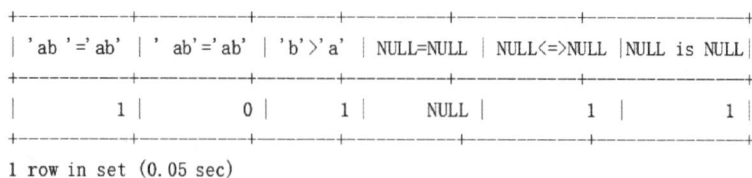

图7.2 运行结果(比较运算符)

3. 逻辑运算符

逻辑运算符,又称布尔运算符,用于判断表达式的真假。逻辑运算符的返回结果只有1(真)和0(假)。MySQL支持4种逻辑运算符,见表7.3。

表7.3 MySQL中常用的逻辑运算符

运算符	含义	运算符	含义
Not 或 !	逻辑非	Or 或 ||	逻辑或
And 或 &&	逻辑与	xor	逻辑异或

【例7-7】 通过SELECT语句使用逻辑运算符。

```
mysql> SELECT not 1,2 and true,0 or false,1 xor 2;
```

运行结果如图7.3所示。

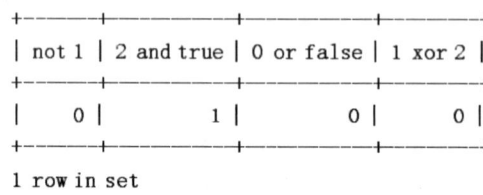

图7.3 运行结果(逻辑运算符)

4. 位运算符

位运算符是在二进制数上进行计算的运算符,位运算会先将操作数变成二进制数,然后进行位运算,再将计算结果从二进制数变回十进制数。MySQL支持6种运算符,见表7.4。

表7.4 MySQL中常用的位运算符

运算符	运算规则	运算符	运算规则
&	位与	~	位取反
|	位或	<<	位左移
^	位异或	>>	位右移

【例7-8】 通过SELECT语句使用位运算符。

```
mysql> SELECT b'110' & b'101',6&3,6|3,~6,6^2,6>>3,5<<3;
```

运行结果如图 7.4 所示。

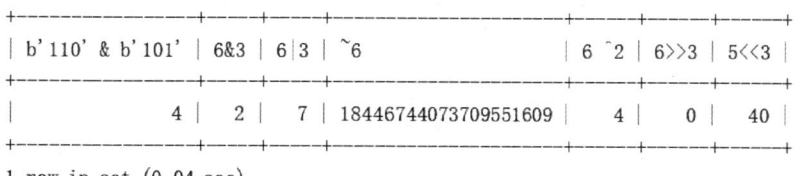

```
1 row in set (0.04 sec)
```

图 7.4　运行结果(位运算符)

7.1.3　系统内置函数

MySQL 数据库提供了非常多功能强大、方便易用的系统内置函数,包括数学函数、字符串函数、日期和时间函数、条件判断函数、系统信息函数、加密函数和格式化函数等。

1. 数学函数

数学函数主要用于处理与数字有关的函数,包括整数、浮点数等数学操作。MySQL 中常用的数学函数见表 7.5。

表 7.5　MySQL 中常用的数学函数

函数名称	含义	示例
ABS(x)	返回 x 的绝对值	SELECT ABS(−12.3);
CEILING(x)	返回大于 x 的最小整数值	SELECT CEILING(13.6);
FLOOR(x)	返回小于 x 的最大整数值	SELECT FLOOR(12.7);
RAND()	返回 0 到 1 内的随机值,可以通过提供一个参数使 RAND() 随机数生成器生成一个指定的值	SELECT MOD(3,5);
ROUND(x,y)	返回参数 x 的四舍五入的有 y 位小数的值	SELECT ROUND(123.678,2);
SQRT(x)	返回一个数的平方根	SELECT SIGN(10);
TRUNCATE(x,y)	返回数组 x 截短为 y 位小数的结果(不进行四舍五入)	SELECT TRUNCATE(5642.356,2)

【例 7-9】通过 SELECT 语句使用常用的数学函数。

```
mysql>SELECT CEILING(34.325),FLOOR(34.325),ROUND(34.325,2),TRUNCATE(34.325,2),
    MOD(34,8);
```

运行结果如图 7.5 所示。

```
+----------------+---------------+-----------------+--------------------+-----------+
| CEILING(34.325)| FLOOR(34.325) | ROUND(34.325,2) | TRUNCATE(34.325,2) | MOD(34,8) |
+----------------+---------------+-----------------+--------------------+-----------+
|             35 |            34 |           34.33 |              34.32 |         2 |
+----------------+---------------+-----------------+--------------------+-----------+
```

图 7.5　运行结果(数学函数)

2. 字符串函数

字符串函数是对字符以及字符串进行的一系列操作。MySQL 提供了很多字符串函数，见表 7.6。

表 7.6 MySQL 中常用的字符串函数

函数名称	含义	示例
ASCII(char)	返回字符的 ASCI 码值	SELECT ASCI(A);
CHAR_LENGTH(str)	返回字符串 str 的位数	SELECT CHAR_LENGTH('abc');
CONCAT(s1,s2...,sn)	将 s1,s2,...,sn 连接成字符串	SELECT CONCAT ('', 'LOVE', 'YOU');
INSERT(str,x,y,instr)	将字符串 str 从第 x 位置开始，y 个字符长的子串替换为字符串 instr，返回结果	SELECT INSERT ('hello', 2, 3, 'aaa');
LCASE(str)/LOWER(str)	返回将字符串 str 中所有字符改变为小写结果	SELECT LOWER('ABC');
UCASE(str)/UPPER(str)	返回将字符串 str 中所有字符改变为大写结果	SELECT UPPER('mysql');
LEFT(str,x)	返回字符串 str 中最左边的 x 个字符串	SELECT LEFT('hello',2);
RIGHT(str,x)	返回字符串 str 中最右边的 x 个字符串	SELECT RIGHT('hello',3);
LPAD(s1,len,s2)	字符串 s2 填充 s1 的开始处，使字符串的长度达到 len	SELECT LPAD('hello',10,'a');
RPAD(s1,len,s2)	字符串 s2 填充 s1 的结尾处，使字符串的长度达到 len	SELECT RPAD('hello',10,'a');
LENGTH(str)	返回字符串 str 中的字符数	SELECT LENGTH('hello');
POSITION(substr IN str)	返回子串 substr 在字符串 str 中第一次出现的位置	SELECT POSITION ('he'IN'love hello');
REPEAT(str,x)	返回字符串 str 重复 x 次的结果	SELECT REPEAT('hello',2);
REPLACE(s,s1,s2)	用字符串 s2 代替字符串 s 中的字符串 s1	SELECT REPLACE ('hello', 'e', 'abc');
REVERSE(str)	返回颠倒字符串 str 的结果	SELECT REVERSE('hello');
LTRIM(str)	去掉字符串 str 开头的空格	SELECT LTRIM('hello');
RTRIM(str)	去掉字符串 str 尾部的空格	SELECT RTRIM('hello');
TRIM(str)	去掉字符串首部和尾部的所有空格	SELECT TRIM('hello');
TRIM(s1 FROM s)	去掉字符串 s 开始处和结尾处的字符串 s1	SELECT TRIM (' $ ' FROM ' $ shello $ ssab $ $ $ ');
SPACE(n)	返回空格 n 次	SELECT SPACE(10);
STRCMP(s1,s2)	比较字符串 s1,s2	SELECT STRCMP ('hello', 'hello world');
SUBSTRING(s,n,len)	获取从字符串 s 中第 n 个位置开始长度为 len 的字符串	SELECT SUBSTRING ('hello world',2,5);
ELT(n,sl,s2,...)	返回第 n 个字符串	SELECT ELT(2,'A','B','C','D');
FIELD(s,s1,s2,..)	返回第一个与字符串 s 匹配的字符串的位置	SELECT FIELD('he', 'ho','hello', 'he');

【例7-10】 通过SELECT语句使用常用的字符串函数。

mysql>SELECT LENGTH('MYSQL5.7'),LOWER('MYSQL5.7'),UPPER('MYSQL5.7'),STRCMP('MYSQL5.7','MYSQL8.0'),REPLACE('MYSQL5.7','5.7','8.0');

运行结果如图7.6所示。

```
| LENGTH('MYSQL5.7') | LOWER('MYSQL5.7') | UPPER('MYSQL5.7') | STRCMP('MYSQL5.7','MYSQL8.0') | REPLACE('MYSQL5.7','5.7','8.0') |
|                  8 | mysql5.7          | MYSQL5.7          |                            -1 | MYSQL8.0                        |
```

图7.6　运行结果1(字符串函数)

【例7-11】 通过SELECT语句使用常用的字符串函数。

mysql> SELECT concat('MySQL',' ','8.0'),ltrim('　MySQL'),rtrim('MySQL　'),trim('　MySQL　'),substring('MySQL',3,3);

运行结果如图7.7所示。

```
| CONCAT('MySQL',' ','8.0') | LTRIM('  MySQL') | RTRIM('MySQL  ') | TRIM('  MySQL  ') | SUBSTRING('MySQL',3,3) |
| MySQL 8.0                 | MySQL            | MySQL            | MySQL             | SQL                    |
```

图7.7　运行结果2(字符串函数)

3. 日期和时间函数

日期和时间函数是指可以获取当前日期、当前时间、年份、月份、天、小时等信息的函数。MySQL中常用的日期和时间函数见表7.7。

表7.7　MySQL中常用的日期和时间函数

函数名称	含义	示例
CURDATE()、 CURRENT_DATE()	返回当前日期,如2023-11-27	SELECT CURDATE();
CURTIME()、 CURRENT_TIME()	返回当前时间,如11:07:52	SELECT CURTIME();
NOW()、 CURRENT_TIMESTAMP()、 LOCALTIME()、 SYSDATE()、 LOCALTIMESTAMP()	返回当前日期和时间	SELECT NOW();
MONTH(d)	返回日期d中的月份值,范围为1～12	SELECT MONTH(2023-11-27);
MONTHNAME(d)	返回日期d中的月份名称,如January	SELECT MONTHNAME(2023-11-27);
DAYNAME(d)	返回日期d是星期几,如Monday	SELECT DAYNAME('2023-11-11');

(续表)

函数名称	含义	示例
DAYOFWEEK(d)	返回日期 d 是星期几,如 1 是星期一	SELECT DAYOFWEEK('2023-11-11');
WEEKDAY(d)	返回日期 d 是星期几,如 0 是星期一	SELECT WEEKDAY(2023-11-11);
WEEK(d)	计算日期 d 是本年的第几周,范围为 0~53	SELECT WEEK(2023-11-11);
WEEKOFYEAR(d)	计算日期 d 是本年的第几周,范围为 1~54	SELECT WEEKOFYEAR(2023-11-11);
DAYOFYEAR(d)	计算日期 d 是本年的第几天	SELECT DAYOFYEAR('2023-11-11');
DAYOFMONTH(d)	计算日期 d 是本月的第几天	SELECT DAYOFMONTH('2023-11-11')
YEAR(d)	返回日期 d 的年份值	SELECT YEAR('2023-11-11');
QUARTER(d)	返回日期 d 是第几个季度,范围为 1~4	SELECT QUARTER('2023-11-11');
HOUR(t)	返回时间 t 中的小时值	SELECT HOUR(23:20:11');
MINUTE(t)	返回时间 t 中的分钟值	SELECT MINUTE ('23:35:11);
SECOND(t)	返回时间 t 中的秒钟值	SELECT SECOND ('23:39:11);
DATEDIFF(d1,d2)	计算日期 d1 与 d2 相隔的天数	DATEDIFF('2023-11-11', '2023-11-09')
DATE_ADD()	时间加	SELECT DATE ADD(NOW(), interval 3 year);
DATE_SUB ()	时间减	SELECT DATESUB(NOW(), interval 3 year);

【例 7-12】 通过 SELECT 语句获取当前日期和时间信息。

mysql>SELECT NOW(),YEAR(NOW()),MONTH(NOW()),DAY(NOW()),HOUR(NOW()),MINUTE(NOW()),SECOND(NOW());

运行结果如图 7.8 所示。

NOW()	YEAR(NOW())	MONTH(NOW())	DAY(NOW())	HOUR(NOW())	MINUTE(NOW())	SECOND(NOW())
2023-12-13 18:57:28	2023	12	13	18	57	28

图 7.8 常用日期和时间函数

【例 7-13】 通过 SELECT 语句获取当前日期、时间、星期几及对应本年的第几天的信息。

mysql>SELECT CURDATE(),CURTIME(),DAYOFYEAR(CURDATE()),DAYOFWEEK(CURDATE());

运行结果如图 7.9 所示。

```
+------------+-----------+---------------------+---------------------+
| CURDATE()  | CURTIME() | DAYOFYEAR(CURDATE()) | DAYOFWEEK(CURDATE()) |
+------------+-----------+---------------------+---------------------+
| 2023-12-13 | 18:59:35  |                 347 |                   4 |
+------------+-----------+---------------------+---------------------+
```

图 7.9 运行结果（日期和时间函数）

4. 条件判断函数

条件控制函数的功能是根据条件表达式的值返回不同的值，MySQL 中常用的条件控制函数有 IF()、IFNULL() 以及 CASE() 函数。MySQL 中条件控制函数可以在 MySQL 客户机中直接调用，可以像 max() 统计函数一样直接融入 SQL 语句中。

(1) IF() 函数

IF(条件表达式,值1,值2) 函数中，当条件表达式为 TRUE 时，函数返回值1，否则返回值2。

【例 7-14】 通过 SELECT 语句使用 IF() 函数。

```
mysql> set @score=59;
mysql> SELECT IF(@score>=60,'及格','不及格');
```

运行结果如图 7.10 所示。

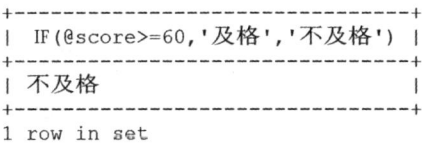

图 7.10 运行结果[IF()函数]

(2) IFNULL() 函数

在 IFNULL(v1,v2) 函数中，如果 v1 的值为 NULL，则该函数返回 v2 的值；如果 v1 的值不为 NULL，则该函数返回 v1 的值。

【例 7-15】 通过 SELECT 语句使用 IFNULL() 函数。

```
mysql> set @score=90;
mysql> SELECT IFNULL(@score,'没有成绩'),IFNULL(@score_null,'没有成绩');
```

运行结果如图 7.11 所示。

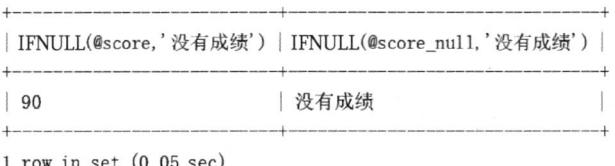

图 7.11 运行结果[IFNULL()函数]

（3）CASE()函数

CASE()函数的语法格式如下：

```
CASE 表达式 WHEN 值1 THEN 结果1[WHEN 值2 THEN 结果2]...[ELSE 其他值]END
```

如果表达式的值等于WHEN语句中某个"值n"，则CASE()函数返回值为"结果n"；如果与所有的"值n"都不相等，则CASE()函数返回值为"其他值"。

【例7-16】 通过SELECT语句使用CASE()函数。

```
mysql> set @t=now();
mysql> set week_no=weekday(@t);
mysql> set @week=CASE @week_no
    -> WHEN 0 THEN '星期一'
    -> WHEN 1 THEN '星期二'
    -> WHEN 2 THEN '星期三'
    -> WHEN 3 THEN '星期四'
    -> WHEN 4 THEN '星期五'
    -> ELSE '今天休息'END;
Query OK, 0 rows affected (0.04 sec)
mysql> SELECT @t,@week_no,@week;
```

运行结果如图7.12所示。

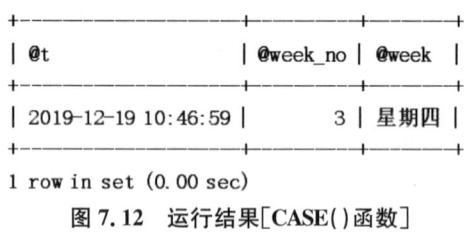

图7.12 运行结果[CASE()函数]

5. 系统信息函数

系统信息函数可以用于获取数据库的版本号、服务器的连接数、当前数据库名、当前用户、码集，MySQL中常用的系统信息函数见表7.8。

表7.8 MySQL中常用的系统信息函数

函数名称	含义	示例
VERSION()	返回数据库的版本号	SELECT VERSION();
CONNECTION_ID()	返回服务器的连接数	SELECT CONNECTION_ID();
DATABASE()、SCHEMA()	返回当前数据库名	SELECT SCHEMA();
USER()、SYSTEM_USER()、SESSION_USER()	返回当前用户、系统用户、回话用户	SELECT USER();
CURRENT_USER()	返回当前用户	SELECT CURRENT_USER();
CHARSET(str)	返回字符串str的字符集	SELECT CHARSET('hello');
LAST_INSERT_ID()	返回最近生成的AUTO_INCREMENET值	SELECT LAST_INSERT_ID();

【例7-17】 通过SELECT语句使用常用的系统信息函数。

```
mysql> SELECT VERSION(),CONNECTION_ID(),DATABASE(),USER();
```

运行结果如图7.13所示。

```
+-----------+-----------------+------------+----------------+
| VERSION() | CONNECTION_ID() | DATABASE() | USER()         |
+-----------+-----------------+------------+----------------+
| 8.0.12    |               9 | netbuy     | root@localhost |
+-----------+-----------------+------------+----------------+
```

图7.13 运行结果(系统信息函数)

6. 加密函数

加密函数是MySQL用来对数据进行加密的函数,以保护数据的安全。MySQL中常见以下4种加密函数。

(1) MD5(str)加密函数:可以对字符串str进行散列加密,计算字符串str的MD5校验和,不需要解密数据。

(2) ENCODE(str,pswd_str)与DECODE(crypt_str,pswd_str)加解密函数:一对加密解密函数,加密结果是二进制数,使用BLOB类型的字段进行存储,使用ENCODE(str,pswd_str)加密函数进行加密。加密后生成解密字符串秘钥,可以使用DECODE(crypt_str,pswd_str)解密函数和秘钥进行解密。

(3) AES_ENCRYPT(str,key)与AES_DECRYPT(str,key)加解密函数:一对加密解密函数,AES_ENCRYPT(str,key)的秘钥key利用高级加密标准算法对字符串进行加密,加密结果是一个二进制字符串,以BLOB类型的字段进行存储;AES_DECRYPT(str,key)的秘钥key利用高级解密标准算法对字符串解密。

(4) SHA(str)加解密函数:计算字符串str的安全散列算法(SHA)校验和。

【例7-18】 通过SELECT语句返回字符串"MySQL123"的加密。

```
mysql> SELECT MD5('MYSQL123'),SHA('MySQL123');
```

运行结果如图7.14所示。

```
+----------------------------------+------------------------------------------+
| MD5('MySQL123')                  | SHA('MySQL123')                          |
+----------------------------------+------------------------------------------+
| 5705be4d3acf56c2174568a25a62b30d | 7bb44a7a42a1fba5efa70aafeed52f3b37272e5f |
+----------------------------------+------------------------------------------+
```

图7.14 运行结果(加密函数)

7. 格式化函数

MySQL中常见以下2种格式化函数。

(1) FORMAT(x,y)函数:把数值格式化为以逗号间隔的数字序列,第一个参数x是被格式化的数据,第二个参数y是结果的小数位数。

【例7-19】 通过SELECT语句使用FORMAT()函数。

```
SELECT FORMAT(2345123.2356,2),FORMAT(-55110,3);
```

运行结果如图 7.15 所示。

```
+------------------------+--------------------+
| FORMAT (2345123.2356,2) | FORMAT (-55110,3) |
+------------------------+--------------------+
| 2,345,123.24           | -55,110.000        |
+------------------------+--------------------+
```

图 7.15　运算结果[FORMAT()函数]

(2) DATE_FORMAT(date|time,fmt)和 TIME_FORMAT(date|time,fmt)函数：可以用来格式化日期和时间值。其中，date 和 time 表示需要格式化的日期和时间值，fmt 是日期和时间值格式化的形式，表 7.9 列出了 MySQL 中的日期/时间格式化关键字。

表 7.9　MySQL 日期/时间格式化关键字

关键字	间隔值的格式	关键字	间隔值的格式
%a	缩写的星期名，如 Sun,Mon……	%p	AM 或 PM
%b	缩写的月份名，如 Jan,Feb……	%r	时间,12 小时的格式
%d	月份中的天数	%S	秒,如 00,01……
%H	小时,如 01,02……	%T	时间,24 小时的格式
%I	分钟,如 00,01……	%w	一周中的天数,如 0(周日),1(周一)……
%j	一年中的天数,如 001,002……	%W	长型星期的名字,如 Sunday,Monday……
%m	月份,2 位,如 00,01……	%Y	年份,4 位
%M	长型月份的名字,如 January,February……		

【例 7-20】　通过 SELECT 语句使用 DATE_FORMAT()函数。

```
mysql> SELECT DATE_FORMAT(NOW(),'%W,%d,%M,%Y  %r');
```

运行结果如图 7.16 所示。

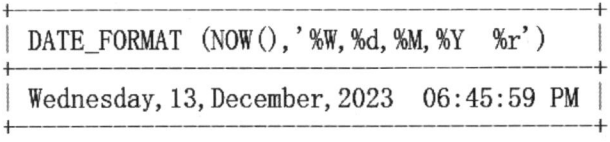

图 7.16　运算结果[date_format()函数]

7.1.4　流程控制语句

为了实现程序的可读性和条理性，经常会遇到一些改变一组语句中部分语句执行顺序的语句，这种语句叫作流程控制语句。流程控制语句包括 BEGIN…END 语句、IF 语句、CASE 语句、LOOP 语句、WHILE 语句、REPEAT 语句等。MySQL 数据库中这些控制语句可以用在存储过程体、函数体、触发器程序体、游标中。

1. BEGIN…END 语句

BEGIN…END 语句中可以包含一个 SQL 语句或多个 SQL 语句构成的语句块，每个

语句都必须用分号来结尾。BEGIN...END 语句允许嵌套,其语法格式如下:

```
BEGIN
  {语句或语句块}
END;
```

2. 条件语句

（1）IF 语句

IF 语句用来进行条件判断,根据不同的条件执行不同的操作。该语句在执行时首先判断 IF 后的条件是否为真,若为真,则执行 THEN 后的语句;若为假,则继续判断,直到为真为止,当以上都不满足时,执行 ELSE 语句后的内容。其语法格式如下:

```
IF 条件表达式 THEN
   BEGIN
      语句块…
   END;
[ELSEIF 条件表达式 THEN]
   BEGIN
      语句块…
   END;
[ELSE
   BEGIN
      ELSE 语句块…
   END;]
END IF;
```

（2）CASE 语句

CASE 语句为多分支语句结构,有 2 种格式。

格式一:

```
CASE 条件判断表达式
    WHEN 条件表达式可能的值 1 THEN 语句 1;
    WHEN 条件表达式可能的值 2 THEN 语句 2;
    ……
    ELSE 语句 n;
END CASE;
```

格式二:

```
CASE
    WHEN 条件判断语句 1 THEN 语句 1;
    WHEN 条件判断语句 2 THEN 语句 2;
    ……
    ELSE 语句 n;
END CASE;
```

3. 循环语句

(1) WHILE 循环语句

WHILE 循环语句执行时首先判断循环条件是否为真,如果为真,则执行循环体,否则退出循环。其语法格式如下:

```
[标签1:]WHILE 循环条件
DO
    语句块
    ……
    [LEAVE [标签1];
    语句
    ……]
END WHILE[标签1;];
```

(2) LOOP 循环语句

LOOP 循环没有内置的循环条件,但可以通过 LEAVE 语句退出循环。其语法格式如下:

```
[标签1:]LOOP
    语句
    ……
    [LEAVE [标签1];
    语句
    ……]
END LOOP[标签1];
```

(3) REPEAT 循环语句

REPEAT 循环语句先执行一次循环体,之后判断循环条件是否为真,则退出循环,否则继续执行循环。其格式表示形式如下:

```
[标签1:]REPEAT
    语句
    ……
    [LEAVE [标签1];
    语句
    ……]
UNTIL [循环条件]
END REPEAT[标签1];
```

在循环语句关键字前面可以加上一个标签,与后面的标签成对出现,注意,二者必须相同。

7.1.5 事务

事务(Transaction)是一种机制,是一个操作序列。事务包含了一组数据库操作命令,所有的命令作为一个整体一起向系统提交或撤销,这些命令要么都执行要么都不执行,因此事务是一个不可分割的逻辑工作单元。在 MySQL 中,事务主要用于处理操作量大,复杂度高的数据。在 MySQL 中,只有使用了 InnoDB 数据库引擎的数据库或表才支持事务。

一般来说,事务是必须满足以下 4 个条件(ACID)。

(1) 原子性(Atomicity):又称为不可分割性,指一个事务中的所有操作,要么全部完成,要么全部不完成,不会在中间某个环节结束。事务在执行过程中发生错误,会被回滚(Rollback)到事务开始前的状态,就像这个事务从来没有执行过一样。

(2) 一致性(Consistenay):指在事务开始之前和事务结束以后,数据库的完整性没有被破坏。这表示写入的资料必须完全符合所有的预设规则,包含资料的精确度、串联性以及后续数据库可以自发性地完成预定的工作。

(3) 隔离性(Isolation):又称为独立性,指数据库允许多个并发事务同时对其数据进行读写和修改的能力。隔离性可以防止多个事务并发执行时由于交叉执行而导致的数据不一致。事务隔离分为不同级别,包括读未提交(read uncommitted)、读提交(read committed)、可重复读(repeatable read)和串行化(serializable)。

(4) 持久性(Durability):指事务处理结束后,对数据的修改就是永久的,即便系统故障也不会丢失。

在 MySQL 命令行的默认设置下,事务都是自动提交的,即执行 SQL 语句后就会马上执行 COMMIT 操作。因此,若要显式地开启一个事务则须使用命令 BEGIN 或 START TRANSACTION,或者执行命令 SET AUTOCOMMIT=0,禁止当前会话的自动提交。

1. 事务控制语句

(1) BEGIN 或 START TRANSACTION:显式地开启一个事务。

(2) COMMIT:提交事务,并使已对数据库进行的所有修改成为永久性的。

(3) ROLLBACK:回滚事务,并撤销正在进行的所有未提交的修改。

(4) SAVEPOINT identifier:SAVEPOINT 允许在事务中创建一个保存点,一个事务中可以有多个保存点。

(5) RELEASE SAVEPOINT identifier:删除一个事务的保存点,当没有指定的保存点时,执行该语句会抛出异常。

(6) ROLLBACK TO identifier:把事务回滚到标记点。

(7) SET TRANSACTION:用来设置事务的隔离级别。InnoDB 存储引擎提供事务的隔离级别有读未提交、读提交、可重复读和串行化。

2. 事务处理方法

(1) 用 BEGIN,ROLLBACK,COMMIT 来实现

(2) 直接用 SET 改变 MySQL 的自动提交模式。

SET AUTOCOMMIT=0:禁止自动提交。

SET AUTOCOMMIT=1:开启自动提交。

【例 7-21】 在商品类型表 type 中完成事务处理,假设当前的 MySQL 是禁止自动提交模式。

```
#开始一个事务
mysql> BEGIN;
Query OK, 0 rows affected
```

```
#插入数据
mysql> INSERT INTO type
    -> values('007','儿童用品','包括儿童玩具、餐具等');
Query OK, 1 row affected
#提交事务
mysql> COMMIT;
Query OK, 0 rows affected
#通过查询结果显示数据成功插入
mysql> SELECT * FROM type;
+------+-----------+----------------------------------+
| t_id | t_name    | t_desc                           |
+------+-----------+----------------------------------+
| 001  | 家用电器  | 包括电视机、洗衣机、微波炉等     |
| 002  | 运动产品  | 包括健身器材、户外运动系列等     |
| 003  | 文化用品  | 包括学习用品、辅导书籍等         |
| 004  | 服装服饰  | 包括运动套装、休闲衣服、裤子等   |
| 005  | 日用商品  | 包括日常生活用品、零食等         |
| 006  | 电脑产品  | 包括台式品牌电脑、笔记本电脑等   |
| 007  | 儿童用品  | 包括儿童玩具、餐具等             |
+------+-----------+----------------------------------+
7 rows in SET
#开始事务
mysql> BEGIN;
Query OK, 0 rows affected
#插入数据
mysql> INSERT INTO type
    -> values('008','数码产品','包括相机、mp4等');
Query OK, 1 row affected
#回滚事务
mysql> ROLLBACK;
Query OK, 0 rows affected
#通过查询结果显示,数据已经回滚,没有插入到表中
mysql> SELECT * from TYPE;
+------+-----------+----------------------------------+
| t_id | t_name    | t_desc                           |
+------+-----------+----------------------------------+
| 001  | 家用电器  | 包括电视机、洗衣机、微波炉等     |
| 002  | 运动产品  | 包括健身器材、户外运动系列等     |
| 003  | 文化用品  | 包括学习用品、辅导书籍等         |
| 004  | 服装服饰  | 包括运动套装、休闲衣服、裤子等   |
| 005  | 日用商品  | 包括日常生活用品、零食等         |
| 006  | 电脑产品  | 包括台式品牌电脑、笔记本电脑等   |
| 007  | 儿童用品  | 包括儿童玩具、餐具等             |
+------+-----------+----------------------------------+
7 rows in set
```

 **任务实施**

1. 任务内容

（1）定义变量并赋值。

（2）编写流程控制语句。

（3）输出变量的值。

2. 实施步骤

（1）定义变量并赋值

根据任务情境需要定义 3 个变量，分别存放订单金额、平均订单金额和紧急程度。

```
mysql> set @pj_osum=(select round(avg(o_sum),2) from orders where o_status='发货中');
mysql> set @o_sum=(select o_sum from orders where o_id='2019091100003');
```

（2）编写流程控制语句

使用 CASE() 函数实现订单金额和平均订单金额比较，进而判断紧急程度。

```
mysql> set @f_level=case
    -> when @o_sum>@pj_osum then '特急'
    -> when @o_sum=@pj_osum then '加急'
    -> else '平急'
    -> end;
```

（3）输出变量的值

使用 SELECT 语句输出每个变量的值。

```
mysql> select @pj_osum,@o_sum,@f_level;
```

任务 7.2 "在线购物商城"系统的存储过程创建与管理

 任务工单

完成存储过程的创建与管理的任务,见任务工单 7-2。

任务工单 7-2 创建和管理存储过程

任务名称	创建和管理存储过程		课时	
组别		成员	小组成绩	
学号		姓名	综合成绩	
任务情境	公司根据业务需求分析,需要经常关注每位会员的订单总金额,对于订单总金额大于等于10 000元的会员,需要重点关注,进行精准营销。对于订单总金额小于10 000元的会员,需要加大力度挖掘会员的潜在需求。			
任务目标	1. 知识目标:掌握存储过程的创建和执行方法;巩固变量和流程控制语句的综合应用。 2. 技能目标:能够编写带参数的存储过程;能够调用、查看并管理存储过程。 3. 素质目标:培养独立思考、勇于探索、发现问题、分析问题、解决问题的能力。			
任务要求	按本任务后面列出的具体任务内容,完成存储过程的创建与管理。			
课前知识链接	1. 观看在线学习平台课前发布的视频。 2. 完成课前发布的任务测试。 任务7.2课程预习			
任务实施	(1) 创建带参数的存储过程。 (2) 调用存储过程。 (3) 管理存储过程。			
任务实施总结				
	任务检查			
任务检查与评估	1. 能否正确创建带参数的存储过程。 2. 能否正确调用、查看和管理存储过程。			
	任务评估			
	评估项目	评估结果		
	是否小组合作完成任务操作	□是 □否		
	能否独立完成任务操作	□不能 □基本能够 □能		
	自我评价任务操作	□仅能理解 □不会操作 □会操作不理解 □能理解会操作		
	改进措施			
任务点评				

7.2.1 创建和调用存储过程

存储过程是完成特定功能的 SQL 语句的集合,经过编译后存储在数据库中,在使用的时候直接调用存储过程来执行即可,这样大大提高了 SQL 语句的执行效率。

使用存储过程的主要优点有以下 5 个方面。

(1) 存储过程是在 MySQL 服务器中存储和执行的,可以减少客户端和服务器端的数据传输,执行速度快。

(2) 存储过程执行一次后,其执行规划就驻留在高速缓冲存储器中,在以后的操作中,只需要从高速缓冲存储器中调用已编译好的二进制代码即可,提高系统性能。

(3) 存储过程创建好后,可以在程序中多次调用,而不必重新编写。

(4) 存储过程可以使用流程控制语句编写,灵活性强,可以实现复杂的判断和复杂的运算。

(5) 确保数据库的安全性和完整性。系统管理员通过对某一存储过程的权限进行限制,能够实现对相应的数据的访问权限的限制,避免非授权用户对数据的访问。没有权限的普通用户不能直接访问数据库表,但可以通过存储过程在控制下间接地存取数据库,因此,屏蔽数据库中表的细节,可以保证表中数据的安全。

1. 创建存储过程

创建存储过程,需要使用 CREATE PROCEDURE 语句,其基本语法格式如下:

```
CREATE PROCEDURE 存储过程名([参数列表])
BEGIN
存储过程体
END
```

其中参数列表的形式如下:

```
[in | out | inout]参数名 参数的类型
```

in 表示输入参数,out 表示输出参数,inout 表示既可以是输入参数也可以是输出参数。

存储过程体指 SQL 代码的内容,即存储过程要实现的功能,可以使用 BEGIN...END 来表示 SQL 代码的开始和结束。

(1) 创建不带参数的存储过程

可以创建不带参数的存储过程,在调用它的时候可以省略存储过程名后面的括号。下面创建一个不带参数的存储过程。

【例 7-22】 创建不带参数的存储过程 sum_num,统计服装服饰类的总数量。

```
mysql> DELIMITER $ $
mysql> CREATE PROCEDURE sum_num()
    -> BEGIN
    -> SELECT sum(g_number) as '总数量' FROM type INNER JOIN goods ON type.t_id=goods.t_id where t_name='服装服饰';
    -> end
    -> $ $
Query OK, 0 rows affected
```

在第一行输入了一条 DELIMITER 命令，用于改变默认结束标志。在 MySQL 命令行的客户端中，服务器处理语句默认以分号为结束标志，按下〈Enter〉键后，MySQL 将会执行该命令。但在存储过程中，可能要输入较多的语句，且语句中包含有分号（;）。此时如果仍然以分号作为结束标志，那么执行完第一个分号后，就会认为程序结束，不再往下执行其他语句。因此，必须使用 DELIMITER 命令修改结束标志。

DELIMITER 命令的语法格式如下：

```
DELIMITER 结束符号
```

其中，结束符号可以是一些特殊的符号，例如 2 个 "#" "$" "/" 等。

（2）创建带输入参数的存储过程

in 类型的参数作为输入参数，在存储过程调用时指定。in 类型参数值在存储过程中被修改后，该参数值不能被返回。

【例 7-23】 创建带输入参数的存储过程 get_goods，实现根据商品编号和商品类别编号查询商品的相关信息功能。

```
mysql> DELIMITER $ $
mysql> CREATE PROCEDURE get_goods(in spbh char(6),lbbh char(3))
    -> BEGIN
    -> SELECT * FROM goods WHERE g_id=spbh AND t_id=lbbh;
    -> END
    -> $ $
Query OK, 0 rows affected
```

（3）创建带输出参数的存储过程

out 类型的参数作为输出参数，存储过程可以创建带有多个 out 类型的输出参数。out 类型输出参数的值在存储过程中被修改后可以被返回。

【例 7-24】 创建带输出参数的存储过程 get_coravg，实现求客户名为"邓力夫"的平均订单金额功能。

```
mysql> DELIMITER $ $
mysql> CREATE PROCEDURE get_coravg(out pj float)
    -> BEGIN
    -> SELECT avg(o_sum) INTO pj FROM customers INNER JOIN orders ON customers.c_id=orders.c_id where c_name='邓力夫';
    -> SELECT pj;
    -> END
    -> $ $
Query OK, 0 rows affected
```

（4）创建带输入与输出参数的存储过程

inout 类型参数调用时指定参数，该类型参数的值在存储过程中被修改后可以被返回。还可以使用 in 作为输入参数的类型标识，out 作为输出参数的类型标识，同时传入输入和输出参数。

【例7-25】 创建带有inout类型参数的存储过程get_customers,实现根据会员编号查询会员的信息功能。

```
mysql> DELIMITER $ $
mysql> CREATE PROCEDURE get_customers(inout cid char(5))
    -> BEGIN
    -> SELECT cid;
    -> SELECT * FROM customers WHERE c_id=cid;
    -> SET cid='C0010';
    -> SELECT cid;
    -> END
    -> $ $
Query OK, 0 rows affected
```

【例7-26】 创建带有in类型和out类型参数的存储过程get_sumodprice,该存储过程根据输入会员姓名输出该会员的购买总数量。

```
mysql> DELIMITER $ $
mysql> CREATE PROCEDURE get_sumodprice(in khxm varchar(30),out sumodprice float)
    -> BEGIN
    -> SELECT sum(od_number) INTO sumodprice FROM orderdetails WHERE o_id IN (select o_id from orders where c_id in (select c_id from customers where c_name= khxm));
    -> END
    -> $ $
Query OK, 0 rows affected
```

2. 调用存储过程

存储过程创建好后,可以通过CALL语句来调用,其基本语法格式如下:

```
CALL 存储过程名([参数列表])
```

参数列表中的参数的个数必须与调用存储的参数个数相等。

【例7-27】 调用例7-22创建的存储过程。

```
mysql>CALL sum_num();
```

【例7-28】 调用例7-23创建的存储过程。

```
mysql>CALL get_goods('D00002','004');
```

【例7-29】 调用例7-24创建的存储过程。

```
mysql>CALL get_coravg(@pj);
```

【例7-30】 调用例7-25创建的存储过程。

```
mysql> set @cid='C0003';
Query OK, 0 rows affected
mysql> CALL get_customers(@cid);
```

【例 7-31】 调用例 7-26 创建的存储过程。

```
mysql> CALL get_sumodprice('涂牧',@sumodprice);
Query OK, 0 rows affected
select @sumodprice;
```

7.2.2 管理存储过程

用户可以对存储过程进行管理,例如查看存储过程的相关信息、修改存储过程、删除存储过程等。

1. 查看存储过程

存储过程创建后,用户可能需要查看存储过程的状态或者定义等信息,以便了解存储过程的基本情况。

(1) 查看存储过程的状态,其语法格式如下:

```
show procedure status [like 'pattern']
```

【例 7-32】 查看存储过程 get_goods 的状态。

```
mysql> show procedure status like 'get_goods'\G
```

(2) 查看存储过程的定义,其语法格式如下:

```
show create procedure  存储过程名
```

【例 7-33】 查看存储过程 get_sumodprice 的定义。

```
mysql> show create procedure get_sumodprice \G
```

(3) 通过 information_schema.Routines 查看存储过程信息。

除了以上 2 种方法,还可以通过查看 information_schema.Routines 获得存储过程的名称、类型、语法、创建等信息。

【例 7-34】 通过查看 information_schema.Routines 查看存储过程 get_coravg 的相关信息。

```
mysql> SELECT * FROM routines WHERE ROUTINE_NAME = 'get_coravg'\G
```

2. 修改存储过程

(1) 使用 alter procedure 语句修改存储过程的某些特性,其语法格式如下:

```
alter procedure  存储过程名 [存储过程创建时的特征]
```

存储过程创建时的特征包括:

① Contains SQL:表示子程序包含 SQL 语句,但不包含读或写数据的语句。

② No SQL:表示子程序中不包含 SQL 语句。

③ Reads SQL data:表示子程序中包含读数据的语句。

④ Modifies SQL data:表示子程序中包含写数据的语句。

⑤ SQL security:{definer|invoker}:指明谁有权限来执行。definer 表示只有定义者才

能执行;invoker 表示调用者可以执行。

【例 7-35】 修改存储过程 d_kh 的定义,将读写权限修改为"modifies sql data",并指明调用者可以执行。

```
mysql> alter procedure d_kh
    -> modifies sql data
    -> sql security invoker;
```

(2) 先删除再重新创建存储过程。

【例 7-36】 修改例 7-24 创建的存储过程,修改为该存储过程实现查询客户编号为"C0001"的总订单金额功能。

```
mysql> DELIMITER $ $
mysql> DROP procedure if exists get_coravg()
mysql> create procedure get_coravg(outzj float)
    -> BEGIN
    -> SELECT sum(o_sum) into zj FROM orders WHERE c_id='C0001';
    -> SELECT zj;
    -> END
    -> $ $
Query OK, 0 rows affected
```

3. 删除存储过程

对于不需要的存储过程,可以使用 DROP 语句将其删除,其语法格式如下:

```
DROP procedure 存储过程名
```

【例 7-37】 删除例 7-22 创建的存储过程 sum_num()。

```
DROP procedure sum_num
```

 **任务实施**

1. 任务内容

(1) 创建带参数的存储过程。

(2) 调用存储过程。

(3) 管理存储过程。

2. 实施步骤

(1) 创建带参数的存储过程

```
mysql> DELIMITER $ $
mysql> create procedure p_warn(in clname char(13),out warnstr char(10))
    -> BEGIN
    -> declare sum int(11);
    -> SELECT sum(or_sum) INTO sum FROM orders INNER JOIN customers ON orders.c_id=customers.c_id WHERE c_name=clname;
    -> IF sum>=10000 THEN
    -> set warnstr='重点关注客户';
```

```
    -> SELECT * FROM customers WHERE c_name=clname;
    -> ELSE
    -> set warnstr='需要挖掘的客户';
    -> END IF;
    -> END
    -> $ $
Query OK, 0 rows affected
```

(2) 调用存储过程

```
mysql> CALL p_warn('邓力夫',@warnstr);
Query OK, 1 row affected
mysql> select @warnstr;
```

运行结果如下:

```
+-----------------------+
| @warnstr              |
+-----------------------+
| 需要挖掘的客户        |
+-----------------------+
1 row in set
```

(3) 管理存储过程

① 查看存储过程 p_warn 定义信息。

```
mysql> show create procedure p_warn \G
```

② 修改存储过程 p_warn,实现订单总金额大于等于 20 000 元的会员,重点关注,订单总金额小于 20 000 元的会员,需要挖掘。

```
mysql> DELIMITER $ $
mysql> DROP procedure if exists p_warn()
mysql> CREATE procedure p_warn(in clname char(13),out warnstr char(10))
    -> BEGIN
    -> DECLARE sum int(11);
    -> SELECT sum(or_sum) INTO sum FROM orders INNER JOIN customers ON orders.c_id=customers.c_id where c_name=clname;
    -> IF sum>=20000 THEN
    -> set warnstr='重点关注客户';
    -> SELECT * FROM customers WHERE c_name=clname;
    -> ELSE
    -> set warnstr='需要挖掘的客户';
    -> END IF;
    -> END
    -> $ $
Query OK, 0 rows affected
```

③ 删除存储过程 p_warn。

```
mysql> DROP procedure p_warn
```

任务7.3 "在线购物商城"系统的函数创建与管理

任务工单

完成函数的创建与管理的任务,见任务工单7-3。

任务工单7-3 创建和管理函数

任务名称	创建和管理函数		课时	
组别		成员	小组成绩	
学号		姓名	综合成绩	
任务情境	公司经常需要统计每位会员的订单总金额,根据每位会员的订单总金额定义会员的等级,如把会员等级分为A,B,C三级,把订单总金额小于等于1 000元的定为C级,大于1 000元小于9 000元定为B级,大于等于9 000元的定为A级,最终根据等级给予会员不同的优惠。			
任务目标	1. 知识目标:掌握函数的创建和管理方法;巩固变量和流程控制语句的综合应用。 2. 技能目标:能够编写带参数的函数;能够调用、查看并管理函数。 3. 素质目标:培养独立思考、勇于探索、分析问题、解决问题的能力。			
任务要求	按本任务后面列出的具体任务内容,完成函数的创建与管理。			
课前知识链接	1. 观看在线学习平台课前发布的视频。 2. 完成课前发布的任务测试。 任务7.3课程预习			
任务实施	(1) 创建带参数的函数。 (2) 调用函数。 (3) 管理函数。			
任务实施总结				
	任务检查			
	1. 能否正确创建带参数的函数。 2. 能否正确调用函数。			
	任务评估			
任务检查与评估	评估项目	评估结果		
	是否小组合作完成任务操作	□是 □否		
	能否独立完成任务操作	□不能 □基本能够 □能		
	自我评价任务操作	□仅能理解 □不会操作 □会操作不理解 □能理解会操作		
	改进措施			
任务点评				

 相关知识

7.3.1 创建和调用函数

在 MySQL 中,用户不仅可以使用系统内置函数,也可以使用自己定义的函数来实现一些特殊的功能。函数和存储过程的功能类似,是在数据库中定义一些 SQL 语句的集合。一旦创建成功,客户端就不需要再重新发布单独的语句,直接调用函数替代即可,这可以避免开发人员重复地编写相同的 SQL 语句。函数和存储过程一样,是在 MySQL 服务器中存储和执行的,减少了客户端和服务器端的数据传输。

1. 创建函数

创建函数,需要使用 FUNCTION 语句,其基本语法格式如下:

```
CREATE FUNCTION 函数名([参数名 1 数据类型[(长度)]],...)
RETURNS 返回值的数据类型
BEGIN
函数体
RETURN  返回值的表达式
END
```

(1) 创建无参数的函数

函数和存储过程一样,也可以不带参数。调用的时候不需要传入任何参数直接调用即可。

【例 7-38】 创建一个无参函数 numofgoods,实现返回商品表中商品状态为"热销"的产品数量功能。

```
mysql> DELIMITER $ $
mysql> CREATE FUNCTION numofgoods()
    -> RETURN in
    -> BEGIN
    -> RETURN(select count(*) FROM goods WHERE g_status='热销');
    -> END
    -> $ $
Query OK, 0 rows affected
```

(2) 创建带参数的函数

函数和存储过程一样,可以带参数,也可以定义和使用变量,函数参数用来接收调用时传过来的实参,变量用来存储临时结果。

【例 7-39】 创建一个带参数的函数 g_level,实现根据商品名称查询该商品的价格功能。

```
mysql> DELIMITER $ $
mysql> CREATE FUNCTION g_level(gname varchar(50))
    -> RETURNS float
    -> BEGIN
```

```
-> DECLARE gjg float;
-> SELECT g_price INTO gjg FROM goods WHERE g_name=gname;
-> RETURN gjg;
-> END
-> $$
Query OK, 0 rows affected
```

2. 调用函数

在 MySQL 中,函数的使用方法与 MySQL 系统内置函数的使用方法相同。函数创建后,可以通过 SELECT 语句来调用,其基本语法格式如下:

```
SELECT 函数名([参数[,...]])
```

【例 7-40】 调用例 7-38 创建的无参函数 numofgoods。

```
mysql> SELECT numofgoods();
```

运行结果如下:

```
+-----------+
| 产品数量  |
+-----------+
| 13        |
+-----------+
1 row in set
```

【例 7-41】 调用例 7-39 创建的带参数的函数。

```
mysql> SELECT g_level('华为MATE20') as '商品价格';
```

运行结果如下:

```
+-----------+
| 商品价格  |
+-----------+
| 4900      |
+-----------+
1 row in set
```

7.3.2 管理函数

用户可以对函数进行管理,例如查看函数的相关信息、修改函数、删除函数等操作。

1. 查看函数

函数创建后,用户可以通过 SHOW STATUS 语句来查看函数的状态信息,包括所属数据库、类型、函数名、修改时间等;通过 SHOW CREATE FUNCTION 语句来查看函数的定义信息,包括函数名、SQL 模式、函数定义内容等。

(1) 查看函数的状态,其语法格式如下:

```
SHOW FUNCTION STATUS   [like '函数名']
```

【例7-42】 查看函数 numofgoods 的状态。

```
mysql> SHOW FUNCTION STATUS like 'numofgoods'
```

运行结果如下：

```
*************************** 1. row ***************************
                  Db: netbuy
                Name: numofgoods
                Type: FUNCTION
             Definer: root@localhost
            Modified: 2019-11-16 10:45:41
             Created: 2019-11-16 10:45:41
       Security_type: DEFINER
             Comment:
character_set_client: utf8
collation_connection: utf8_general_ci
  Database Collation: utf8_general_ci
1 row in set (0.00 sec)
ERROR:
No query specified
```

（2）查看函数的定义，其语法格式如下：

```
SHOW CREATE FUNCTION 函数名
```

【例7-43】 查看函数 g_level 的定义。

```
mysql> SHOW CREATE FUNCTION g_level \G;
```

运行结果如下：

```
*************************** 1. row ***************************
            FUNCTION: g_level
            sql_mode: STRICT_TRANS_TABLES,NO_ENGINE_SUBSTITUTION
     CREATE FUNCTION: CREATE DEFINER = 'root'@'localhost' FUNCTION 'g_level'(gname varchar(50)) RETURNS float
BEGIN
DECLARE gjg float;
SELECT g_price INTO gjg FROM goods where g_name=gname;
RETURN gjg;
END
character_set_client: utf8
collation_connection: utf8_general_ci
  Database Collation: utf8_general_ci
1 row in set (0.00 sec)
ERROR:
No query specified
```

2. 修改函数

目前有 2 种方法可以修改函数，一种是使用 ALTER FUNCTION 语句修改函数的某些特性；另一种是先删除再重新创建函数。其语法格式与修改存储过程相同。详情请参照本项目 7.2.2 节例 7-35、例 7-36 修改存储过程。

3. 删除函数

对于不需要的函数，可以使用 DROP 语句将其删除，其语法格式如下：

```
DROP  function 函数名
```

【例 7-44】 删除例 7-38 创建的函数 numofgoods。

```
DROP function numofgoods
```

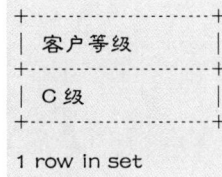 任务实施

1. 任务内容

(1) 创建带参数的函数。

(2) 调用函数。

(3) 管理函数。

2. 实施步骤

(1) 创建带参数的函数

```
mysql> DELIMITER $ $
mysql> CREATE function d_kh(khbh char(5))
    -> RETURNS char(10)
    -> BEGIN
    -> DECLARE osum int;
    -> DECLARE khlevel char(4);
    -> SELECT sum(o_sum) INTO osum FROM orders WHERE c_id=khbh;
    -> IF osum<=1000 THEN set khlevel='C 级';
    -> ELSEIF osum>1000 and osum<=9000   then set khlevel='B 级';
    -> ELSE set khlevel='A 级';
    -> END IF;
    -> RETURN khlevel;
    -> END
    -> $ $
```

(2) 调用函数

```
mysql> SELECT d_kh('C0005') as 客户等级;
```

运行结果如下：

```
+----------+
| 客户等级  |
+----------+
| C 级      |
+----------+
1 row in set
```

（3）管理函数

① 查看函数 d_kh 定义信息。

```
mysql> show createfunction d_kh \G;
```

② 修改函数 d_kh，实现把会员等级分为 A, B, C, D 等级，其中订单总金额小于等于 5 000 元的定为 D 级，大于 5 000 元且小于 10 000 元定为 C 级，大于等于 10 000 元且小于 50 000 元的定义为 B 级，大于等于 50 000 元的定为 A 级。

```
mysql> DELIMITER $ $
mysql> DROP function if exists  d_kh();
mysql> DELIMITER $ $
mysql> CREATE function d_kh(khbh char(5))
    -> RETURNS char(10)
    -> BEGIN
    -> DECLARE osum int;
    -> DECLARE khlevel char(4);
    -> SELECT sum(o_sum) INTO osum FROM orders WHERE c_id=khbh;
    -> IF osum<=5000 THEN set khlevel='D级';
    -> ELSEIF osum>5000 and osum<10000   THEN set khlevel='C级';
    -> ELSEIF osum>=10000 and osum<=50000   THEN set khlevel='B级';
    -> ELSE set khlevel='A级';
    -> END IF;
    -> RETURN khlevel;
    -> END
    -> $ $
Query OK, 0 rows affected
```

③ 删除函数 d_kh。

```
Drop function d_kh;
```

任务 7.4 "在线购物商城"系统的触发器创建与管理

完成触发器的创建与管理的任务,见任务工单 7-4。

任务工单 7-4　创建和管理触发器

任务名称	创建和管理触发器		课时	
组别		成员	小组成绩	
学号		姓名	综合成绩	
任务情境	公司需要将商品表中产品价格小于 3 000 元的产品信息添加到 addgoods 表中,但是产品的价格经常波动。因此,需要根据涨价或降价后的产品价格判断是否需要把产品信息添加到 addgoods 表中。			
任务目标	1. 知识目标:掌握触发器的原理;掌握触发器的创建与应用;巩固流程控制语句的综合应用。 2. 技能目标:能够编写触发器程序;能够应用并管理触发器。 3. 素质目标:培养独立思考、勇于探索、发现问题、分析问题、解决问题的能力。			
任务要求	按本任务后面列出的具体任务内容,完成触发器的创建与管理。			
课前知识链接	1. 观看在线学习平台课前发布的视频。 2. 完成课前发布的任务测试。 任务7.4 课程预习			
任务实施	(1) 创建触发器。 (2) 应用触发器。 (3) 管理触发器。			
任务实施总结				
任务检查与评估	任务检查			
	1. 能否正确创建触发器。 2. 能否正确应用和管理触发器。			
	任务评估			
	评估项目	评估结果		
	是否小组合作完成任务操作	□是　　□否		
	能否独立完成任务操作	□不能　　□基本能够　　□能		
	自我评价任务操作	□仅能理解　　□不会操作 □会操作不理解　　□能理解会操作		
	改进措施			
任务点评				

 **相关知识**

7.4.1 创建和应用触发器

触发器通过 INSERT、UPDATE 和 DELETE 等事件来触发某种特定操作。只有满足触发器的触发条件后,数据库系统才会执行触发器中定义的程序语句,以保证操作之间的一致性。

1. 创建触发器

创建触发器,需要使用 CREATE TRIGGER 语句,其基本语法格式如下:

```
CREATE TRIGGER 触发器名 before|after
触发事件
ON 表名 for each row
BEGIN
执行语句列表
END
```

说明:

① before|after:before 表示在检查约束前触发;after 表示在检查约束后触发。

② 触发事件:可以是 INSERT、UPDATE 或者 DELETE。需注意对同一个表相同触发时间的相同触发事件,只能定义一个触发器。

③ for each row:表示该触发器将对每一个受影响的行进行操作,即行级触发器。

④ 执行语句列表:可以包含多条 SQL 语句,实现触发器的功能。

⑤ 触发器用于一张表的某一行数据,如果想在触发器里使用这行数据,需要在 MySQL 中定义 NEW 和 OLD 关键字,用于记录触发器的该行数据。具体使用说明如下:

● 在 INSERT 类型触发器中,NEW 用来表示将要(before)或已经(after)插入的新数据;

● 在 DELETE 类型触发器中,OLD 用来表示将要或已经被删除的原数据;

● 在 UPDATE 类型触发器中,OLD 用来表示将要或已经被修改的原数据,NEW 用来表示将要或已经修改为的新数据。

使用方法:NEW.列名或 OLD.列名。

注意:OLD 是只读的,而 NEW 则可以在触发器中使用 SET 赋值,这样不会再次触发触发器,避免循环调用。

(1) 创建 INSERT 类型触发器

INSERT 类型触发器分为插入前(before)触发器和插入后(after)触发器,对于 INSERT 类型触发器,需要使用 NEW 关键字。

【例 7-45】 创建一个触发器 tr_insert,实现当向订单表 orders 表中插入一条数据时,如果订单金额大于等于 9 000 元,则将此条订单数据记录到 addorders 表中,否则不记录。

```
mysql> DELIMITER $ $
mysql> CREATE TRIGGER tr_insert
    -> after INSERT
```

```
        -> ON orders for each row
        -> BEGIN
        -> IF (new.o_sum>=9000) THEN
        -> INSERT INTO addorders values(new.o_id,new.c_id,new.o_sum);
        -> END IF;
        -> END
        -> $ $
Query OK, 0 rows affected
```

(2) 创建 DELETE 类型触发器

DELETE 类型触发器分为删除前(before)触发器和删除后(after)触发器,对于 DELETE 类型触发器,需要使用 OLD 关键字。

【例 7-46】 创建一个触发器 tr_delete,实现如果订单表 orders 表中删除了某张订单信息,那么 addorders 表中的该订单信息,也会自动删除。

```
mysql> DELIMITER $ $
mysql> CREATE TRIGGER tr_delete
        -> after DELETE
        -> ON orders for each row
        -> BEGIN
        -> DELETE FROM addorders WHERE o_id=old.o_id;
        -> END
        -> $ $
Query OK, 0 rows affected
```

(3) 创建 UPDATE 类型触发器

UPDATE 类型触发器分为更新前(before)触发器和更新后(after)触发器,对于 UPDATE 类型触发器,需要使用 OLD 关键字和 NEW 关键字。

【例 7-47】 创建一个触发器 tr_update,实现当修改订单表 orders 表中的某张订单的订单号时,同时修改 addorders 表中的订单号。

```
mysql> DELIMITER $ $
mysql> CREATE TRIGGER tr_update
        -> after UPDATE
        -> ON orders for each row
        -> BEGIN
        -> UPDATE addorders set o_id=new.o_id where o_id=old.o_id;
        -> END
        -> $ $
```

注意:触发器只能创建在永久表上,不能对临时表创建触发器。

2. 应用触发器

创建好触发器后,用户可以测试触发器是否起作用。

【例 7-48】 测试例 7-45 创建的触发器。

```
mysql> INSERT INTO orders
    -> values('2019092500004','C0009','2019-09-25',9500,'01','发货中','快递')$$
Query OK, 1 row affectedorders
```

向订单表中插入了一条订单金额大于等于 9 000 元的数据后,查看在 addorders 表中此条数据是否已被记录。

```
mysql> SELECT * FROM addorders;
```

运行结果如下:

```
+----------------+-------+-------+
| o_id           | c_id  | o_sum |
+----------------+-------+-------+
| 2019092500004  | C0009 | 9500  |
+----------------+-------+-------+
1 row in set
```

运行结果显示,此条数据已成功插入 addorders 表,说明触发器能正常起作用。可以采用同样的方法测试例 7-46 和例 7-47 创建的触发器。

7.4.2 管理触发器

1. 查看触发器

存储过程创建后,用户可能需要查看触发器定义、状态和语法等信息,便于了解触发器的基本情况。查看触发器的方法包括 SHOW TRIGGERS 语句和查询 information_schema 数据库下的 triggers 表等。

(1) 查看所有触发器的状态、语法等信息,其语法格式如下:

```
SHOW TRIGGERS
```

【例 7-49】 查看所有触发器的相关信息。

```
mysql> SHOW TRIGGER
```

运行结果如下:

```
*************************** 1. row ***************************
Trigger: tr_insert
Event: INSERT
Table: orders
Statement: begin
IF (new.o_sum>=9000) THEN
INSERT INTO addorders values(new.o_id,new.c_id,new.o_sum);
END IF;
END
Timing: AFTER
Created: 2023-1-18 20:35:23.27
sql_mode: STRICT_TRANS_TABLES,NO_ENGINE_SUBSTITUTION
```

```
Definer: root@localhost
character_set_client: utf8
collation_connection: utf8_general_ci
Database Collation: utf8_general_ci
*************************** 2. row ***************************
……
省略部分运行结果
```

（2）通过查询系统表中的 information_schema.triggers 表，查询指定触发器的指定信息，其语法格式如下：

```
SELECT * FROM information_schema.triggers where trigger_name = '触发器名'
```

【例 7-50】 查看触发器 tr_update 的相关信息。

```
mysql>SELECT * FROM information_schema.triggers where trigger_name = 'tr_update'
```

运行结果如下：

```
*************************** 1. row ***************************
TRIGGER_CATALOG: def
TRIGGER_SCHEMA: netbuy
TRIGGER_NAME: tr_update
EVENT_MANIPULATION: UPDATE
EVENT_OBJECT_CATALOG: def
EVENT_OBJECT_SCHEMA: netbuy
EVENT_OBJECT_TABLE: orders
ACTION_ORDER: 1
ACTION_CONDITION: NULL
ACTION_STATEMENT: BEGIN
UPDATE addorders set o_id=new.o_id where o_id=old.o_id;
END
ACTION_ORIENTATION: ROW
ACTION_TIMING: AFTER
ACTION_REFERENCE_OLD_TABLE: NULL
ACTION_REFERENCE_NEW_TABLE: NULL
ACTION_REFERENCE_OLD_ROW: OLD
ACTION_REFERENCE_NEW_ROW: NEW
CREATED: 2023-1-18 21:20:40.18
SQL_MODE: STRICT_TRANS_TABLES,NO_ENGINE_SUBSTITUTION
DEFINER: root@localhost
CHARACTER_SET_CLIENT: utf8
COLLATION_CONNECTION: utf8_general_ci
DATABASE_COLLATION: utf8_general_ci
1 row in set (0.00 sec)
ERROR:
No query specified
```

2. 删除触发器

对不需要的触发器可以通过 DROP TRIGGER 语句将其删除，其语法格式如下：

DROP TRIGGER 触发器名称

【例 7-51】 删除例 7-45 创建的触发器 tr_insert。

mysql>DROP TRIGGERTR_insert;

 任务实施

1. 任务内容
（1）创建触发器。
（2）应用触发器。
（3）管理触发器。
2. 实施步骤
（1）创建触发器

```
mysql> DELIMITER $ $
mysql> CREATE TRIGGER tr_updateprice
    -> after UPDATE
    -> ON goods for each row
    -> BEGIN
    -> IF(new.g_price>3000) THEN
    -> DELETE FROM addgoods WHERE g_id=new.g_id;
    -> ELSE
    -> REPLACE INTO addgoods values(new.g_id,new.g_name,new.g_price);
    -> END IF;
    -> END
    -> $ $
Query OK, 0 rows affected
```

（2）应用触发器
① 测试产品价格大于 3 000 元的情况。

```
mysql> UPDATE goods set g_price=7500 WHERE g_id='G00002';
Query OK, 1 row affected
```

② 测试产品价格小于 3 000 元的情况。

```
mysql> UPDATE goods set g_price=200 WHERE g_id='U00001' and g_name='艾维诺2合1沐浴露';
Query OK, 1 row affected
```

（3）管理函数
① 查看触发器相关信息。

```
mysql> SELECT * FROM information_schema.triggers WHERE trigger_name='tr_updateprice'
```

② 删除触发器。

```
mysql>DROP TRIGGER tr_updateprice;
```

任务 7.5　"在线购物商城"系统的游标创建与使用

 **任务工单**

完成游标的创建与使用的任务,见任务工单 7-5。

任务工单 7-5　创建和使用游标

任务名称	创建和使用游标			课时	
组别		成员		小组成绩	
学号		姓名		综合成绩	
任务情境	公司经常需要根据订单状态统计商品的订单总数量,现需要创建一个存储过程,通过游标把所有订单状态为"已完结"的订单数量抽取出来,然后使用循环语句把订单状态为"已完结"的订单数量总数显示出来。				
任务目标	1. 知识目标:掌握游标的创建的步骤与使用方法;巩固变量、流程控制语句和存储过程的综合应用。 2. 技能目标:能够灵活应用变量、流程控制语句和存储过程;能够创建和使用游标。 3. 素质目标:培养独立思考、勇于探索、解决问题的能力。				
任务要求	按本任务后面列出的具体任务内容,完成触发器的创建与管理。				
课前知识链接	1. 观看在线学习平台课前发布的视频。 2. 完成课前发布的任务测试。				任务7.5课程预习
任务实施	(1) 创建游标。 (2) 使用游标。				
任务实施总结					
任务检查与评估	任务检查				
	1. 能否正确创建游标。 2. 能否正确使用游标。				
	任务评估				
	评估项目	评估结果			
	是否小组合作完成任务操作	□是　　　□否			
	能否独立完成任务操作	□不能　　□基本能够　　□能			
	自我评价任务操作	□仅能理解　　　　□不会操作 □会操作不理解　　□能理解会操作			
	改进措施				
任务点评					

 **相关知识**

7.5.1 创建游标

使用 SELECT 语句查询的结果集是一个整体,如果想每次处理一行或部分行数据,可以使用游标。游标可以滚动查询满足条件的数据,或一些更复杂的处理。在 MySQL 数据库中,游标只能用于存储过程或函数中。游标的创建一般分为 5 个步骤:声明游标→打开游标→抽取数据→关闭游标→释放游标。

(1) 使用 DECLARE 语句声明游标,使用 FOR 关键字来定义 SELECT 语句,具体语法格式如下:

```
DECLAR 游标名 CURSOR FOR SELECT 语句;
```

(2) 使用 OPEN 语句打开游标,具体语法格式如下:

```
OPEN 游标名;
```

(3) 打开游标后,使用 FETCH 语句抽取数据,该语句按顺序进行抽取,不重复抽取,执行一次 FETCH 语句,只抽取一行数据,如果想读取多行数据,就需要多次执行 FETCH 语句。其具体语法格式如下:

```
FETCH 游标名 INTO 变量名 1,变量名 2[,...]
```

(4) 游标使用完毕后需要使用 CLOSE 语句关闭游标,具体语法格式如下:

```
CLOSE 游标名;
```

(5) 可以释放不再使用的游标,相当于删除游标。使用 DEALLOCATE 语句释放游标,具体语法格式如下:

```
DEALLOCATE 游标名;
```

【例 7-52】 在存储过程 p_cursor 中创建游标 c,实现抽取商品名称,并显示出来功能。

```
mysql> DELIMITER $ $
mysql> CREATE procedure p_cursor()
    -> BEGIN
    -> DECLARE gname varchar(50);
    -> DECLARE c CURSOR
    -> FOR
    -> SELECT g_name FROM goods;
    -> OPEN c;
    -> FETCH c INTO gname;
    -> SELECT gname;
    -> CLOSE c;
    -> END
    -> $ $
Query OK, 0 rows affected
```

调用存储过程 p_cursor,从游标 c 中读取一行数据,即商品名称。

```
mysql> CALL p_cursor();
```

运行结果如下：

```
+--------------------------+
| gname                    |
+--------------------------+
| 华为 MateBook X Pro 2019 |
+--------------------------+
1 row in set
Query OK, 0 rows affected
```

7.5.2 使用游标

在游标中，如果需要获取多行数据，除了可以将 fetch 语句执行多次外，还可以使用循环语句。

【例 7-53】 在存储过程 p_cursor1 中创建一个游标 c1，实现逐条读取商品表中的多行数据，每次输出一行商品编号，商品名称和商品数量。

```
mysql> DELIMITER $ $
mysql> CREATE procedure p_cursor1()
    -> BEGIN
    -> DECLARE gid char(6);
    -> DECLARE gname varchar(50);
    -> DECLARE gnum int(11);
    -> DECLARE c1 CURSOR
    -> FOR
    -> SELECT g_id,g_name,g_number FROM goods;
    -> OPEN c1;
    -> FETCH c1 INTO gid,gname,gnum;
    -> SELECT gid,gname,gnum;
    -> FETCH c1 INTO gid,gname,gnum;
    -> SELECT gid,gname,gnum;
    -> FETCH c1 INTO gid,gname,gnum;
    -> SELECT gid,gname,gnum;
    -> END
    -> $ $
Query OK, 0 rows affected
```

调用存储过程 p_cursor1，从游标 c1 中读取多行数据。

```
mysql> CALL p_cursor1();
```

运行结果如下：

```
游标读取一次，输出一行数据
+--------+--------------------------+------+
| gid    | gname                    | gnum |
+--------+--------------------------+------+
| D00001 | 华为 MateBook X Pro 2019 | 4    |
+--------+--------------------------+------+
1 row in set
游标读取一次，输出一行数据
```

```
+--------+-----------------------+------+
| gid    | gname                 | gnum |
+--------+-----------------------+------+
| D00002 | 微软 Surface Book 2    | 2    |
+--------+-----------------------+------+
1 row in set
```

游标读取一次，输出一行数据

```
+--------+-----------------------+------+
| gid    | gname                 | gnum |
+--------+-----------------------+------+
| D00003 | 惠普 Spectre 13 幽灵超轻 | 2    |
+--------+-----------------------+------+
1 row in set

Query OK, 0 rows affected
```

【例7-54】 在存储过程 p_cursor2 中创建一个游标 c2，在游标中通过 LOOP 循环语句输出所有的商品名称和商品价格。

```
mysql> DELIMITER $ $
mysql> CREATE procedure p_cursor2()
    -> BEGIN
    -> DECLARE gname varchar(50);
    -> DECLARE gprice float;
    -> DECLARE flag int default 0;
    -> DECLARE c2 CURSOR
    -> FOR
    -> SELECT g_name,g_prcie FROM goods;
    -> DECLARE exit handler for not found set flag=1;
    -> OPEN c2;
    -> LOOP_LABLE:loop
    -> FETCH c2 INTO gname,gprice;
    -> SELECT gname,gprice;
    -> IF(flag=1) THEN
    -> leave LOOP_LABLE;
    -> END IF;
    -> END LOOP;
    -> CLOSE c2;
    -> END
    -> $ $
Query OK, 0 rows affected
```

调用存储过程 p_cursor2，从游标 c2 中循环抽取所有的商品名称和商品价格。

```
mysql> CALL p_cursor2();
```

运行结果如下：

```
+------------------------+--------+
| gname                  | gprice |
+------------------------+--------+
| 华为 MateBook X Pro 2019 | 7999   |
+------------------------+--------+
1 row in set

+---------------------+--------+
| gname               | gprice |
+---------------------+--------+
| 微软 Surface Book 2  | 20588  |
+---------------------+--------+
```

```
1 row in set
+----------------------------+--------+
| gname                      | gprice |
+----------------------------+--------+
| 惠普 Spectre 13 幽灵超轻    | 9299   |
+----------------------------+--------+
1 row in set
......
```
省略部分输出

 **任务实施**

1. 任务内容

（1）创建游标。

（2）使用游标。

2. 实施步骤

（1）创建游标

```
mysql> DELIMITER $ $
mysql> CREATE procedure p_cursor()
    -> BEGIN
    -> DECLARE orsum int;
    -> DECLARE ostatus char(8);
    -> DECLARE sum int default 0;
    -> DECLARE flag int default 0;
    -> DECLARE cur cursor for select o_status,o_sum from orders where o_status='已完结';
    -> DECLARE continue handler for not found set flag=1;
    -> set sum=0;
    -> OPEN cur;
    -> FETCH cur INTO ostatus,orsum;
    -> WHILE(flag=0) do
    -> set sum=sum+orsum;
    -> FETCH cur INTO ostatus,orsum;
    -> END WHILE;
    -> CLOSE cur;
    -> SELECT sum;
    -> END
    -> $ $
Query OK, 0 rows affected
```

（2）使用游标

```
mysql> CALL p_cursor();
```

运行结果如下：

```
+-------+
| sum   |
+-------+
| 34205 |
+-------+
```

任务7.6 事件的创建与管理

 **任务工单**

完成事件的创建与管理的任务,见任务工单7-6。

任务工单7-6 创建和管理存储过程

任务名称	创建和管理事件		课时	
组别		成员	小组成绩	
学号		姓名	综合成绩	
任务情境	公司需要从2019年12月1日起,每天23点,将订单表orders表中订单数量大于5 000个的订单编号(o_id),会员编号(c_id)和订单数量(o_sum)查询出来并插入addorders表中,供销售部门随时决策。			
任务目标	1. 知识目标:掌握事件的创建和管理方法;巩固流程控制语句的综合应用。 2. 技能目标:能够创建事件;能够修改、查看和删除事件。 3. 素质目标:培养独立思考、勇于探索、发现问题、分析问题、解决问题的能力。			
任务要求	按本任务后面列出的具体任务内容,完成存储过程的创建与管理。			
课前知识链接	1. 观看在线学习平台课前发布的视频。 2. 完成课前发布的任务测试。			任务7.6课程预习
任务实施	(1) 创建事件。 (2) 管理事件。			
任务实施总结				
任务检查与评估	任务检查			
	1. 能否正确创建事件。 2. 能否正确管理事件。			
	任务评估			
	评估项目	评估结果		
	是否小组合作完成任务操作	□是 □否		
	能否独立完成任务操作	□不能 □基本能够 □能		
	自我评价任务操作	□仅能理解 □不会操作 □会操作不理解 □能理解会操作		
	改进措施			
任务点评				

相关知识

7.6.1 创建和使用事件

自 MySQL 5.x 版本起,引入了一项新的特性事件(EVENT),在指定的时间单元内执行特定的任务,执行由事件调度器完成。在 MySQL 中,事件调度器可以精确到每秒钟执行一项任务。

事件调度器监视一个事件是否需要调用。要创建事件,必须打开调度器。可以使用系统变量 EVENT_SCHEDULER 来打开事件调度器,TRUB(或 1 或 ON)为打开,FAISE(或 0 或 OFF)为关闭。

```
Set @@GLOBAL.EVENT_SCHEDULER=TRUE;
```

也可以在 MsSQL 的配置文件 my.ini 中添加一行命令,然后重启 MySQL 服务器。

```
Event_SCHEDULER=1
```

要查询当前事件调度器是否已开启,可执行如下 SQL 命令:

```
SHOW variables like 'Event_SCHEDULER'
```

运行结果如下:

```
mysql> SHOW variables like 'EVENT_SCHEDULER';
+-----------------+-------+
|variable_name    |Value  |
+-----------------+-------+
|EVENT_SCHEDULER  |ON     |
+-----------------+-------+
1 row in set, 1 warning (0.02 sec)
```

创建事件可以使用 CREATE EVENT 语句,其语法格式如下:

```
CREATE EVENT 事件名
ON SCHEDULE 时间调度
DO SQL 语句
```

(1) 时间调度:表示事件何时发生或者每隔多久发生一次。时间调度中主要有 AT 子句、EVERY 子句、STARTS 子句和 ENDS 子句。

① AT 子句:表示事件在某个时刻发生。TIMESTAMP 表示一个具体的时间点,还可以在后面添加时间间隔,表示在这个时间间隔后,事件发生。INTERVAL 表示这个时间间隔由一个数值和单位构成,COUNT 是时间间隔的数值。

② EVERY 子句:表示在指定时间区间内每隔多长时间事件发生一次。

③ STARTS 子句:表示指定开始时间。

④ ENDS 子句:表示指定结束时间。

(2) SQL 语句:事件启动时执行的 SQL 语句,如果包含多条语句,则可以使用 BEGIN…END 复合结构。

【例 7-55】 创建一个事件,实现 1 分钟后删除 addgoods 表中的数据。

```
mysql> CREATE EVENT et4
    -> ON SCHEDULE
    -> AT CURRENT_TIMESTAMP + INTERVAL 1 MINUTE
    -> DO TRUNCATE TABLE addgoods;
Query OK, 0 rows affected
```

【例 7-56】 创建一个事件,实现从下一个星期开始,每个星期都清空 addgoods 表,并且在 2023 年的 12 月 31 日 12:00 结束。

```
mysql> DELIMITER $ $
mysql> CREATE EVENT et5
    -> ON SCHEDULE EVERY 1 week
    -> STARTS CURDATE( ) + INTERVAL 1 WEEK
    -> ENDS '2023-12-31 12:0000'
    -> DO
    -> BEGIN
    -> TRUNCATE TABLE TEST;
    -> END
    -> $ $
Query OK, 0 rows affected
```

【例 7-57】 在事件中调用存储过程 sum_num,创建事件每星期查看一次,供相关部门参考。

```
mysql> DELIMITER $ $
mysql> CREATE EVENT et6
    -> ON SCHEDULE EVERY 1 WEEK
    -> DO
    -> BEGIN
    -> CALL sum_num;
    -> END
    -> $ $
Query OK, 0 rows affected
```

7.6.2 管理事件

1. 查看事件

事件创建后,用户可能需要查看事件定义、状态和语法等信息,了解事件的基本情况。

【例 7-58】 查看所有事件的信息。

```
mysql> show events \G;
```

运行结果如下:

```
......
省略部分运行结果
*************************** 3. row ***************************
Db: netbuy
```

```
Name: et1
Definer: root@localhost
Time zone: SYSTEM
Type: ONE TIME
Execute at: 2019-11-28 10:29:34
Interval value: NULL
Interval field: NULL
Starts: NULL
Ends: NULL
Status: DISABLED
Originator: 1
character_set_client: utf8
collation_connection: utf8_general_ci
Database Collation: utf8_general_ci
*************************** 4. row ***************************
Db: netbuy
Name: et5
Definer: root@localhost
Time zone: SYSTEM
Type: RECURRING
Execute at: NULL
Interval value: 7
Interval field: WEEK
Starts: 2019-12-05 00:00:00
Ends: 2023-12-30 12:00:00
Status: ENABLED
Originator: 1
character_set_client: utf8
collation_connection: utf8_general_ci
  Database Collation: utf8_general_ci
……
省略部分运行结果
```

2. 修改事件

可以通过 ALTER EVENT 语句来修改事件的定义和相关属性。例如,临时关闭事件或再次让事件启动,修改时间的名称并加上注释等。其语法格式如下：

```
ALTER EVENT 事件名
[On SCHEDULE 时间调度]
[RENAME TO 新的事件名]
[ENABLE|DISABLE]
[DO SQL 语句]
```

【例7-59】 关闭事件et1。

```
mysql> ALTER EVENT et1 DISABLE;
```

【例7-60】 开启事件et1。

```
mysql> ALTER EVENT et1 ENABLE;
```

【例7-61】 将事件et6中每星期查看1次修改为5天查看1次。

```
mysql> ALTER EVENT et6
    > ON SCHEDULE EVERY 5 day;
```

3. 删除事件

可以使用DROP EVENT删除事件。其语法格式如下:

```
DROP EVENT [数据库名.]事件名
```

【例7-62】 删除事件et1。

```
mysql> DROP EVENT et1;
```

 任务实施

1. 任务内容

(1) 创建事件。

(2) 管理事件。

2. 实施步骤

(1) 创建事件

```
mysql> DELIMITER $ $
mysql> CREATE EVENT etsd
    > ON SCHEDULE EVERY 1 DAY STARTS '2019-12-01 23:00:00'
    > ON COMPLETION PRESERVE
    > ENABLE
    > DO
    > BEGIN
    > IF exists(select o_id FROM addorders)
    > THEN
    > TRUNCATE TABLE addorders;
    > END IF;
    > INSERT INTO addorders SELECT o_id,c_id,o_sum FROM orders WHERE o_sum>5000;
    > end
    > $ $
Query OK, 0 rows affected
```

(2) 管理事件

① 查看事件执行情况。

```
mysql> SELECT * FROM infomation_schema.EVENTS;
```

② 关闭修改事件。

```
mysql> ALTER EVENT etsd DISABLE;
```

③ 删除事件。

```
mysql> DROP EVENT etsd;
```

项目拓展实训　MySQL 综合业务数据处理

一、实训目的和要求

1. 掌握常量和变量的应用。
2. 掌握运算符和系统函数的应用。
3. 掌握流程控制语句的应用。
4. 掌握创建与管理存储过程的方法。
5. 掌握创建与管理函数的方法。
6. 掌握创建与管理触发器的方法。
7. 掌握创建与使用游标的方法。
8. 掌握创建与管理事件的方法。

二、实训条件

MySQL、Navicate for MySQL。

三、实训内容

1. 打开 teachdb 数据库。
2. 在 teachdb 数据库中完成如下操作：
（1）创建一个存储过程 s_credit，实现统计已开设的专业基础课总学分。
（2）创建一个存储过程 s_score，实现根据指定的学号和课程号查询学生的成绩。
（3）创建一个存储过程 is_teacher，实现根据指定的系别号查询某学院的教师姓名、所在院系名称。
（4）创建一个存储过程 do_yj，实现根据指定学号查看某名学生的不及格科目数，如果不及格科目数超过 2 门，则输出"启动成绩预警！"，并输出该学生的成绩单，否则输出"成绩在可控范围"。
（5）创建一个存储过程 do_up，实现根据学分指定学号和课程号。如果成绩大于等于 60 分，则将该课程的学分累加计入该生的总学分，否则不计入，总学分不变。
（6）创建一个函数 nofc，实现返回 course 表中已开设的专业基础课门数。
（7）创建一个函数 d_kch，实现根据指定的课程号删除 score 表中存在，但 course 表中不存在的成绩记录。

（8）创建一个函数 is_ks,实现调用函数 nofc 获得专业基础课开设的门数。如果专业基础课开设门数超过 3 门,则返回专业基础课的总学时,否则返回专业基础课的平均总学时。

（9）创建一个触发器 tr_insert,实现当向 score 表中插入数据时,如果该学生成绩大于等于 60,则利用触发器将 credit 表中该学生的总分加上该门课程的学分,否则总学分不变。

（10）创建一个触发器 tr_update,实现当更改 course 表中某门课的课程号时,score 表中的课程号也全部更新。

（11）创建一个触发器 tr_delete,实现当删除 students 表中某个人的数据时,同步删除 score 表中相应的成绩记录。

（12）在存储过程 p_cursor1 中创建一个游标 c1,实现逐条读取课程表中的多行数据,每次输出一行课程号,课程名和学分。

（13）在存储过程 p_cursor2 中创建一个游标 c2,实现通过 loop 循环语句输出所有的学生姓名和联系电话。

（14）创建一个事件 e_delete,实现从下一个星期开始,每个星期都删除一次分数小于 60 的数据,并且在 2023 年的 12 月 31 时结束。

（15）分别查看以上创建的存储过程、触发器、函数以及事件。

（16）分别调用以上创建的存储过程和函数。

（17）分别测试以上创建的触发器。

（18）分别删除以上其中一个存储过程、触发器、函数以及事件。

3.（数据库系统工程师真题）根据题目要求补全代码。

某企业网上书城系统的部分关系模式如下：

书籍信息表:books(book_no, book_name, press_no, ISBN, price, sale type, all_nums),其中属性含义分别为:书籍编码、书籍名称、出版商编码、ISBN、销售价格、销售分类、当前库存数量;

书籍销售订单表:orders(order_no, book_no, book_nums, book_price, order_date, amount),其中属性含义分别为:订单编码、书籍编码、书籍数量、书籍价格、订单日期和总金额;

书籍再购额度表:booklimit(book_no, sale_type, limitamount),其中属性含义分别为:书籍编码、销售分类、再购额度;

书籍最低库存表:bookminlevel(book_no, leve),其中属性含义分别为:书籍编码、书籍最低库存数量;

书籍采购表:bookorders(book_no, order_amount),其中属性含义分别为:书籍编码和采购数量。

有关关系模式的说明如下:

（1）下划线标出的属性是表的主码。

（2）根据书籍销售情况来确定书籍的销售分类:销售数量小于 10 000 的为普通类型,其值为 0;10 000 及以上的为热销类型,其值为 1。

（3）系统具备书籍自动补货功能,涉及的关系模式有:书籍再购额度表、书籍最低库存表、书籍采购表。其业务逻辑是当某书籍库存小于其最低库存数量时,根据书籍的销售分类以及书籍再购额度表中的再购额度,生成书籍采购表中的采购订单,完成自动补货操作。

【问题1】

系统定期扫描书籍销售订单表,根据书籍总的销售情况来确定书籍的销售类别。下面是系统中设置某书籍销售类别的存储过程,结束时须显示提交返回。请补全空缺处的代码。

```
CREATE PROCEDURE UpdateBookSaleType(IN bno varchar(20))
DECLARE  all_nums number(6);
    BEGIN
  SELECT   (a)  (book_nums) INTO all_nums FROM orders
  WHERE book_no =   (b)   ;
    IF all_nums <   (c)   THEN
    UPDATE books SET sale_type = 0 WHERE book_no = bno;
  ELSE
    UPDATE books SET sale_type =   (d)   WHERE book_no = bno;
  END IF;
     (e)   ;
    END;
```

【问题2】

下面是系统中自动补货功能对应的触发器,请补全空缺处的代码。

```
CREATE TRIGGER BookOrdersTrigger   (f)   update
 of   (g)   on books
     (h)
  WHEN   (I)  <(SELECT level FROM bookminlevel
        WHERE bookminlevel.book_no = OLD.book_no) AND   (j)   >=(SELECT
        level FROM bookminlevel  WHERE bookminlevel.book_no =
        OLD.book_mo)
     BEGIN
       INSERT INTO   (j)   (SELECT book_no, limit_amount FROM booklimit as TMP
     WHERE TMP
     book_no = OLD.book_no AND
     TMP.sale_type = OLD.sale_type);
     END;
```

四、实训分析与总结

1. 对实训中遇到的问题进行分析、讨论。
2. 对实训过程、方法进行总结。

本项目主要介绍 MySQL 编程基础知识、存储过程的创建与管理、函数的创建与管理、

触发器的创建与管理、游标的创建与使用和事件的创建与管理。学习完本项目后,要掌握变量、运算符和系统函数及流程控制语句的使用;学会存储过程的使用及创建存储过程,理解 in、out、inout 参数类型的含义以及其参数的传递,同时要学会 IF、CASE、WHILE 语句在存储过程中的使用;学会如何创建带(不带)参数的自定义函数、调用函数、修改函数以及删除函数;学会游标的使用,在游标中学会 WHILE、REPEAT、LOOP 等循环语句的使用;学会触发器的创建、查看、删除操作以及 INSERT 类型触发器、UPDATE 类型触发器和 DELETE 类型触发器的使用。掌握了这些 MySQL 知识点,对于数据库的应用和编程就会得心应手,也能更高效地应用 MySQL 数据库。

自测习题

一、选择题

1. 使用(　　)命令声明变量。
    A. SET　　　　B. SELECT　　　　C. INTO　　　　D. DECLARE
2. 执行 SELECT round(2.357,2),TRUNCATE(2.357,1)的结果是(　　)。
    A. 2.35,2.3　　B. 2.36,2.3　　C. 2.36,2.4　　D. 2.35,2.4
3. 执行 SELECT concat('MySQL','8.0','版本')的结果是(　　)。
    A. MySQL 8.0 版本　　　　　　B. MySQL 8.0 版本
    C. MySQL 8.0 版本　　　　　　D. MySQL 8.0,版本
4. 格式化日期函数是(　　)。
    A. datediff()　　　　　　　　B. date_format()
    C. day()　　　　　　　　　　D. curdate()
5. ("1+X"真题)下面哪个是字符串替换函数。(　　)
    A. concat()　　B. replace()　　C. substring()　　D. round()
6. ("1+X"真题)以下情况中,用到循环语句的是(　　)。
    A. 找 100 条记录中符合条件的记录　　B. 查询年龄大于 18 的人数
    C. 比较 2 个数的大小　　　　　　　　D. 如果 b 为 1,输出闰年,否则输出 b
7. ("1+X"真题)如果年龄 age<18,则输出未成年,如果 age>18,则输出成年人,下列 SQL 语句正确的是(　　)。
    A. IF age>18 THEN select '未成年' ELSE select '成年' END IF
    B. IF age<18 THEN select '未成年' ELSE select '成年' END IF
    C. IF age<18 SELECT '未成年' ELSE select '成年' END
    D. IF age<18 THEN select '未成年' ELSEIF select '成年' END IF
8. MySQL 触发器事件有(　　)。
    A. INSERT、UPDATE、DELETE　　　　B. INSERT、ALTER、DELETE
    C. INSERT、UPDATE、DROP　　　　　D. CREATE、UPDATE、DELETE
9. 游标使用(　　)抽取数据。
    A. OPEN　　　B. FETCH　　　C. DECLARE　　　D. CLOSE
10. 使用(　　)查看存储过程的定义。

A. SHOW TRIGGER   B. SHOW FUNCTION
C. SHOW CREATE FUNCTION   D. SHOW EVENTS

11. 删除触发器使用( )。
    A. SHOW TRIGGER   B. ALTER TRIGGER
    C. CREATE TRIGGER   D. DROP TRIGGER

12. 下列说法错误的是( )。
    A. 存储过程先创建后调用   B. 触发器先创建后调用
    C. 同一个表不能创建两个相同的触发器   D. 存储过程可以带输入和输出参数

13. 调用存储过程使用( )关键字。
    A. SHOW   B. CALL   C. OPEN   D. EXEC

14. ("1+X"真题)用于将事务处理写到数据库的命令是( )。
    A. INSERT   B. SAVAPOINT   C. COMMIT   D. SELECT

15. ("1+X"真题)关于 MySQL 存储过程,说法错误的是( )。
    A. 调用存储过程使用关键字 CALL
    B. 存储过程的参数在定义时,有两种参数约束,即 IN、OUT
    C. 创建存储过程的语法是 CREATE PROCEDURE
    D. 存储过程是一种在数据库中存储复杂程序,以便由外部程序调用的数据库对象

16. ("1+X"真题)创建存储过程的关键词是( )。
    A. CREATE PROCEDURE   B. CREATE PROCESS
    C. INSERT PROCEDURE   D. ADD PROCEDURE

17. ("1+X"真题)在 test 数据库中有存储过程 test_process,则删除存储过程的语句是( )。
    A. DROP PROCEDURE test.test_process
    B. KILL PROCEDURE test.test_process
    C. DELETE PROCEDURE test.test_process
    D. DELETE PROCEDURE if exists test.test_process

18. ("1+X"真题)在存储过程中对 IN 参数类型表述正确的是( )。
    A. IN 参数的值必须在调用存储过程时指定,在存储过程中修改该参数的值不能被返回,为默认值
    B. IN 参数的值可在存储过程内部被修改,并可返回
    C. IN 参数的值调用时指定,并且可被修改和返回
    D. IN 参数类型的值没有特殊的要求

19. ("1+X"真题)在存储过程中对 OUT 参数类型表述正确的是( )。
    A. OUT 参数的值必须在调用存储过程时指定,在存储过程中修改该参数的值不能被返回,为默认值
    B. OUT 参数的值可在存储过程内部被修改,并可返回
    C. OUT 参数的值调用时指定,并且可被修改和返回
    D. OUT 参数类型的值没有什么特殊的要求

20. ("1+X"真题)下列哪个操作不可以创建触发器。( )

A. INSERT　　　B. DELETE　　　C. DECLARE　　　D. UPDATE

21. ("1+X"真题)下列 SQL 语句,正确的是(　　)。

    A. CREATE TRIGGER update_student after update on student for each row

    B. CREATE TRIGGER after update on student for each row

    C. CREATE TRIGGER update update on student for each row

    D. CREATE TRIGGER on student

22. (数据库系统工程师真题)以下关于触发器的说法中,错误的是(　　)。

    A. 触发器可以带参数　　　　　　　B. 触发器不能被应用程序显式调用

    C. 触发器可以关联到基本表　　　　D. 一个基本表上可以定义多个触发器

23. (数据库系统工程师真题)在数据库中新建存储过程的关键字是(　　)。

    A. CREATE PROCEDURE　　　　　B. INSERT PROCEDURE

    C. CREATE TRIGGER　　　　　　 D. INSERTTRIGGER

24. (数据库系统工程师真题)关于触发器,下面说法中正确的是(　　)。

    A. 触发器可以实现完整性约束

    B. 触发器不是数据库对象

    C. 用户执行 SELECT 语句时可以激活触发器

    D. 触发器不会导致无限触发链

25. (数据库系统工程师真题)关于存储过程,下面说法中错误的是(　　)。

    A. 存储过程可用于实施企业业务规则　　B. 存储过程可以有输入输出参数

    C. 存储过程可以使用游标　　　　　　　D. 存储过程由数据库服务器自动执行

二、简答题

1. 简述存储过程的概念以及存储过程的优点。

2. (企业面试题)简述存储过程与触发器的区别。

3. 简述触发器以及触发器的分类。

4. 简述游标的概念以及创建游标的步骤。

5. (企业面试题)游标的作用有哪些?如何知道游标已经到了最后?

6. 简述事件的概念以及事件的作用。

项目 8 "在线购物商城"系统的 MySQL 日志管理

  项目导读

MySQL 日志是用于记录 MySQL 数据库的日常操作和错误信息的文件。在 MySQL 中,日志可以分为二进制日志、错误日志、通用查询日志和慢查询日志。通过分析这些日志文件,可以了解 MySQL 数据库的运行情况、日常操作、错误信息等,为 MySQL 管理和优化提供必要的信息。

  项目目标

➢ 知识目标
1. 掌握二进制日志管理方法。
2. 掌握错误日志管理方法。
3. 掌握通用查询日志管理方法。
4. 掌握慢查询日志管理方法。

➢ 技能目标
1. 能够正确配置和管理 MySQL 的不同类型日志,以满足业务需求。
2. 能够分析和解读 MySQL 日志,包括二进制日志、错误日志、通用查询日志、查询日志,以便排查问题和优化数据库性能。
3. 能够使用适当的工具和技术对 MySQL 日志进行监控、分析和归档。

➢ 素质目标
1. 培养发现问题、分析问题、解决问题的能力。
2. 培养对数据安全和隐私的保护意识,遵守相关的法律法规和道德规范。

  思政小课堂

在一次外交部发言人主持外交部网上例行记者会上,有印度记者引述环球网的报道提问:"有印度黑客攻击了中国的医疗机构,试图窃取敏感数据。中方对此有何评论?"

外交部发言人表示:"我们注意到媒体的有关报道。中方是网络大国,也是黑客攻击的主要受害国,坚决反对任何形式的网络攻击。与此同时,中方主张国际社会应加强对话与合作,共同应对各类网络攻击,构建和维护和平、安全、开放、合作、有序的网络空间。我想强调的是,中国正处于全力抗击疫情的非常时期。面对公共卫生危机,各国应团结合作,共克时艰。"

在网络安全攻击事件中,黑客会想尽一切办法抹掉犯罪痕迹,而数据库日志数据记录了数据库所有的操作,如果设置得当,当受到网络攻击时,就可以准确地找到黑客攻击点。因此在使用数据库过程中,须重视日志文件的安全设置,提高安全意识,学会保护网络数据安全技能。

任务 8.1　二进制日志管理

 任务工单

完成二进制日志管理的任务,见任务工单 8-1。

任务工单 8-1　二进制日志管理

任务名称	二进制日志管理		课时	
组别		成员	小组成绩	
学号		姓名	综合成绩	
任务情境	作为从事 MySQL 数据库管理工作的人员,需要知道 MySQL 数据库变化,如做了哪些修改数据相关的操作、更新了数据库的哪些语句执行时间信息等,这些信息可以通过查看二进制日志文件获取。另外,如果某天公司的数据库遭到意外的损坏或出现意外丢失数据,管理员还可以通过使用二进制日志文件来进行数据库恢复操作。			
任务目标	1. 知识目标:掌握二进制日志的作用和操作命令格式。 2. 技能目标:能够使用命令行完成二进制日志启动和设置、查看、删除以及暂停和恢复操作。 3. 素质目标:培养发现问题、解决问题的能力,提高数据安全意识,遵守有关隐私、数据保护和保密性的政策法规。			
任务要求	按本任务后面列出的具体任务内容,完成二进制日志管理操作。			
课前知识链接	1. 观看在线学习平台课前发布的视频。 2. 完成课前发布的任务测试。			任务 8.1 课程预习
任务实施	(1) 启动和设置二进制日志。 (2) 查看二进制日志。 (3) 删除二进制日志。 (4) 暂停和恢复二进制日志。			
任务实施总结				
任务检查与评估	任务检查			
	1. 能否启动和设置二进制日志。 2. 能否查看二进制日志。 3. 能否删除二进制日志。 4. 能否暂停和恢复二进制日志。			
	任务评估			
	评估项目	评估结果		
	是否小组合作完成任务操作	□是　　　　□否		
	能否独立完成任务操作	□不能　　□基本能够　　□能		
	自我评价任务操作	□仅能理解　　　　□不会操作 □会操作不理解　　□能理解会操作		
	改进措施			
任务点评				

相关知识

二进制日志主要记录 MySQL 数据库的变化,可以用于数据复制和即时点恢复。二进制日志以一种有效的格式,并且是事务安全的方式包含更新日志中所有的可用信息。

可用信息包括所有更新了数据或者已经潜在更新了数据的语句,例如,没有匹配任何行的 DELETE 语句。语句以"事件"的形式保存,描述数据更改。

可用信息还包括关于每个更新数据库的语句的执行时间信息。它不包含没有修改任何数据的语句。如果想要记录所有语句(例如,为了识别有问题的查询),需要使用一般查询日志。使用二进制日志的主要目的是最大可能地恢复数据库,因为二进制日志包含备份后进行的所有更新。

8.1.1 启动和设置二进制日志

默认情况下,二进制日志是关闭的,可以通过修改 MySQL 的配置文件来启动和设置二进制日志。

my.ini 中[MySQLd]组下关于二进制日志的设置有:

```
log-bin [=path/ [filename]]
expire_logs_days=10
max_binlog_size=100M
```

说明:

① log-bin:定义了开启二进制日志,其中 path 表明日志文件所在的目录路径;filename 指定了日志文件的名称,如文件的全名为 filenam.00001,filenam.00002 等,除了上述文件之外,还有 filename index 文件,其内容为所有日志的清单,可以使用记事本打开该文件。

② expire_logs_days:定义了 MySQL 清除过期日志的时间,即二进制日志自动删除的天数。默认值为 0,表示"没有自动删除"。当 MySQL 启动或刷新二进制日志时,该文件可能被删除。

③ max_binlog_size:定义了单个文件的大小限制,如果二进制日志写入的内容大小超出给定值,日志就会发生滚动(关闭当前文件,重新打开一个新的日志文件)。不能将该变量设置为大于 1 GB 或小于 4 096 B,默认值为 1 GB。如果正在执行大事务,二进制日志文件大小就可能会超过 max binlog.size 定义的大小。

8.1.2 查看二进制日志

MySQL 二进制日志存储了所有的变更信息,MySQL 二进制日志是经常用到的。当MySQL 创建二进制日志文件时,首先创建一个以"filename"为名称,以".index"为后缀的文件;再创建一个以"filename"为名称,以"00001"为后缀的文件。当 MySQL 服务重新启动一次时,以".00001"为后缀的文件就会增加一个,文件后缀名加 1 递增;如果日志长度超过了 max_binlog_size 的上限(默认是 1GB)也会创建一个新的日志文件。

通过 SHOW BINARY LOGS 语句可以查看当前的二进制日志文件个数及其文件名。但 MySQL 二进制日志并不能以文本形式直接查看,如果要查看日志内容,可以通过

MySQLbinlog 命令查看。

8.1.3 删除二进制日志

MySQL 的二进制文件可以配置自动删除,同时 MySQL 也提供了安全的手动删除二进制文件的方法。

1. 使用 RESET MASTER 语句删除所有二进制日志文件

RESET MASTER 语法格式如下:

```
RESET MASTER;
```

执行完该语句后,所有二进制日志将被删除,MySQL 会重新创建二进制日志,新的日志文件扩展名将重新从 00001 开始编号。

2. 使用 PURGE MASTER LOGS 语句删除指定日志文件

PURGE MASTER LOGS 语法格式如下:

```
PURGE {MASTER | BINARY} LOGS TO 'log_name'
PURGE {MASTER | BINARY} LOGS BEFORE 'date'
```

其中,第 1 条语句用于指定文件名,执行该命令将删除文件名编号比指定文件名编号小的所有日志文件。第 2 条语句用于指定日期,执行该命令将删除指定日期以前的所有日志文件。

8.1.4 暂停和恢复二进制日志

如果在 MySQL 的配置文件中配置启动了二进制日志,MySQL 会一直记录二进制日志。修改配置文件,可以停止二进制日志,但是需要重启 MySQL 数据库。MySQL 提供了暂时停止二进制日志的功能,即通过 SET SQL_LOG_BIN 语句使 MySQL 暂停或者启动二进制日志。

SET SQL_LOG__BIN 的语法格式如下:

```
Set sql_log_bin={0|1}
```

 **任务实施**

1. 任务内容

(1) 启动、设置二进制日志。
(2) 查看二进制日志。
(3) 删除二进制日志。
(4) 暂停和恢复二进制日志。

2. 实施步骤

(1) 启动和设置二进制日志

【例 8-1】 在 my.ini 配置文件中的[MySQLd]组下,添加以下几个参数与参数值:

```
log-bin
expire_logs_days=10
max_binlog_size=100M
```

添加完毕之后,关闭并重新启动 MySQL 服务进程,即可打开二进制日志。

【例 8-2】 使用 SHOW VARIABLES 语句查询二进制日志设置。

```
mysql> SHOW VARIABLES like 'log_%';
```

运行结果如图 8.1 所示。

```
+-------------------------------------------+-------------------------------------------------------+
| Variable_name                             | Value                                                 |
+-------------------------------------------+-------------------------------------------------------+
| log_bin                                   | ON                                                    |
| log_bin_basename                          | C:\ProgramData\MySQL\MySQL Server 8.0\Data\binlog     |
| log_bin_index                             | C:\ProgramData\MySQL\MySQL Server 8.0\Data\binlog.index|
| log_bin_trust_function_creators           | OFF                                                   |
| log_bin_use_v1_row_events                 | OFF                                                   |
| log_error                                 | .\HCHLCOMPUTER.err                                    |
| log_error_services                        | log_filter_internal; log_sink_internal                |
| log_error_verbosity                       | 2                                                     |
| log_output                                | FILE                                                  |
| log_queries_not_using_indexes             | OFF                                                   |
| log_slave_updates                         | ON                                                    |
| log_slow_admin_statements                 | OFF                                                   |
| log_slow_slave_statements                 | OFF                                                   |
| log_statements_unsafe_for_binlog          | ON                                                    |
| log_syslog                                | ON                                                    |
| log_syslog_tag                            |                                                       |
| log_throttle_queries_not_using_indexes    | 0                                                     |
| log_timestamps                            | UTC                                                   |
+-------------------------------------------+-------------------------------------------------------+
18 rows in set, 1 warning (0.00 sec)
```

图 8.1 查询二进制日志设置

通过图 8.1 的查询结果可以看出,log_bin 变量的值为 ON,表明二进制日志已经打开。MySQL 重新启动之后,用户可以在 MySQL 数据文件夹下看到新生成的后缀为 000001 和 .index 的两个文件,文件名称为默认主机名称。

如果想改变日志文件的目录和名称,可以对 my.ini 中的 log-bin 参数修改:

```
[mysqld]
log-bin="D:/mysql/log/binlog"
```

关闭并重新启动 MySQL 服务之后,新的二进制日志文件将出现在 D:/mysql/log 文件夹下面,名称为 binlog.00001 和 binlog.index。用户可以根据情况灵活设置。

注意:数据库文件最好不要与日志文件存储在同一个磁盘上,这样,当数据库文件所在的磁盘发生故障时,仍然可以使用日志文件恢复数据。

(2) 查看二进制日志

【例 8-3】 使用 SHOW BINARY LOGS 查看二进制日志文件个数及文件名。

```
mysql> SHOW BINARY LOGS;
```

运行结果如图 8.2 所示。

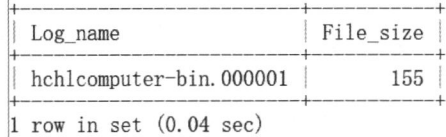

图 8.2 查看二进制日志文件

可以看到，当前只有一个二进制日志文件。日志文件的个数与 MySQL 服务启动的次数相同。每启动一次 MySQL 服务，将会产生一个新的日志文件。

【例 8-4】 使用 MySQLbinlog 查看二进制日志。

```
C:\Program Files\MySQL\MySQL Server 8.0\bin>mysqlbinlog D:\mysql\log\binlog.000012
```

运行结果如图 8.3 所示。

```
省略部分日志文件内容……
ROLLBACK/*!*/;
BINLOG '
wrgKXg8BAAAAeAAAAHwAAAABAAQAOC4wLjEyAAAAAAAAAAAAAAAAAAAAAAAAAAAAAAAAAA
AAAAAAAAAAAAAAAAAADCuApeEwANAAgAAAAABAAEAAAAYAAEGggAAAAICAgCAAAACgoKKioAEjQA
CgH/DW5g
省略部分日志文件内容……
# at 318
#191231 10:57:10 server id 1   end_log_pos 452 CRC32 0x5f8ab616   Query
thread_id=8    exec_time=1 error_code=0
use `netbuy`/*!*/;
SET TIMESTAMP=1577761030/*!*/;
update customers set c_sex='男' where c_name='张骁'
/*!*/;
# at 452
#191231 10:57:10 server id 1   end_log_pos 483 CRC32 0x002a718e  Xid = 4
COMMIT/*!*/;
SET @@SESSION.GTID_NEXT= 'AUTOMATIC' /* added by mysqlbinlog */ /*!*/;
DELIMITER ;
# End of log file
/*!50003 SET COMPLETION_TYPE=@OLD_COMPLETION_TYPE*/;
/*!50530 SET @@SESSION.PSEUDO_SLAVE_MODE=0*/;
```

图 8.3 查看二进制日志

这是一个简单的日志文件，日志中记录了一些用户的操作。从二进制日志文件内容中可以看到，用户对 customers 表进行了更新操作。

(3) 删除二进制日志

【例 8-5】 假如已经产生了 10 个日志文件，使用 PURGE MASTER LOGS 删除创建时间比 binlog.000003 早的所有日志文件。

```
mysql> PURGE MASTER LOGS to "binlog.000003";
```

执行完成后，使用 SHOW BINARY LOGS 语句查看二进制日志。

```
mysql> SHOW BINARY LOGS;
```

运行结果如图 8.4 所示。

可以看到 binlog.000001 和 binlog.000002 两个日志文件被删除了。

```
+-----------------+-----------+
| Log_name        | File_size |
+-----------------+-----------+
| binlog.000003   |       178 |
| binlog.000004   |       178 |
| binlog.000005   |       178 |
| binlog.000006   |       178 |
| binlog.000007   |       178 |
| binlog.000008   |       178 |
| binlog.000009   |       178 |
| binlog.000010   |       155 |
+-----------------+-----------+
8 rows in set (0.00 sec)
```

图 8.4 删除日志文件

【例 8-6】 使用 PURGE MASTER LOGS 删除 2019 年 12 月 27 日前创建的所有日志文件。

```
mysql>PURGE MASTER LOGS BEFORE '20191227';
```

语句执行之后,2019 年 12 月 27 日之前创建的日志文件都将被删除,但 2019 年 12 月 27 日的日志会被保留(用户可根据自己创建日志的时间修改命令参数)。使用 MySQLbinlog 可以查看指定日志的创建时间,部分日志内容如图 8.5 所示。

```
C:\Program Files\MySQL\MySQL Server 8.0\bin>MySQLbinlog D:\mysql\log\binlog.000003
/*!50530 SET @@SESSION.PSEUDO_SLAVE_MODE=1*/;
/*!50003 SET @OLD_COMPLETION_TYPE=@@COMPLETION_TYPE,COMPLETION_TYPE=0*/;
DELIMITER /*!*/;
# at 4
#191227 16:17:13 server id 1  end_log_pos 124 CRC32 0x046ce917  Start: binlog v 4, server v 8.0.12
created 191227 16:17:13 at startup
ROLLBACK/*!*/;
BINLOG '
Cb4FXg8BAAAAeAAAAHwAAAAAAQAOC4wLjEyAAAAAAAAAAAAAAAAAAAAAAAAAAAAAAAA
AAAAAAAAAAAAAAAAAJvgVeEwANAgAAAABAAEAAAAYAAEGggAAAAICAgCAAAACgoKKKioAEjQA
CgEX6WwE
'/*!*/;
# at 124
#191227 16:17:13 server id 1   end_log_pos 155 CRC32 0x3978355f  Previous-GTIDs
# [empty]
# at 155
#191227 18:10:30 server id 1  end_log_pos 178 CRC32 0xe1e43470  Stop
SET @@SESSION.GTID_NEXT= 'AUTOMATIC' /* added by mysqlbinlog */ /*!*/;
DELIMITER ;
# End of log file
/*!50003 SET COMPLETION_TYPE=@OLD_COMPLETION_TYPE*/;
/*!50530 SET @@SESSION.PSEUDO_SLAVE_MODE=0*/;
```

图 8.5 日志的创建时间

(4) 暂停和恢复二进制日志

【例 8-7】 暂停记录二进制日志。

```
mysql>Set sql_log_bin=0;
```

【例 8-8】 恢复记录二进制日志。

```
mysql>Set sql_log_bin=1;
```

任务 8.2 错误日志管理

 **任务工单**

完成错误日志管理的任务,见任务工单 8-2。

任务工单 8-2　错误日志管理

任务名称	错误日志管理		课时	
组别		成员	小组成绩	
学号		姓名	综合成绩	
任务情境	当遇到 MySQL 服务器在运行过程中发生的故障和异常时,可以利用错误日志来定位问题。例如某天用户通过客户端登录 MySQL 数据库查询客户表中的信息时报"Can't connect to the server",此时可以通过定位并查看错误日志文件,寻找问题出现的原因。			
任务目标	1. 知识目标:掌握错误日志的作用和操作命令格式方法。 2. 技能目标:能够使用命令行完成启动和设置、查看、删除和重建错误日志的操作。 3. 素质目标:培养严谨的工作态度,以及发现问题、分析问题、解决问题的能力。			
任务要求	按本任务后面列出的具体任务内容,完成错误日志管理操作。			
课前知识链接	1. 观看在线学习平台课前发布的视频。 2. 完成课前发布的任务测试。 任务 8.2 课程预习			
任务实施	(1) 启动和设置错误日志。 (2) 查看错误日志。 (3) 删除和重建错误日志。			
任务实施总结				
	任务检查			
任务检查与评估	1. 能否启动和设置错误日志。 2. 能否查看二进制日志。 3. 能否删除和重建错误日志。			
	任务评估			
	评估项目	评估结果		
	是否小组合作完成任务操作	□是　　□否		
	能否独立完成任务操作	□不能　　□基本能够　　□能		
	自我评价任务操作	□仅能理解　　□不会操作 □会操作不理解　　□能理解会操作		
	改进措施			
任务点评				

相关知识

错误日志文件包含了 MySQL 服务器启动、运行或停止时的错误信息及警告信息。

8.2.1 启动和设置错误日志

在默认情况下,错误日志会记录至数据库的数据目录下。如果没有在配置文件中指定文件名,则文件名默认为 hostname.err。例如,若 MySQL 所在的服务器主机名为 MySQL-db,则记录错误信息的文件名为 MySQL-db.err。如果执行了 FLUSH LOGS 语句,则错误日志文件会重新加载。

错误日志的启动和停止以及指定日志文件名,都可以通过修改 my.ini(或者 my.cnf)来配置。在[MySQLd]下配置 log-error,即可启动错误日志。如果需要指定文件名,则配置如下:

```
[MySQLd]
log-error=[path/[file_name]]
```

其中,path 为日志文件所在的目录路径,file_name 为日志文件名。

8.2.2 查看错误日志

通过错误日志可以监视系统的运行状态,便于及时发现、修复故障。MySQL 错误日志是以文本文件形式存储的,可以使用文本编辑器直接查看。

如果不知道日志文件的存储路径,可以使用 SHOW VARIABLES 语句查询错误日志的存储路径。

8.2.3 删除和重建错误日志

MySQL 的错误日志是以文本文件的形式存储在文件系统中的,可以直接删除。

在运行状态下删除错误日志文件后,MySQL 并不会自动创建日志文件。如果日志文件不存在,FLUSH LOGS 语句在重新加载日志时,则会自动创建。

 **任务实施**

1. 任务内容

(1) 启动和设置错误日志。

(2) 查看错误日志。

(3) 删除和重建错误日志。

2. 实施步骤

(1) 设置和启动错误日志

【例 8-9】 把 MySQL 错误日志路径设置为当前路径,文件名为 HCHLCOMPUTER.err,然后启动,结果如图 8.6 所示。

修改配置项后,需要重启 MySQL 服务后才能生效。

（2）查看错误日志

【例 8-10】 使用记事本查看 MySQL 错误日志。

通过 SHOW VARIABLES 语句查询错误日志的存储路径和文件名。

```
SHOW VARIABLES like 'log_error'
```

运行结果如图 8.7 所示。

```
#binlog_format="STATEMENT"
#binlog_format="ROW"
binlog_format="MIXED"
Error Logging.
log-error="HCHLCOMPUTER.err"
```

图 8.6 设置和启动错误日志

```
+---------------+------------------+
| Variable_name | Value            |
+---------------+------------------+
| log_error     | .\HCHLCOMPUTER.err |
+---------------+------------------+
1 row in set, 1 warning (0.01 sec)
```

图 8.7 查询错误日志的存储路径和文件名

可以看到错误的文件是 HCHLCOMPUTER.err，位于 MySQL 默认的数据目录下，打开该文件，可以看到 MySQL 的错误日志，如图 8.8 所示。

```
■ HCHLCOMPUTER.err - 记事本                                    —   □   ×
文件(F) 编辑(E) 格式(O) 查看(V) 帮助(H)
2019-12-31T02:55:59.148145Z 0 [Warning] [MY-010909] [Server] C:\Program Files\MySQL\MySQL Server
8.0\bin\mysqld.exe: Forcing close of thread 8  user: 'root'.
2019-12-31T02:56:00.054072Z 0 [System] [MY-010910] [Server] C:\Program Files\MySQL\MySQL Server
8.0\bin\mysqld.exe: Shutdown complete (mysqld 8.0.12)  MySQL Community Server - GPL.
2019-12-31T02:56:01.003898Z 0 [Warning] [MY-011068] [Server] The syntax 'expire-logs-days' is deprecated
and will be removed in a future release. Please use binlog_expire_logs_seconds instead.
2019-12-31T02:56:01.004052Z 0 [Warning] [MY-011071] [Server] option 'read_buffer_size': unsigned value 0
adjusted to 8192
2019-12-31T02:56:01.004096Z 0 [Warning] [MY-011071] [Server] option 'read_rnd_buffer_size': unsigned
value 0 adjusted to 1
2019-12-31T02:56:01.004278Z 0 [Warning] [MY-010915] [Server] 'NO_ZERO_DATE', 'NO_ZERO_IN_DATE' and
'ERROR_FOR_DIVISION_BY_ZERO' sql modes should be used with strict mode. They will be merged with strict
mode in a future release.
2019-12-31T02:56:01.009634Z 0 [System] [MY-010116] [Server] C:\Program Files\MySQL\MySQL Server
8.0\bin\mysqld.exe (mysqld 8.0.12) starting as process 8972
2019-12-31T02:56:03.554706Z 0 [Warning] [MY-010068] [Server] CA certificate ca.pem is self signed.
2019-12-31T02:56:03.655395Z 0 [System] [MY-010931] [Server] C:\Program Files\MySQL\MySQL Server
8.0\bin\mysqld.exe: ready for connections. Version: '8.0.12'  socket: ''  port: 3306  MySQL Community Server -
GPL.
```

图 8.8 错误日志部分内容

图 8.8 所示是错误日志文件的部分内容，记录了一些系统错误。

（3）删除和重建错误日志

【例 8-11】 若要在删除错误日志之后，重建错误日志文件，可在服务器端执行以下命令：

```
C:\Program Files\MySQL\MySQL Server 8.0\bin>mysqladmin -u root -p flush-logs
```

或者在客户端登录 MySQL 数据库，执行 FLUSH LOGS 语句：

```
mysql> FLUSH LOGS;
Query OK, 0 rows affected (0.03 sec)
```

任务 8.3　通用查询日志管理

完成通用查询日志管理的任务,见任务工单 8-3。

任务工单 8-3　通用查询日志管理

任务名称	通用查询日志管理		课时	
组别		成员	小组成绩	
学号		姓名	综合成绩	
任务情境	如果公司数据库管理员想知道在数据库中执行了哪些查询操作、插入操作、更新操作等,可以通过查找通用查询日志来实现。			
任务目标	1. 知识目标:掌握通用查询日志的作用和操作命令格式的方法。 2. 技能目标:能够使用命令行完成通用查询日志启动和设置、查看、删除以及重建操作。 3. 素质目标:培养严谨的工作态度、发现问题、分析问题、解决问题以及团队协作的能力。			
任务要求	按本任务后面列出的具体任务内容,完成通用查询日志管理操作。			
课前知识链接	1. 观看在线学习平台课前发布的视频。 2. 完成课前发布的任务测试。 任务 8.3 课程预习			
任务实施	(1) 启动和设置通用查询日志。 (2) 查看通用查询日志。 (3) 删除和重建通用查询日志。			
任务实施总结				
任务检查				
	1. 能否启动和设置通用查询日志。 2. 能否查看通用查询日志。 3. 能否删除和重建通用查询日志。			
任务检查与评估	任务评估			
	评估项目	评估结果		
	是否小组合作完成任务操作	□是　　　　□否		
	能否独立完成任务操作	□不能　　□基本能够　　□能		
	自我评价任务操作	□仅能理解　　　　□不会操作 □会操作不理解　　□能理解会操作		
	改进措施			
任务点评				

相关知识

通用查询日志记录 MySQL 的所有用户操作,包括启动和关闭服务、执行查询和更新语句等。本任务将介绍通用查询日志的启动、查看、删除等内容。

8.3.1 启动和设置通用查询日志

MySQL 服务器默认情况下并没有开启通用查询日志。如果需要启动通用查询日志,可以通过修改 my.ini(或 my.cnf)配置文件来开启。

如果需要设置文件名,则在 my.ini(或 my.cnf)的[MySQLd]组中找到 general_log_file 配置项,配置如下:

```
general_log_file=[path/[file_name]]
```

其中,path 为日志文件所在目录路径,file_name 为日志文件名。如果不指定目录和文件名,通用查询日志将默认存储在 MySQL 数据目录中的 hostname.log 文件中,hostname 是 MySQL 数据库的主机名。

8.3.2 查看通用查询日志

通用查询日志中记录了用户的所有操作。通过查看通用查询日志,可以了解用户对 MySQL 进行的操作。通用查询日志是以文本文件的形式存储在文件系统中的,可以使用文本编辑器直接查看,Windows 系统下可以使用记事本,Linux 系统下可以使用 vim、gedit 等。

8.3.3 删除和重建通用查询日志

通用查询日志记录用户的所有操作,因此在用户查询、更新频繁的情况下,通用查询日志的磁盘空间占用量会增长得很快。数据库管理员可以定期删除比较早的通用日志,以节省磁盘空间。

通用查询日志是以文本文件的形式存储在文件系统中的,可以用直接删除日志文件的方式删除通用查询日志。要重新建立新的日志文件,可使用语句 MySQLadmin -FLUSH LOGS。

 **任务实施**

1. 任务内容

(1) 启动和设置通用查询日志。
(2) 查看通用查询日志。
(3) 删除和重建通用查询日志。

2. 实施步骤

(1) 设置和启动通用查询日志

【例 8-12】 若要开启通用查询日志,并把通用查询日志路径设置为当前路径,文件名为 HCHLCOMPUTER.log。则在 my.ini(或 my.cnf)的[MySQLd]组中找到 general-log 配置项,将其值修改为 1 即可。

```
[MySQLd]
general-log = 1
```

然后把默认的 general_log_file 配置为：

```
general_log_file="HCHLCOMPUTER.log"
```

运行结果如图 8.9 所示。

mode="STRICT_TRANS_TABLES,NO_ENGINE_SUBSTITUTION"
# General and Slow logging.
log-output=FILE
general-log=1
general_log_file="HCHLCOMPUTER.log"

图 8.9　设置和启动通用查询日志

(2) 查看通用查询日志

【例 8-13】 使用记事本查看 MySQL 通用查询日志。

使用记事本打开 C:\ProgramData\MySQL\MySQL Server 8.0\Data 目录下的 HCHLCOMPUTER.log，可以看到如图 8.10 所示的内容。

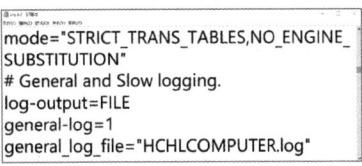

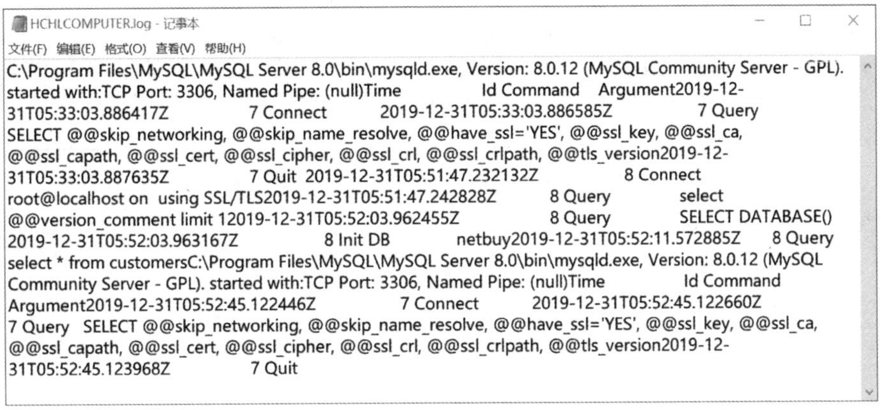

HCHLCOMPUTER.log - 记事本
文件(F) 编辑(E) 格式(O) 查看(V) 帮助(H)
C:\Program Files\MySQL\MySQL Server 8.0\bin\mysqld.exe, Version: 8.0.12 (MySQL Community Server - GPL). started with:TCP Port: 3306, Named Pipe: (null)Time Id Command Argument2019-12-31T05:33:03.886417Z 7 Connect 2019-12-31T05:33:03.886585Z 7 Query SELECT @@skip_networking, @@skip_name_resolve, @@have_ssl='YES', @@ssl_key, @@ssl_ca, @@ssl_capath, @@ssl_cert, @@ssl_cipher, @@ssl_crl, @@ssl_crlpath, @@tls_version2019-12-31T05:33:03.887635Z 7 Quit 2019-12-31T05:51:47.232132Z 8 Connect root@localhost on using SSL/TLS2019-12-31T05:51:47.242828Z 8 Query select @@version_comment limit 12019-12-31T05:52:03.962455Z 8 Query SELECT DATABASE() 2019-12-31T05:52:03.963167Z 8 Init DB netbuy2019-12-31T05:52:11.572885Z 8 Query select * from customersC:\Program Files\MySQL\MySQL Server 8.0\bin\mysqld.exe, Version: 8.0.12 (MySQL Community Server - GPL). started with:TCP Port: 3306, Named Pipe: (null)Time Id Command Argument2019-12-31T05:52:45.122446Z 7 Connect 2019-12-31T05:52:45.122660Z 7 Query SELECT @@skip_networking, @@skip_name_resolve, @@have_ssl='YES', @@ssl_key, @@ssl_ca, @@ssl_capath, @@ssl_cert, @@ssl_cipher, @@ssl_crl, @@ssl_crlpath, @@tls_version2019-12-31T05:52:45.123968Z 7 Quit

图 8.10　查看通用查询日志

图 8.10 所示是通用查询日志的部分内容，可以看到 MySQL 启动信息和用户 root 连接服务器与执行查询语句的记录。不同用户打开的通用查询日志文件内容有所不同。

(3) 删除和重建通用查询日志

【例 8-14】 直接删除 MySQL 通用查询日志，然后重建一个新的通用查询日志文件。

直接删除数据目录下的通用查询日志文件 HCHLCOMPUTER.log，然后执行以下语句重建一个新的通用查询日志文件。

```
C:\Program Files\MySQL\MySQL Server 8.0\bin>mysqladmin -u root -p flush-logs
```

运行结果如图 8.11 所示。可以看到在数据目录中已经重建了一个通用查询日志文件 HCHLCOMPUTER.log。

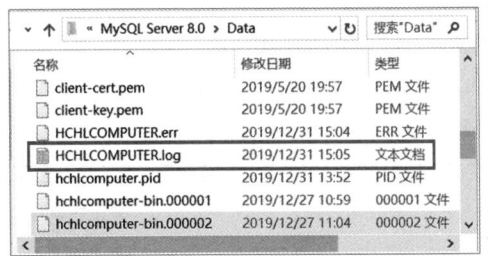

图 8.11　重建通用查询日志

任务8.4 慢查询日志管理

完成慢查询日志管理的任务,见任务工单8-4。

任务工单8-4 慢查询日志管理

任务名称	慢查询日志管理			课时	
组别		成员		小组成绩	
学号		姓名		综合成绩	
任务情境	公司要求如果数据库执行语句超过2s就定义为执行速度比较慢,数据库管理员现想找到执行速度比较慢的语句有哪些,然后采取相应的方法对其进行优化。				
任务目标	1. 知识目标:掌握慢查询日志的作用和操作命令格式的方法。 2. 技能目标:能够使用命令行完成慢查询日志启动和设置、查看、删除以及重建操作。 3. 素质目标:培养严谨的工作态度,发现问题、分析问题和解决问题以及自主学习的能力。				
任务要求	按本任务后面列出的具体任务内容,完成慢查询日志管理操作。				
课前知识链接	1. 观看在线学习平台课前发布的视频。 2. 完成课前发布的任务测试。				任务8.4课程预习
任务实施	(1) 启动和设置慢查询日志。 (2) 查看慢查询日志。 (3) 删除和重建慢查询日志。				
任务实施总结					
任务检查与评估	任务检查				
	1. 能否启动和设置慢查询日志。 2. 能否查看慢查询日志。 3. 能否删除和重建慢查询日志。				
	任务评估				
	评估项目	评估结果			
	是否小组合作完成任务操作	□是	□否		
	能否独立完成任务操作	□不能	□基本能够	□能	
	自我评价任务操作	□仅能理解 □会操作不理解		□不会操作 □能理解会操作	
	改进措施				
任务点评					

相关知识

慢查询日志是记录查询时长超过指定时间的日志。慢查询日志主要用来记录执行时间较长的查询语句。通过慢查询日志,可以找出执行时间较长、执行效率较低的语句,然后进行优化。

8.4.1 启动和设置慢查询日志

可以通过修改 my.ini(或 my.cnf)配置文件来开启或关闭慢查询日志。在 my.ini(或 my.cnf)的[MySQLd]组中找到 slow-query-log 配置项,如果设置为启动,则把 slow-query-log 配置项的值设置为 1,否则设置为 0。

启动慢查询日志时,需要在 my.ini(或 my.cnf)文件中配置 long_query_time 选项指定记录阈值,默认值为 10 s,如果某条查询语句的查询时间超过该值,则这个查询过程将被记录到慢查询日志文件中。

如果需要设置文件名,则在 my.ini(或 my.cnf)的[MySQLd]组中找到 slow_query_log_file 配置项,配置如下:

```
slow_query_log_file=[path/[file_name]]
```

其中,path 为慢查询日志文件所在目录路径,file_name 为慢查询日志文件名。如果不指定目录和文件名,通用查询日志将默认存储在 MySQL 数据目录中的 hostname-slow.log 文件中,hostname 是 MySQL 数据库的主机名。

8.4.2 查看慢查询日志

MySQL 的慢查询日志是以文本形式存储的,可以直接使用文本编辑器查看。用户可以从慢查询日志中获取执行效率较低的查询语句,为查询优化提供重要的依据。

8.4.3 删除和重建慢查询日志

慢查询日志也可以直接删除。删除后在不重启服务器的情况下,需要执行 MySQLadmin -u root -p flush-logs 重新生成日志文件,或者通过客户端登录到服务器执行 FLUSH LOGS 语句重建日志文件。

 **任务实施**

1. 任务内容

(1)启动和设置慢查询日志。
(2)查看慢查询日志。
(3)删除和重建慢查询日志。

2. 实施步骤

(1)设置和启动慢查询日志

【例 8-15】 开启慢查询日志,并修改最长查询时间参数为 2 s,将慢查询日志路径设置为当前路径,文件名为 HCHLCOMPUTER-slow.log。

首先在my.ini(或my.cnf)的[MySQLd]组中找到slow-query-log配置项,将其值修改为1。

```
[MySQLd]
slow-query-log = 1
```

然后将默认的long_query_time配置为：

```
[MySQLd]
long_query_time = 2
```

最后将默认的slow_query_log_file配置为：

```
slow_query_log_file = "HCHLCOMPUTER-slow.log"
```

运行结果如图8.12所示。

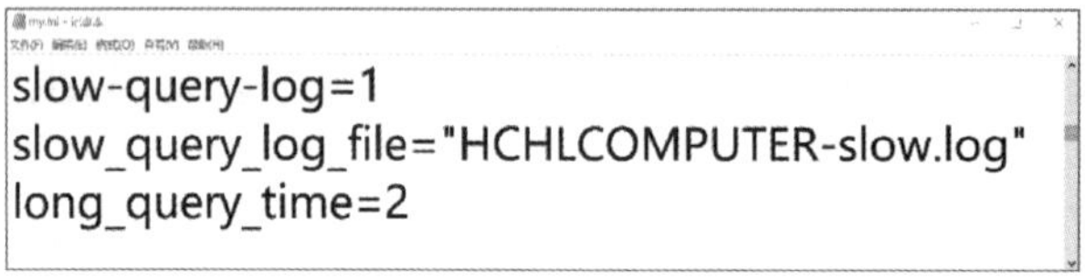

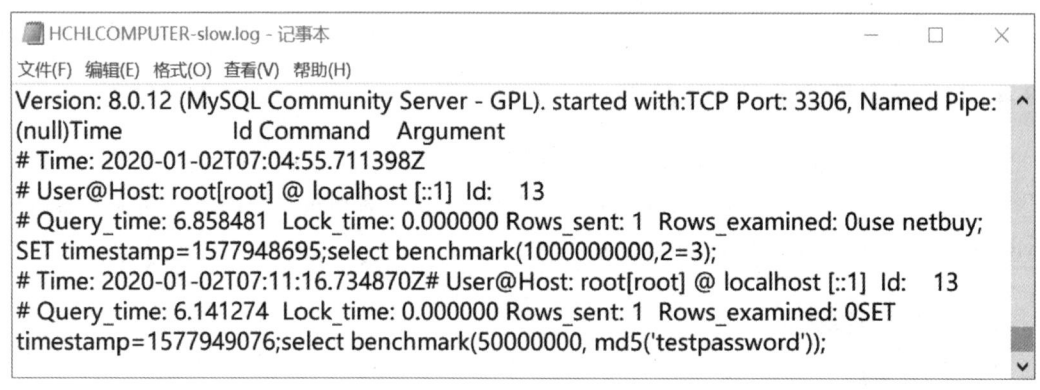

图8.12 设置和启动慢查询日志

(2) 查看慢查询日志

【例8-16】 使用记事本查看MySQL通用查询日志。

使用记事本打开C:\ProgramData\MySQL\MySQL Server 8.0\Data目录下的HCHLCOMPUTER-slow.log,可以看到如图8.13所示的内容。

图8.13 查看慢查询日志

从图8.13中可以看到记录的一条慢查询日志。执行该条查询语句的账户是root[root]@localhost,查询时间是6.858 481 s,查询语句是"select benchmark(1000000000, 2=3);",该语句的查询时间超过了2 s,因此被记录在慢查询日志文件中。

(3) 删除和重建慢查询日志

【例8-17】 在删除慢查询日志之后,重建慢查询日志文件。

在服务器端执行以下命令：

```
C:\Program Files\MySQL\MySQL Server 8.0\bin>mysqladmin -u root -p flush-logs
```

或者在客户端登录 MySQL 数据库，执行 FLUSH LOGS 语句：

```
mysql> FLUSH LOGS;
Query OK, 0 rows affected (0.03 sec)
```

项目拓展实训　MySQL 日志操作

一、实训目的和要求

1. 掌握二进制日志启动、设置、查看、删除、暂停以及恢复的方法。
2. 掌握使用二进制日志文件恢复数据库的方法。
3. 掌握错误日志启动、设置、查看、删除以及重建的方法。
4. 掌握通用查询日志启动、设置、查看、删除以及重建的方法。
5. 掌握慢查询日志启动、设置、查看、删除以及重建的方法。

二、实训条件

MySQL、Navicate for MySQL

三、实训内容

1. 开启和设置二进制日志。查看、删除、暂停和恢复二进制日志等操作。
2. 使用二进制日志恢复数据。
3. 开启和设置错误日志，查看、删除、重建错误日志。
4. 开启和设置通用查询日志，查看、删除、重建通用查询日志。
5. 开启和设置慢查询日志，查看、删除、重建慢查询日志。

四、实训分析与总结

1. 对实训中遇到的问题进行分析、讨论。
2. 对实训过程、方法进行总结。

本项目主要介绍了 MySQL 不同类型的日志文件，从日志当中可以查询到 MySQL 数据库的运行情况、用户操作、错误信息等，为 MySQL 管理和优化提供必要的信息。

自测习题

一、选择题

1. 在开发环境中优化查询效率低的语句,可以开启(　　)。
   A. 慢查询日志　　B. 二进制日志　　C. 通用查询日志　　D. 错误日志

2. 如果需要记录数据的变更,可以开启(　　)。
   A. 错误日志　　B. 二进制日志　　C. 快查询　　D. 通用查询日志

3. 以下关于日志说法错误的是(　　)。
   A. 日志开启太多会影响 MySQL 的性能
   B. 根据不同的使用环境,可以考虑开启不同的日志
   C. 基于二进制日志的特性,不仅可以用来进行数据恢复,还可用于数据复制
   D. 所有日志文件都要去设置开启

4. 在启动慢查询日志时,需要在 my ini(或 my.cnf)文件中配置(　　)选项指定记录阈值。
   A. long_query_time
   B. slow-query-log
   C. log-output
   D. slow_query_log_file

5. 以下哪项不能刷新日志。(　　)
   A. FLUSH LOGS
   B. MySQLadmin FLUSH-LOG
   C. MySQLadmin REFRESH
   D. SHOW LOGS

二、简答题

1. 简述不同的应用场景下应该打开哪些日志。
2. 简述如何使用二进制日志。
3. 简述如何使用慢查询日志。
4. (企业面试题)MySQL 日志文件有哪些? 分别介绍其作用?
5. (企业面试题)作为数据库系统工程师,你发现 MySQL 数据库出现了严重的错误,并且无法启动,简述如何利用 MySQL 错误日志来分析和解决该问题。

项目9 "在线购物商城"系统的数据库安全与性能优化

 项目导读

数据库安全与性能优化是MySQL数据库管理系统中的一项重要操作。数据库中存储着重要的客户和资源信息,这些无形的资产十分宝贵,必须对其进行严格的保护。有时尽管采取了严格的管理措施来保证数据库的安全,但总是有不确定因素可能造成数据的意外损失,如停电、施工等,保证数据安全的最重要的一个措施是确保对数据进行定期备份。这样如果数据库中的数据丢失或者出现错误,可以使用备份的数据进行还原,尽可能地减少因意外导致的损失。

除了保证数据库的安全之外,优化MySQL数据库也是数据库管理员的必备技能。性能优化后可以使MySQL数据库运行速度更快,占用的磁盘空间更小。不管是在进行数据库表结构设计,还是在创建索引、创建查询数据库操作时,都需要注意数据库的性能优化。

 项目目标

➢ **知识目标**
1. 了解数据库安全概念。
2. 掌握用户的创建、删除方法。
3. 掌握用户的权限授予、查看和收回操作。
4. 掌握数据库的数据备份和还原操作。

➢ **技能目标**
1. 能够进行用户的创建与删除。
2. 能够进行用户的权限授予、查看和收回。
3. 能够进行数据库的数据备份和还原。

➢ **素质目标**
1. 培养分析问题、解决问题的探究能力。
2. 培养数据安全意识、敬业的职业精神。
3. 培养规范意识与大局意识。

思政小课堂

目前,全球已进入数据作为关键生产要素的数字经济时代,数据成为推动社会经济发展的核心动能,数据驱动的数字中国、数字政府和数字化转型等正在悄然重塑整个社会的社会活动和经济活动。2021年9月1日起正式施行《数据安全法》,这是我国首部数据安全领域的基础性立法,聚焦数据安全领域的突出问题,确立了数据分类分级管理,建立了数据安全风险评估、监测预警、应急处置,数据安全审查等基本制度,并明确了相关主体的数据安全保护义务。

数据是网络运行的核心载体和关键内容,涉及政治、经济、外交、军事、科技、生物等方面的敏感数据一旦泄露,容易被恶意利用,对国家安全造成重大危害。如果形成数据垄断和霸权,将出现一系列政治经济问题。因此,数据库开发人员须学习《数据安全法》及相关法律法规,坚持总体国家安全观,提高数据库安全保障能力,履行数据库安全保护义务。

任务9.1 "在线购物商城"系统数据库用户与权限

 任务工单

完成数据库用户与权限的创建任务,见任务工单9-1。

任务工单9-1 数据库用户与权限的创建与管理

任务名称	数据库用户与权限的创建与管理		课时	
组别		成员	小组成绩	
学号		姓名	综合成绩	
任务情境	"在线购物商城"数据库与表创建好之后,需要根据需求创建用户,并对用户授予相应权限。一个数据库需要多少用户,每个用户可以从哪里登录,每个用户拥有哪些权限,这都是在创建与管理用户时必须考虑的问题。				
任务目标	1. 知识目标:掌握用户创建的方法、掌握权限管理的方法。 2. 技能目标:能够使用图形化工具和命令行创建用户和管理用户权限。 3. 素质目标:培养严谨的工作态度和自律意识。				
任务要求	按本任务后面列出的具体任务内容,完成用户的创建、权限的管理。				
课前知识链接	1. 观看在线学习平台课前发布的视频。 2. 完成课前发布的任务测试。 任务9.1课程预习				
任务实施	(1) 使用图形界面创建用户 eason。 (2) 使用命令行创建用户 lily。 (3) 使用图形界面授予用户 eason 对 goods 表的 SELECT、INSERT、UPDATE、DELETE 权限。 (4) 使用命令行授予用户 lily 对 goods 表的 SELECT、INSERT、UPDATE、DELETE 权限。 (5) 使用图形界面撤销用户 eason 对 goods 表的 INSERT、UPDATE 权限。 (6) 使用命令行撤销用户 lily 对 goods 表的 INSERT、UPDATE 权限。				
任务实施总结					
任务检查与评估	任务检查				
	1. 能否正确创建用户。 2. 能否正确进行用户权限管理。				
	任务评估				
	评估项目	评估结果			
	是否小组合作完成任务操作	□是	□否		
	能否独立完成任务操作	□不能	□基本能够	□能	
	自我评价任务操作	□仅能理解 □会操作不理解		□不会操作 □能理解会操作	
	改进措施				
任务点评					

相关知识

9.1.1 用户的创建与管理

1. 使用图形界面创建用户账号

以创建一个名为 jxcia、密码为 12345678、主机名为 localhost 的新用户为例,使用图形界面创建用户。

(1) 打开 Navicat for MySQL 控制台,双击连接名,点击"用户",打开用户列表界面,如图 9.1 所示。

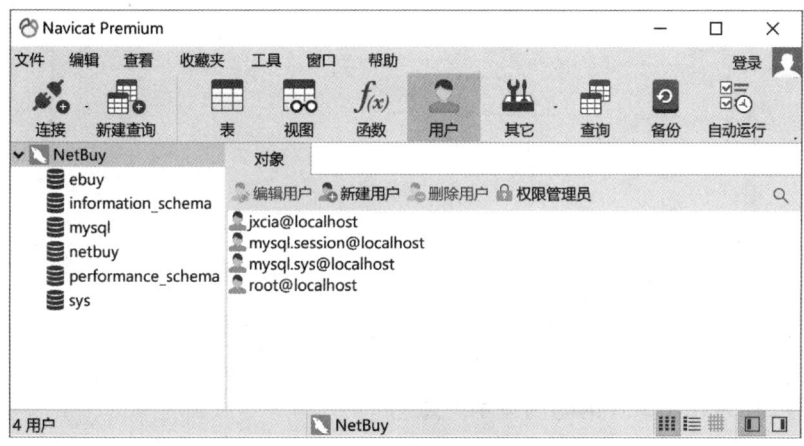

图 9.1 用户列表界面

(2) 单击工具栏上的"新建用户",输入用户名"jxcia"、主机"localhost"、密码"12345678"、确认密码"12345678",如图 9.2 所示。

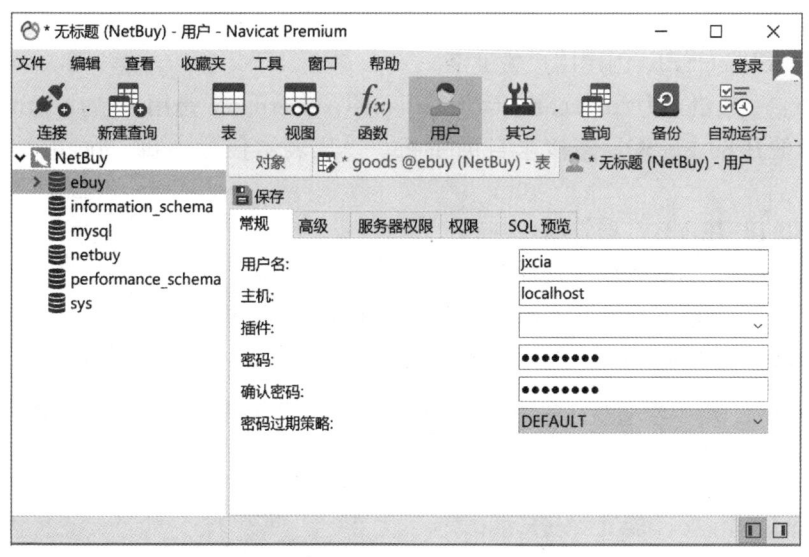

图 9.2 创建用户对话框

(3) 输入完成后,单击"保存按钮"(或者使用〈Ctrl+S〉快捷键),即可完成用户的创建。

(4) 用户创建完成后,可以使用该用户新建一个连接,点击"新建连接"对话框中的"测试连接",测试该用户是否连接成功,如图9.3所示。

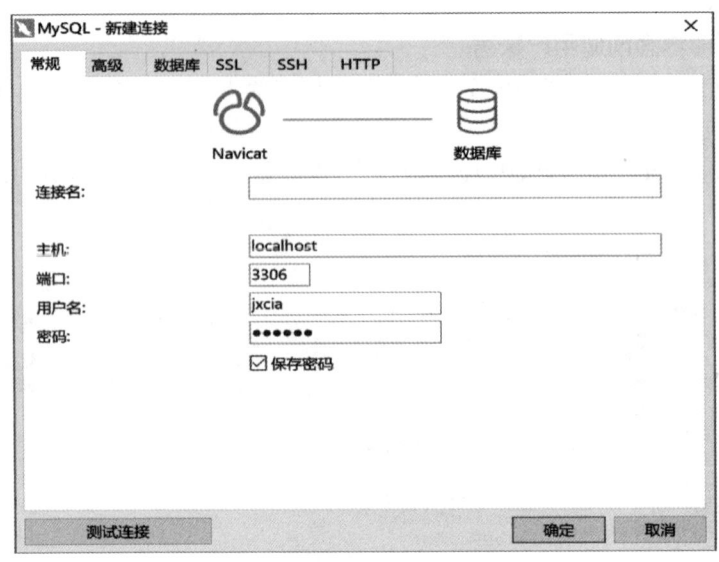

图 9.3　测试用户是否连接成功

2. 使用 CREATE USER 语句创建用户账号

使用 CREATE USER 分别创建能在本地主机、任意主机连接数据库的用户,并设置密码。语法格式如下:

```
CREATE USER user [IDENTIFIED BY [PASSWORD]'password']
[, user [IDENTIFIED BY [PASSWORD]'password'] ]...
```

说明:

① CREATE USER:创建用户关键字。

② user:一般格式为 'username'@'hostname'。username 是用户名;hostname 指定了创建用户时使用的 MySQL 连接来自的主机。'%' 表示任意主机,'localhost' 表示本地主机。

③ IDENTIFIED BY:指定用户密码。

④ PASSWORD:对密码进行加密。

⑤ 可以同时创建多个数据库用户,用户名之间用逗号分隔。

【例 9-1】　创建用户 king,可以从本地主机登录连接 MySQL 服务器,不需要密码。

```
mysql> CREATE USER'king'@'localhost';
```

或者

```
mysql> CREATE USER'king'@'127.0.0.1';
```

【例 9-2】　创建用户 david,可以从本地主机登录连接 MySQL 服务器,连接密码是 123456。

```
mysql> CREATE USER 'david'@'localhost' IDENTIFIED BY '123456';
```

【例 9-3】 创建用户 david，可以从登录任意主机登录连接 MySQL 服务器，连接密码是 123456。

```
mysql> CREATE USER 'david'@'%' IDENTIFIED BY '123456';
```

可以将例 9-2 和例 9-3 的需求合并，即创建两个用户，用户名为 david，分别可以从任意主机和本地主机登录连接 MySQL 服务器，连接密码是 123456。

```
mysql> CREATE USER 'david'@'%' IDENTIFIED BY '123456',
    'david'@'localhost' IDENTIFIED BY '123456';
```

创建的用户信息将保存在 user 表中，执行如下命令可以查看创建的用户情况。

```
mysql> SELECT user, host, password FROM user;
```

说明：

① 用户如果要使用 CREATE USER 语句，必须拥有 MySQL 数据库的全局 CREATE USER 权限或 INSERT 权限。CREATE USER 语句会在系统本身的 MySQL 数据库的 USER 表中添加一个新记录。

② 要先使用 USE MySQL 语句进入 MySQL 库，才能使用 CREATE USER 命令创建用户，下同。

（3）MySQL 允许无密码登录，但为了数据库的安全，最好设置密码。

（4）若两个账户有相同的用户名和密码，但主机不同，MySQL 也会将其视为不同的用户。比如，'david'@'localhost' 和 'david'@'%'。值得注意的是，'david'@'localhost' 只允许从本地主机连接 MySQL 服务器，'david'@'%' 可用于从任意主机连接 MySQL 服务器。

（5）用户名和密码不区分大小写。

3. 使用 GRANT 语句创建用户账号

GRANT 语法格式如下：

```
GRANT priv_type [(column_list)] [,priv_type[(column_list)]]…
    ON [object_type] {tbl_name| * | *.* |db_name.*}
    TO [user [IDENTIFIED BY [PASSWORD]'password']
    [, user[IDENTIFIED BY [PASSWORD]'password']]…
        [WITH with_option [with_option] ...]
```

说明：

① GRANT：创建用户并且授权的关键字。

② priv_type：权限类。授予哪些权限，具体权限分类见表 9.1。

③ object_type：数据库、表或视图对象。

④ WITH with_option：在授权时若带有该语句，则表示可以将该用户的权限转移给其他用户。

⑤ db_name.*：表示特定数据库的所有表。

⑥ *.*:表示所有数据库的所有表。

表 9.1　MySQL 权限类型

权限名称	名称
SELECT	允许用户查询表中的数据
INSERT	允许用户向表中插入新的数据
UPDATE	允许用户更新表中已有的数据
DELETE	允许用户删除表中的数据
CREATE	允许用户创建新的库和表
DROP	允许用户删除新的库和表
ALTER	允许用户修改已有的库和表结构
INDEX	允许用户创建和删除索引
CREATE VIEW	允许用户创建视图
SHOW VIEW	允许用户查看视图
GRANT OPTION	允许用户将拥有的权限授予给其他用户
CREATE USER	允许用户创建其他用户
CREATE ROUTINE	允许用户创建存储过程或存储函数
ALTER ROUTINE	允许用户修改存储过程或存储函数
EXECUTE	允许用户执行存储过程或存储函数
TRIGER	允许用户创建触发器
EVENT	允许用户创建事件
SHOW DATABASES	允许用户查看数据库

【例 9-4】　使用 GRANT 语句创建新账户 peter,要求可以从本地主机登录连接访问 netbuy 库,连接密码为 123123,拥有对数据库 netbuy 的所有表进行 SELECT、INSERT、UPDATE、DELETE、CREATE 和 DROP 操作的权限。

```
mysql> GRANT SELECT, INSERT, UPDATE, DELETE, CREATE, DROP ON netbuy.*
       TO 'peter'@'localhost' IDENTIFIED BY '123123';
```

说明:

(1) GRANT 命令除了具有授予权限的功能外,还能创建一个新用户并为用户授权,但必须为用户指定密码。

(2) GRANT 语句会自动给密码加密,因此不需要使用 PASSWORD 语句加密。

(3) 可以同时创建多个数据库用户,数据库用户名与数据库用户名之间用逗号分隔。

4. 使用图形界面修改用户账号和密码

(1) 打开 Navicat for MySQL 控制台,双击连接名,点击"用户"按钮,打开用户列表界面。

（2）右键单击用户列表中的"jxcia@localhost"，选择"编辑用户"菜单（或者单击工具栏上的"编辑用户"按钮），打开修改用户对话框，如图9.4所示。

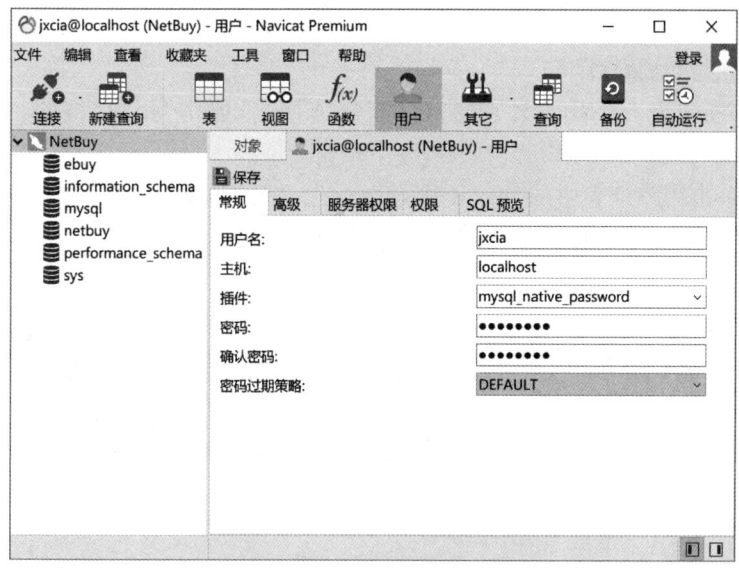

图 9.4 修改用户

（3）输入新的密码 jxcia123，输入完成后，单击"保存"按钮即可。

5. 使用命令行修改用户账号和密码

（1）使用 SET PASSWORD 语句修改用户密码。

只有 root 用户才可以设置或修改当前用户（或其他特定用户）的密码。语法格式如下：

SET PASSWORD [FOR user] = PASSWORD('newpassword')

说明：

① SET PASSWORD：修改用户连接密码的关键字。

② FOR user：表示修改当前主机上特定用户的密码。如果不添加 FOR user，则表示修改当前用户的密码。

【例 9-5】 修改 david 的密码为 queen。

mysql> SET PASSWORD FOR 'david'@'localhost' = PASSWORD('queen');

（2）使用 RENAME 语句重命名用户名。

语法格式如下：

RENAME USER old_user TO new_user, [, old_user TO new_user] ...

说明：

① RENAME USER：修改用户名的关键字。

② old_user：用户的旧名称；new_user：用户的新名称。

③ 要使用 RENAME USER，必须拥有全局 CREATE USER 权限或 MySQL 数据库 UPDATE 权限。

④ 如果旧账户不存在或者新账户已存在,则会出现错误。

【例 9-6】 修改 david 用户名为 ken。

```
mysql> RENAME USER david @localhost to 'ken'@'localhost';
```

6. 使用图形界面删除用户

(1) 打开 Navicat for MySQL 控制台,双击连接名,点击"用户"按钮,打开用户列表界面。

(2) 右键单击用户列表中的"jxcia@localhost",选择"删除用户"菜单;或者单击工具栏上的"删除用户"按钮,即可删除用户,如图 9.5 所示。

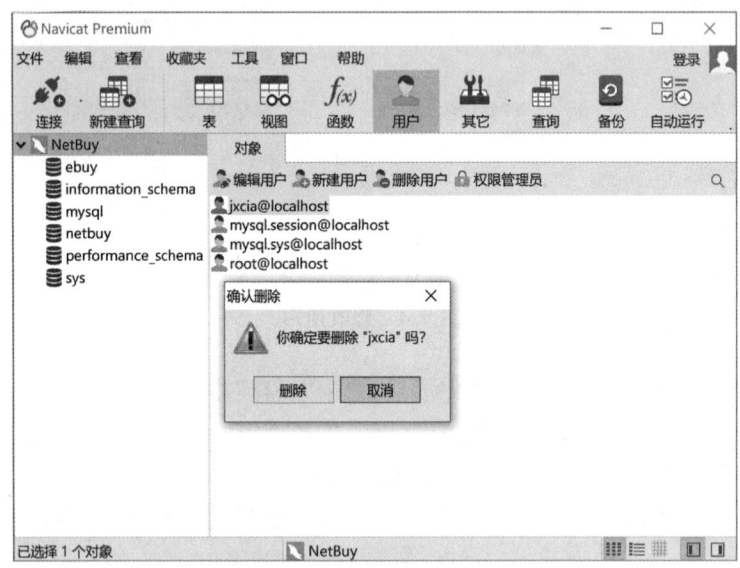

图 9.5 删除用户

(3) 点击"删除",完成用户删除。

7. 使用 DROP USER 语句删除用户

使用 DROP USER 语句删除用户,必须拥有 DROP USER 权限。DROP USER 语句的语法格式如下:

```
DROP USER user, [user],...
```

【例 9-7】 删除用户 jxcia。

```
mysql> DROP USER 'jxcia'@'localhost';
```

9.1.2 权限的管理

MySQL 的用户权限管理主要包括以下方面:

(1) 设置用户拥有访问数据库、表的权限;

(2) 设置用户拥有的操作权限(SELECT、CREATE、UPDATE、DELETE 等);

(3) 设置用户使用指定 IP 访问的权限;

（4）设置用户是否可以给其他用户授权的权限。

1. 使用图形界面授权

以给用户 jxcia@localhost 添加 SELECT、INSERT、UPDATE、DELETE 权限为例。

（1）打开 Navicat for MySQL 控制台，双击连接名，点击"用户"按钮，打开用户列表界面。

（2）右键单击用户列表中的 jxcia@localhost，选择"编辑用户"菜单；或者单击工具栏上的"编辑用户"按钮，进入编辑用户界面，然后点击"权限"选项卡，如图 9.6 所示。

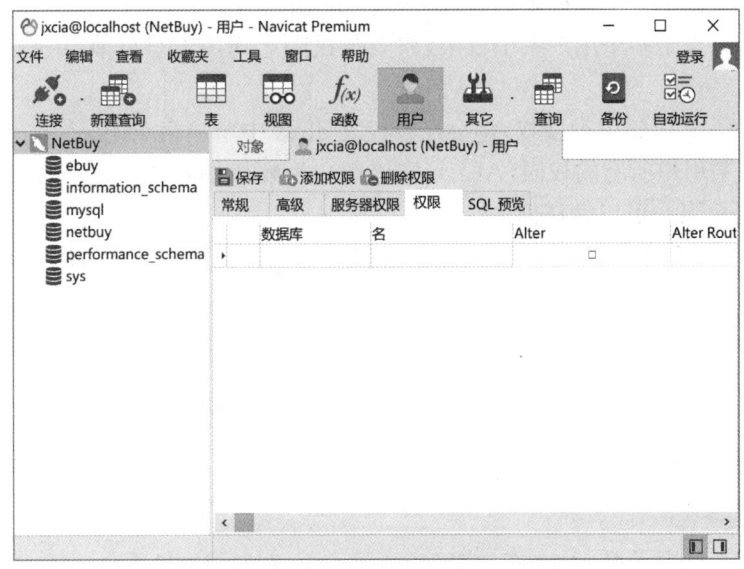

图 9.6　修改用户权限对话框

（3）点击"添加权限"按钮，进入添加权限对话框，选择 customers 表，勾选"Delete""Insert""Select""Update"，如图 9.7 所示，单击"确定"按钮后返回。

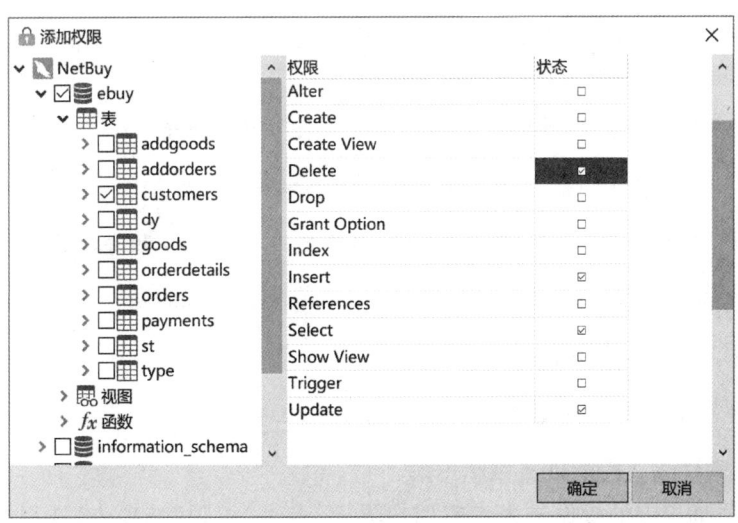

图 9.7　添加权限

2. 使用 GRANT 语句授权

新创建的用户暂无任何权限，因此不能访问数据库，也不能进行任何操作。针对不同用户对数据库的实际操作要求，分别授予用户对特定表的特定字段、特定表、数据库的特定权限。

说明：

① 对于列权限，权限的值只能选择 SELECT、INSERT 和 UPDATE。权限的后面需要加上列名。

② 可以同时授予多个列权限，列名与列名之间用逗号分隔。

③ 可以同时授予多个用户多个权限，权限与权限之间用逗号分隔，用户名与用户名之间用逗号分隔。

④ 用 GRANT 语句进行授权，将会在授权表 db 表中增加相应记录。

⑤ 若授予某用户所有的权限（ALL），则该用户为超级用户账户，表示该用户具有完全的权限（即全局权限），可以做任何事情。

【例 9-8】 授予用户 david 在 customers 表 c_id 列和 c_name 列上的 UPDATE 权限。

```
mysql> GRANT UPDATE(c_id, c_name) ON customers TO
       'david'@'localhost';
```

【例 9-9】 授予用户 peter、Tom 查看和更新 netbuy 库 orders 表的权限。

```
mysql> GRANT SELECT, UPDATE ON netbuy.orders
       TO 'peter'@'localhost', 'Tom'@'localhost';
```

【例 9-10】 授予用户 peter 在 customers 表上定义索引的权限。

```
mysql> GRANT INDEX ON netbuy.customers TO 'peter'@'localhost';
```

【例 9-11】 授予用户 king 对 netbuy 库所有表有 SELECT，INSERT，UPDATE，DELETE，CREATE，DROP 的权限。

```
mysql> GRANT SELECT,INSERT,UPDATE,DELETE,CREATE,DROP
       ON netbuy.* TO 'king'@'localhost';
```

【例 9-12】 授予用户 david 对 netbuy 库所有表所有的权限。

```
mysql> GRANT ALL ON netbuy.* TO 'david'@'localhost';
```

【例 9-13】 授予用户 stone 为 netbuy 数据库创建存储过程和存储函数权限。

```
mysql> GRANT CREATE ROUTINE ON netbuy.* TO 'stone'@'localhost';
```

【例 9-14】 授予用户 stone 创建用户的权限。

```
mysql> GRANT CREATE USER ON *.* TO 'stone'@'localhost';
```

3. 用图形界面修改权限或者撤销权限

根据前文添加权限的操作进入编辑用户界面，点击"权限"选项卡，选择相应权限进行修改或撤销，如图 9.8 所示。

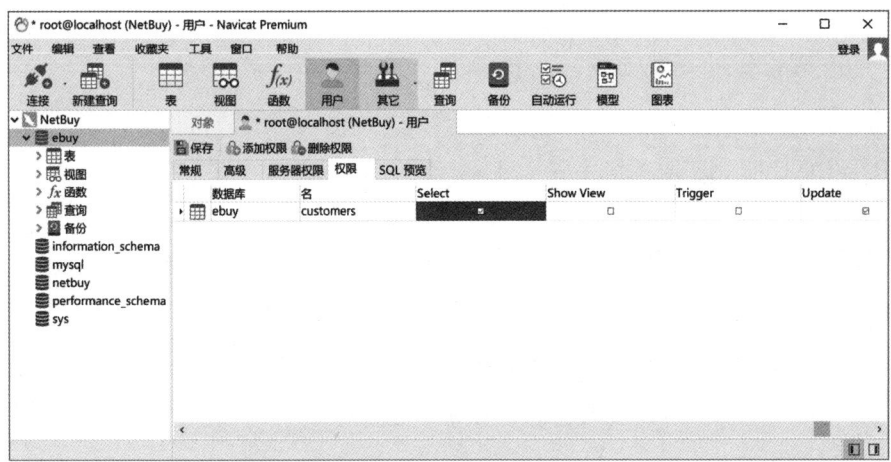

图 9.8 修改与撤销权限

4. 通过修改 MySQL 授权表实现授予、修改或者撤消用户权限

说明：

① 直接操作 user 表进行授权，表示指定全局权限，即对数据库的所有对象有相应的权限，例如例 9-14。

② 修改 db 表的授权，表示对特定数据库的授权，例如，例 9-15。

③ 授权表也可以像其他表一样使用 INSERT、UPDATE 或 DELETE 命令手动修改，但是需要先执行 FLUSH PRIVILEGES 语句，即告诉服务器重载授权表，使权限更改生效。

【例 9-15】 授予用户 peter 查看、插入和更新数据的权限，同时修改密码为 123456。

```
mysql> INSERT INTO user (host, user, select_priv, insert_priv, update_priv) VALUES
('localhost', 'peter', 'Y', 'Y', 'Y');
mysql> FLUSH PRIVILEGES;
```

或者

```
mysql> UPDATE user SET Select_priv = 'Y', Insert_priv = 'Y',
    update_priv = 'Y' WHERE host='localhost' and user='peter';
mysql> FLUSH PRIVILEGES;
```

【例 9-16】 假设用户 LIMING 未指定任何对象的任何权限，授予用户 LIMING 对 netbuy 库所有表的查询、插入、更新、删除数据以及创建、删除权限。

```
mysql> INSERT INTO db(host, db, user, select_priv, insert_priv, update_priv, delete_priv,
create_priv, drop_priv) VALUES('localhost', 'netbuy', 'LIMING', 'Y', 'Y', 'Y', 'Y', 'Y', 'Y');
mysql> FLUSH PRIVILEGES;
```

5. 使用 REVOKE 语句撤销用户权限

根据实际情况，还可以使用 REVOKE 命令收回用户的部分或所有权限，其语法格式如下：

```
REVOKE priv_type [(column_list)] [, priv_type [(column_list)]] ...
ON {tbl_name | * | *.* | db_name.*} FROM user [, user] ...
```

或者

```
REVOKE ALL PRIVILEGES, GRANT OPTION FROM user [, user] ...
```

说明：
① REVOKE:撤销权限关键字。
② ALL PRIVILEGES:所有权限。

【例9-17】 回收用户 king 在 customers 表上的 SELECT 权限。

```
mysql> REVOKE SELECT ON customers FROM 'king'@'localhost';
```

【例9-18】 回收用户 king 在 customers 表上的所有权限。

```
mysql> REVOKE ALL ON customers FROM 'king'@'localhost';
```

说明：
① king 原有权限包括 SELECT、INSERT、UPDATE、DELETE、CREATE、DROP。
② 执行第一次,收回 SELECT 权限。
③ 执行第二次,收回所有权限。

6. 权限转移

GRANT 语句的最后可以使用 WITH 子句。如果指定为 WITH GRANT OPTION，则表示子句中指定的所有用户都有权将自己所拥有的权限授予其他用户，而不管其他用户是否已拥有该权限。

【例9-19】 授予用户 king 在 netbuy 库对所有表有 SELECT、INSERT、UPDATE、DELETE、CREATE、DROP 权限，同时允许将其本身权限转移给其他用户。

```
mysql> GRANT SELECT, INSERT, UPDATE, DELETE, CREATE, DROP
       ON netbuy.* TO 'king'@'localhost' WITH GRANT OPTION;
```

7. 权限限制

WITH 子句也可以用于限制用户的权限。
(1) MAX_QUERIES_PER_HOUR count:表示每小时可以查询数据库的次数。
(2) MAX_CONNECTIONS_PER_HOUR count:表示每小时可以连接数据库的次数。
(3) MAX_UPDATES_PER_HOUR count:表示每小时可以修改数据库的次数。

【例9-20】 授予用户 Jim SELECT 权限,但每小时最多允许发出5次查询。

```
mysql> GRANT SELECT ON customers TO 'Jim'@'localhost' WITH
       MAX_QUERIES_PER_HOUR 5;
```

【例9-21】 授予用户 king 所有权限,但每小时最多允许发出20次查询,每小时最多允许连接数据库5次,每小时最多允许10次更新,连接密码为 frank。

```
mysql> GRANT ALL ON *.* TO 'king'@'localhost'
       IDENTIFIED BY 'frank'
       WITH MAX_QUERIES_PER_HOUR 20
       MAX_UPDATES_PER_HOUR 10
       MAX_CONNECTIONS_PER_HOUR 5;
```

任务实施

1. 任务内容

(1) 使用图形界面创建用户 eason,允许其从本地主机登录,密码是 jxcia123。

(2) 使用命令行创建用户 lily,允许其从本地主机登录,密码是 jxcia123。

(3) 使用图形界面授予用户 eason 对 ebuy 库的 goods 表有 SELECT、INSERT、UPDATE、DELETE 权限。

(4) 使用命令行授予用户 lily 对 ebuy 库的 goods 表有 SELECT、INSERT、UPDATE、DELETE 权限。

(5) 使用图形界面撤销用户 eason 对 ebuy 库 goods 表的 INSERT、UPDATE 权限。

(6) 使用命令行撤销用户 lily 对 ebuy 库 goods 表的 INSERT、UPDATE 权限。

2. 实施步骤

(1) 使用图形界面创建用户 eason

根据 9.1.1 小节中使用图形界面创建用户的步骤,打开创建用户对话框,输入用户名 "eason"、主机 "localhost"、密码 "jxcia123"、确认密码 "jxcia123",如图 9.9 所示。输入完成后,点击 "保存"(或者使用〈Ctrl+S〉快捷键),完成用户的创建。

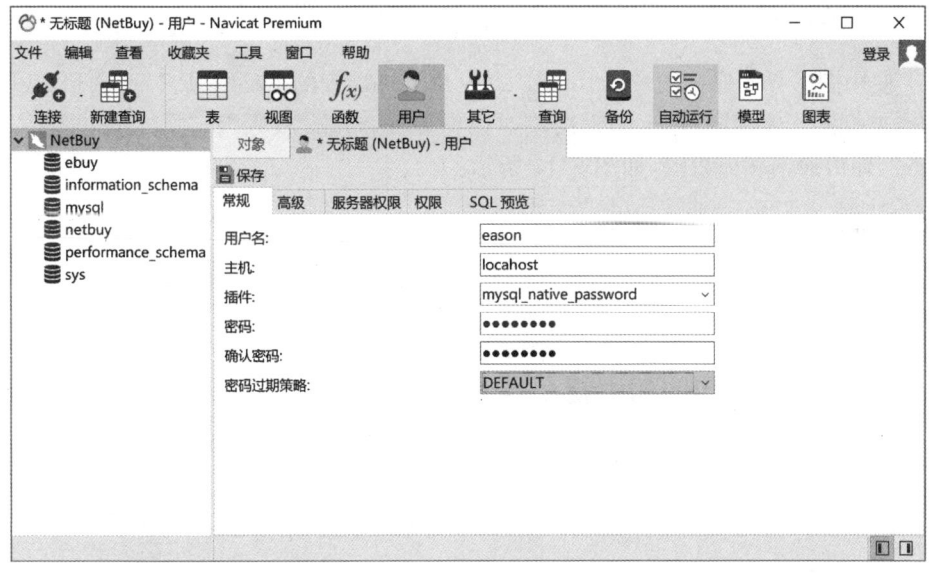

图 9.9 创建用户

(2) 使用命令行创建用户 lily

```
mysql> CREATE USER 'lily'@'localhost' IDENTIFIED BY 'jxcia123';
```

(3) 使用图形界面授予用户 eason 对 goods 表的 ELECT、INSERT、UPDATE、DELETE 权限

根据 9.1.2 小节中使用图形界面授权的步骤,先选择 goods 表,然后在右边列表中勾选 "Delete""Insert""Select""Update",如图 9.10 所示。

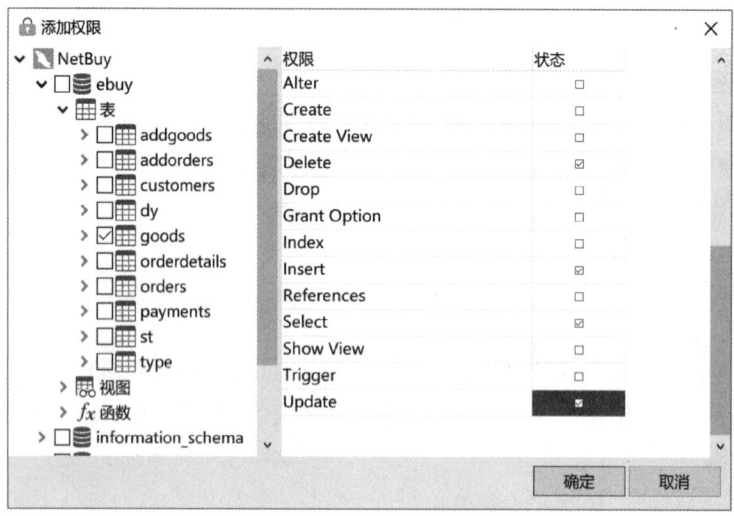

图 9.10　添加权限

（4）使用命令行授予用户 lily 对 goods 表的管理权限

```
mysql> GRANT SELECT, INSERT, UPDATE, DELETE ON ebuy.goods
    TO 'lily'@'localhost';
```

（5）使用图形界面撤销用户 eason 对 ebuy 库 goods 表的 INSERT、UPDATE 权限

与添加权限步骤相同，进入编辑用户对话框界面，点击"权限"选项卡，点击"Insert"和"Update"，即可撤消相应权限，如图 9.11 所示。

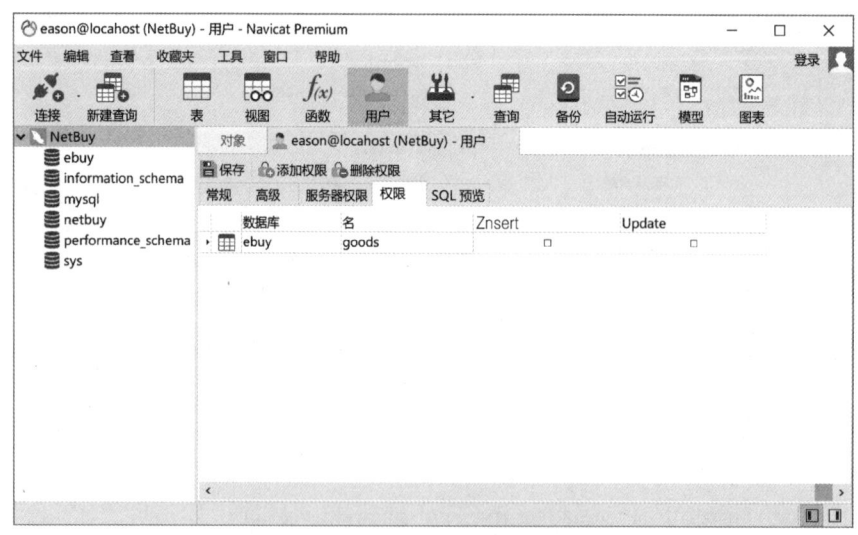

图 9.11　撤销权限

（6）使用命令行撤销用户 lily 对 ebuy 库的 goods 表的 INSERT、UPDATE 权限

```
mysql> REVOKE INSERT, UPDATE ON ebuy.goods TO 'lily'@'localhost';
```

任务 9.2 "在线购物商城"系统数据库备份和恢复

任务工单

完成数据库备份和恢复的任务,见任务工单 9-2。

任务工单 9-2 数据库备份和恢复

任务名称	数据库备份和恢复			课时	
组别		成员		小组成绩	
学号		姓名		综合成绩	
任务情境	数据库运行过程中,很有可能遇到停电、磁盘损坏、自然灾害、黑客攻击等问题,上述情况都有可能使数据丢失。为了保证数据的安全,需要定期对数据进行备份,如果数据库中的数据出现了错误,也可以使用备份好的数据进行数据还原,将损失降到最低。				
任务目标	1. 知识目标:掌握数据备份和恢复的基本语法。 2. 技能目标:能够使用图形化工具和命令行备份和恢复数据。 3. 素质目标:培养善于观察、善于思考、善于学习的品质。				
任务要求	按本任务后面列出的具体任务内容,完成数据库的备份和恢复。				
课前知识链接	1. 观看在线学习平台课前发布的视频。 2. 完成课前发布的任务测试。				任务9.2课程预习
任务实施	(1) 使用图形界面完成 ebuy 库 orders 表的结构与数据的备份。 (2) 使用命令行完成 netbuy 库 orders 表的结构与数据的备份。 (3) 使用图形界面完成 ebuy 库 orders 表的结构与数据的恢复。 (4) 使用命令行完成 netbuy 库 orders 表的结构与数据的恢复。				
任务实施总结					
任务检查与评估	任务检查				
	1. 能否成功使用图形界面 Navicate for MySQL 进行数据库的数据进行备份和恢复。 2. 能否成功使用命令行进行数据库的数据进行备份和恢复。				
	任务评估				
	评估项目	评估结果			
	是否小组合作完成任务操作	□是	□否		
	能否独立完成任务操作	□不能	□基本能够	□能	
	自我评价任务操作	□仅能理解 □会操作不理解		□不会操作 □能理解会操作	
	改进措施				
任务点评					

9.2.1 数据库的备份

MySQL 数据库备份可以分为热备份、温备份、冷备份。热备份是指当数据库进行备份时，数据库的读写操作不受影响；温备份是指当数据库进行备份时，数据库的读操作可以进行，但是不能进行写操作；冷备份是指当数据库进行备份时，数据库不可以进行读写操作。

1. 使用图形界面备份数据库

以备份 ebuy 库为例，介绍使用 Navicat for MySQL 方式备份数据库的方法。

（1）打开 Navicat for MySQL 控制台，双击连接名，双击"ebuy"，点击"备份"，进入备份界面，如图 9.12 所示。

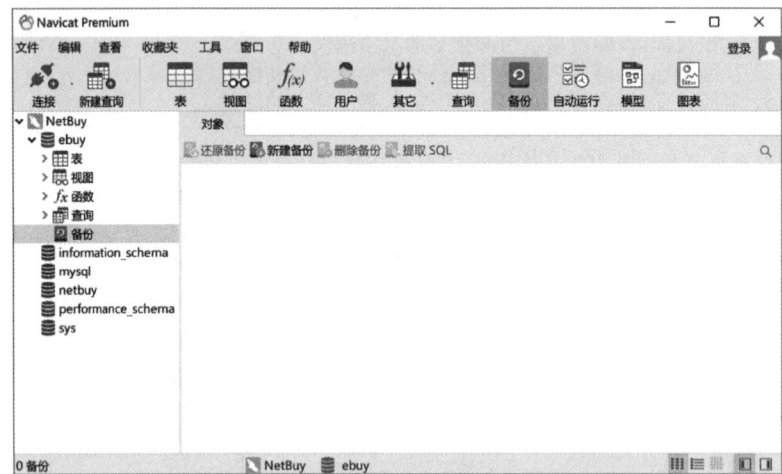

图 9.12　备份界面

（2）点击"新建备份"→"对象选择"，界面显示如图 9.13 所示。

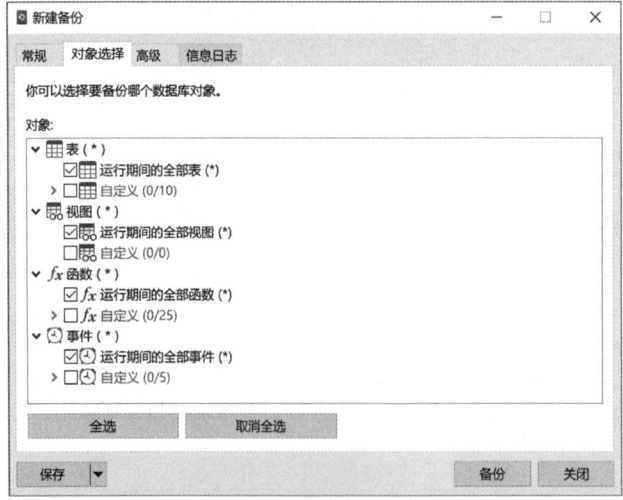

图 9.13　新建备份

(3) 在图 9.13 中，可以选择 ebuy 数据库中的全部或部分数据表、视图等对象进行备份。选择完毕后，点击"备份"，备份成功后将显示如图 9.14 所示的对话框。

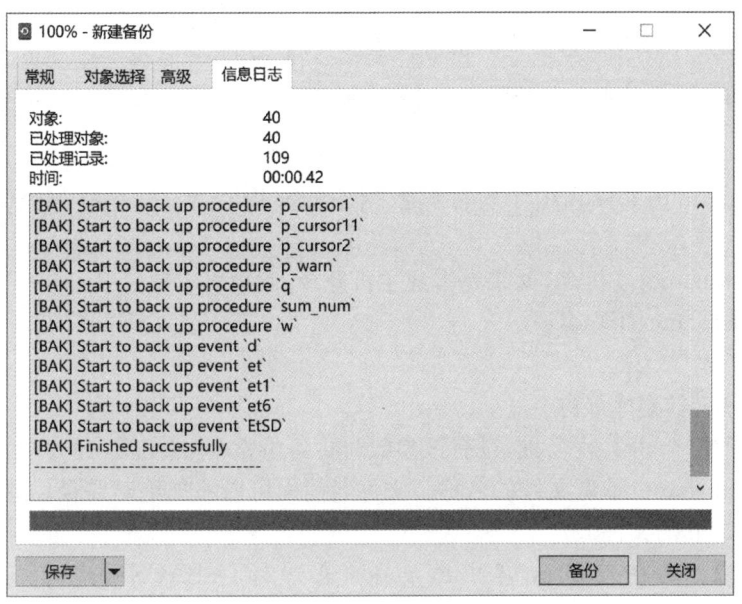

图 9.14　备份成功

(4) 点击"关闭"，返回 Navicat for MySQL 窗口，本次新建的备份会自动显示在备份列表中，如图 9.15 所示。

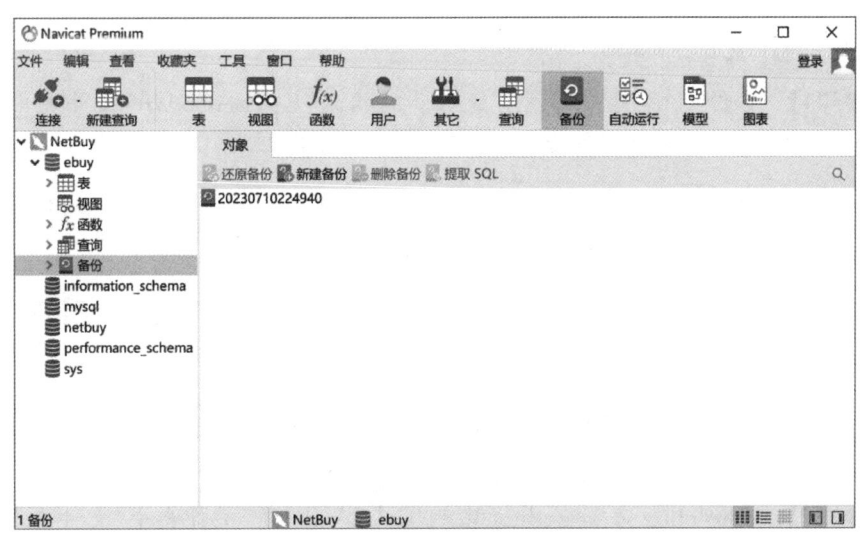

图 9.15　备份列表

(5) 如果需要把备份文件转化为其他格式，则可以选中刚刚新建的备份文件，点击"提取 SQL"→"提取"，在弹出的对话框中选择备份文件存放位置，然后输入备份名称"ebuy.sql"，再点击"保存"，即可将备份文件导出为一个 SQL 文件。

2. 使用 mysqldump 命令备份数据库

mysqldump 命令是 MySQL 数据库服务器自带的逻辑备份工具，其备份形式是复制原始的数据库对象产生一组可执行的语句脚本。该命令除了可以生成 SQL 语句格式的脚本外，还可以生成文件、XML 等格式的备份脚本。其语法格式如下：

```
mysqldump -h hostname -u username -p dbname table1 table2... > BackupName
```

说明：

(1) mysqldump：mysql 用于转存储数据库的实用程序，并不是 MySQL 命令，而是 DOS 命令。

(2) -h hostname：主机名，如果是本地主机登录，此项可省略。

(3) -u username：用户名。

(4) -p：密码。

(5) dbname：数据库名称。

(6) table1 和 table2：表名称，没有该参数时将备份整个数据库。

(7) BackupName：备份文件的名称。文件名前面可以添加绝对路径。通常将数据库备份成后缀名为 .sql 的文件。

【例 9-22】 备份 netbuy 库中的 goods 表到"C:\BACKUP"文件夹中（文件夹 BACKUP 必须提前创建完成），备份文件名称是 goods.sql。

```
mysqldump -u root -p netbuy goods > C:\BACKUP\goods.sql
```

【例 9-23】 备份 ebuy 库中的 goods 表和 orders 表到"C:\BACKUP"文件夹中（文件夹 BACKUP 必须提前创建完成），备份文件名称是 go.sql。

```
mysqldump -u root -p netbuy goods orders > C:\BACKUP\go.sql
```

【例 9-24】 备份 ebuy 库中的所有数据和结构到"C:\BACKUP"文件夹中（文件夹 BACKUP 必须提前创建完成），备份文件名称是 ebuy.sql。

```
mysqldump -u root -p netbuy > C:\BACKUP\ebuy.sql
```

备份多个数据库时的语法格式如下：

```
mysqldump -h hostname -u username -p --databasesdbname1 dbname2... > BackupName.sql
```

或者：

```
mysqldump -h hostname -u username -p -A dbname1 dbname2... > BackupName.sql
```

其中，-databases 或者-A 表示多个数据库。

【例 9-25】 备份 ebuy 库和 netbuy 库到"C:\BACKUP"文件夹中（文件夹 BACKUP 必须提前创建完成），备份文件名称是 en.sql。

```
mysqldump -u root -p --databases netbuy ebuy > C:\BACKUP/en.sql
```

备份所有数据库，其语法格式如下：

```
mysqldump -u root -p --all-databases > BackupName
```

或者:

```
mysqldump -u root -p -A > BackupName
```

【例 9-26】 使用 root 用户备份所有的数据库到"C:\BACKUP"文件夹中(文件夹 BACKUP 必须提前创建完成),备份文件名称是 all.sql。

```
mysqldump -u root -p --all-databases > C:\BACKUP\all.sql
```

9.2.2 数据库的恢复

数据库的恢复就是当数据库出现故障时,将备份的数据库加载到系统,从而使数据库恢复到备份时的正确状态。

恢复是与备份相对应的系统维护和管理操作,系统进行恢复操作时,先执行系统安全性的检查,包括检查所要恢复的数据库是否存在、数据库是否变化及数据库文件是否兼容等,然后根据所采用的数据库备份类型采取相应的恢复措施。

1. 使用图形界面还原数据库

以还原备份的 ebuy 数据库为例,介绍使用 Navicat for MySQL 对话方式还原数据库的方法。

(1) 模拟发生故障,删除 ebuy 库下所有表和视图。

(2) 打开 Navicat for MySQL 控制台,双击连接名,双击"ebuy",点击"备份",进入备份列表界面,选中相应的备份,如图 9.16 所示。

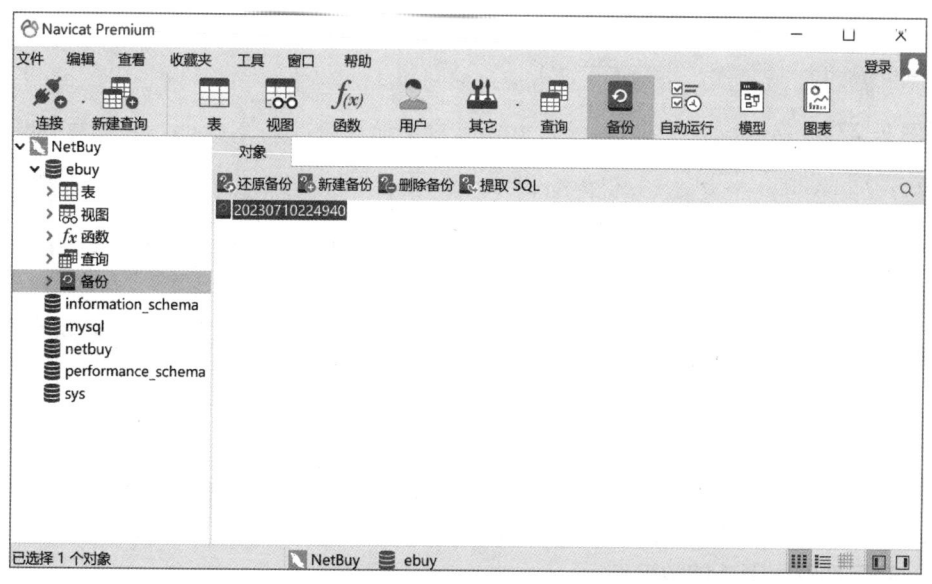

图 9.16 备份列表

(3) 点击工具栏上的"还原备份",打开一个还原备份对话框,选择"对象选择"选项卡,如图9.17所示。

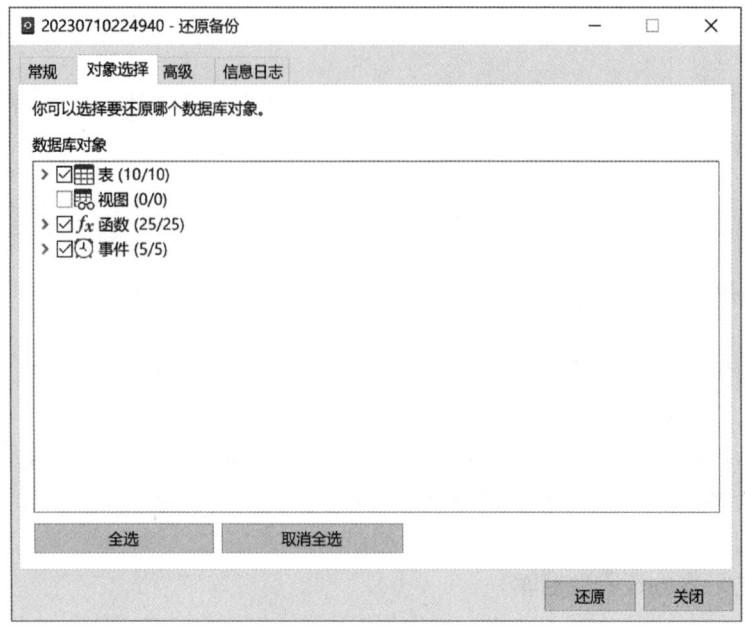

图9.17 还原备份对话框

(4) 点击"还原"按钮后,开始进行数据库的还原。

2. 使用mysql命令还原数据库

对于备份的脚本文件,需要还原时,可以使用mysql命令来还原备份的数据。其语法格式如下:

```
mysql -u username -p [db] < BACKUP.sql;
```

【例9-27】 以root用户身份,使用mysql命令通过脚本文件ebuy.sql还原数据库。

```
mysql> mysql -u root -p ebuy < C:\BACKUP\ebuy.sql
```

【例9-28】 根据例9-22,以root用户身份,使用mysql命令通过脚本文件goods.sql还原goods表。

```
mysql> mysql -u root -p ebuy < C:\BACKUP\goods.sql
```

9.2.3 数据库迁移

数据库迁移就是把一个数据库与另一个数据库中的数据以某种形式移动,例如,将数据库的结构和数据转移到新服务器上的数据库中。

1. 使用图形界面迁移数据库

在数据库中创建一个空的数据库new_ebuy,然后通过图形界面把ebuy数据库的结构和数据迁移到数据库new_ebuy中。

(1) 打开Navicat for MySQL控制台,点击"工具"→"数据传输",如图9.18所示。

项目9 "在线购物商城"系统的数据库安全与性能优化

图 9.18 数据传输

（2）进入数据传输界面，选择连接名和数据库，如图 9.19 所示。

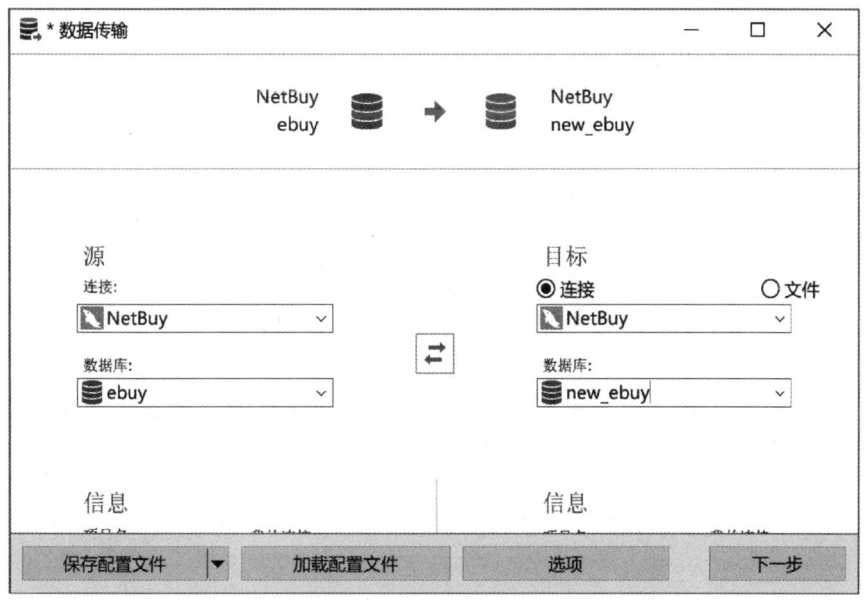

图 9.19 选择连接名和数据库

（3）点击"下一步"，然后选择对应的表、视图、函数、事件，然后点击"下一步"→"开始"→"关闭"，完成数据迁移，如图 9.20 所示。

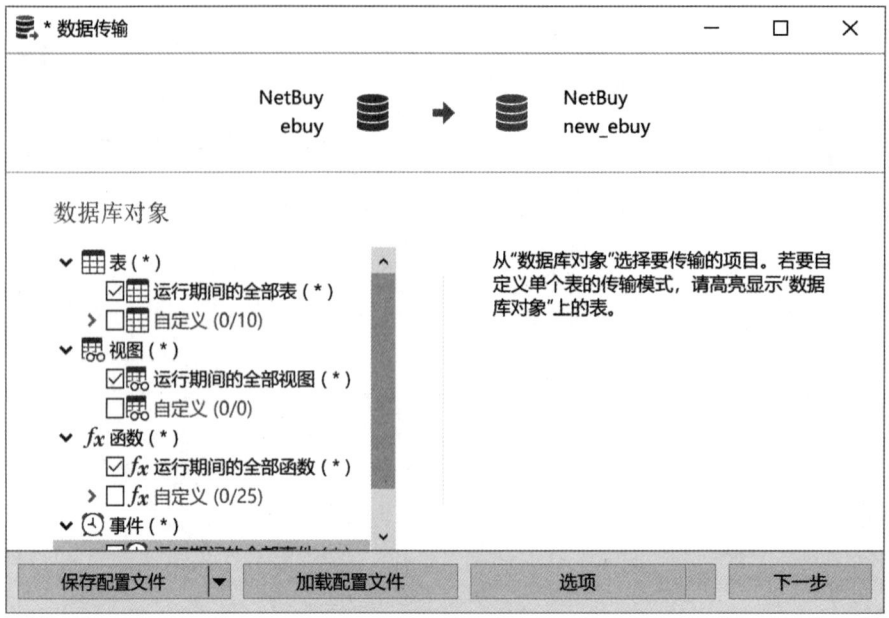

图 9.20 数据迁移

2. 使用 mysqldump 命令完成数据库迁移

mysqldump 的语法格式如下：

```
mysqldump --host = sourcehost -u username -p password sourcedatabase | mysql --host = targethost -u username -p password targetdatabase
```

说明：

(1) sourcehost：源主机。
(2) targethost：目标主机地址。
(3) sourcedatabase：源数据库。
(4) targetdatabase：目标数据库。
(5) 源数据库和目标数据库的字符集和排序规则必须相同。
(6) 必须注意的是，在执行命令前，必须完成 targetdatabase 的创建。

【例 9-29】 把本地主机的数据库 ebuy 的结构和数据都迁移到本地主机的数据库 target_ebuy(必须在执行命令之前创建)中。

```
mysqldump --host=localhost -uroot -proot ebuy | mysql --host=localhost -uroot -proot target_ebuy
```

9.2.4 表的导入与导出

有时需要将 MySQL 数据库中的数据导出到外部存储文件中，导出文件可以为多种文本格式，如 txt、xml、html 等，这些导出的文件也可以导入 MySQL 数据库中。

1. 使用图形界面导出表

（1）打开 Navicate for MySQL 控制台，双击连接名，依次展开 ebuy 和表，右键单击 goods 表，选择"导出向导"，如图 9.21 所示。

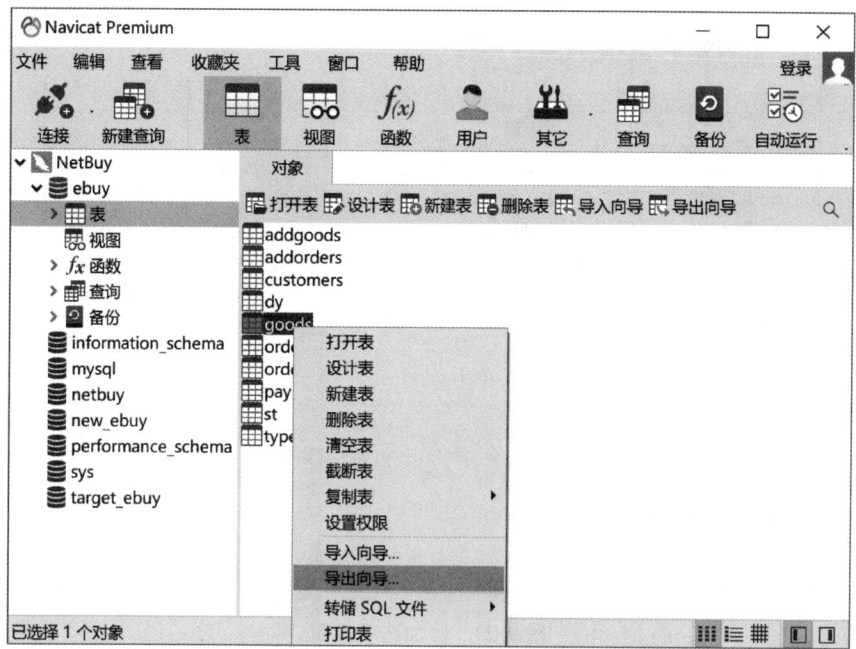

图 9.21　选择导出表

（2）进入导出向导界面，选择"文本文件(*.txt)"，如图 9.22 所示。

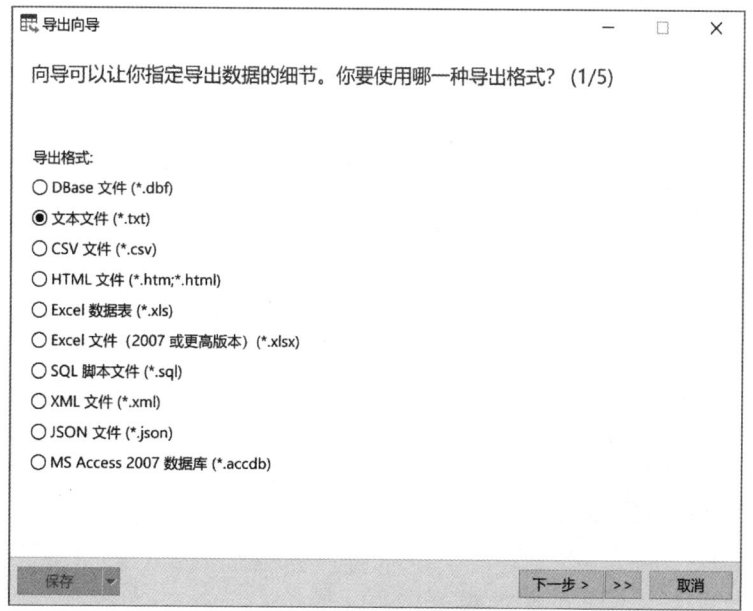

图 9.22　选择导出格式

(3) 点击"下一步",进入导出向导附加选项界面,选择对应表和保存的路径,如图 9.23 所示。

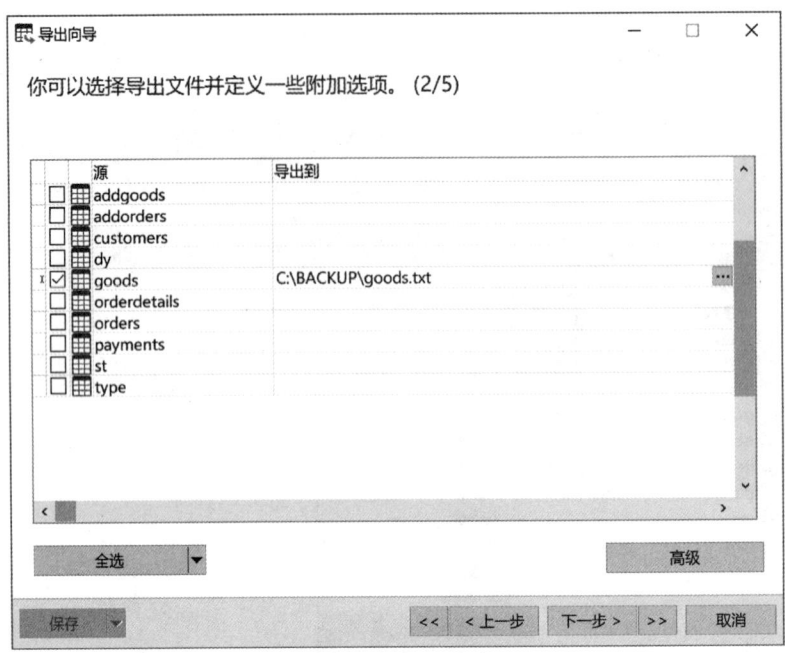

图 9.23　附加选项界面

(4) 点击"下一步",进入新界面,选择想要导出的字段,如图 9.24 所示。

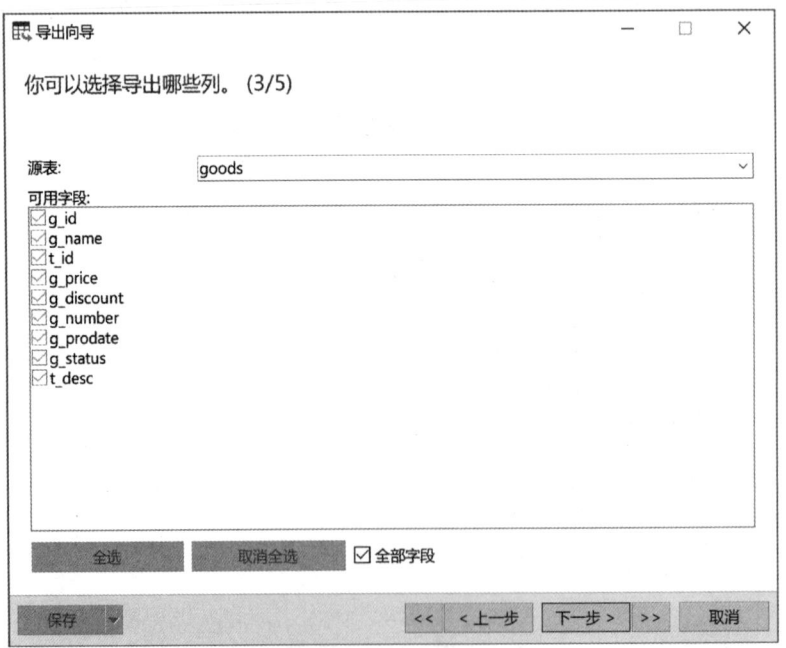

图 9.24　选择字段

（5）点击"下一步"，进入新界面，选择附加的选项，如图 9.25 所示。

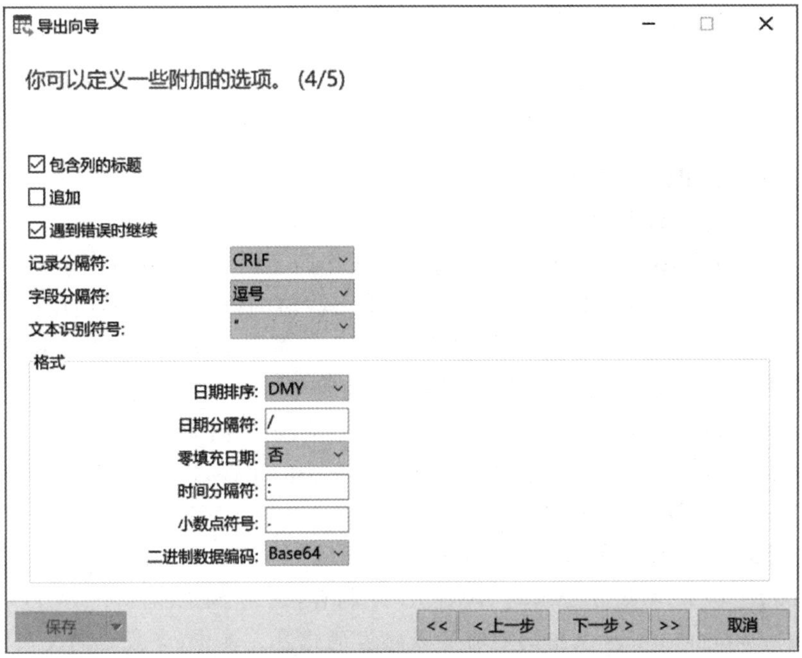

图 9.25　选择附加的选项

（6）点击"下一步"，进入新界面，点击"开始"按钮，开始导出数据，如图 9.26 所示。

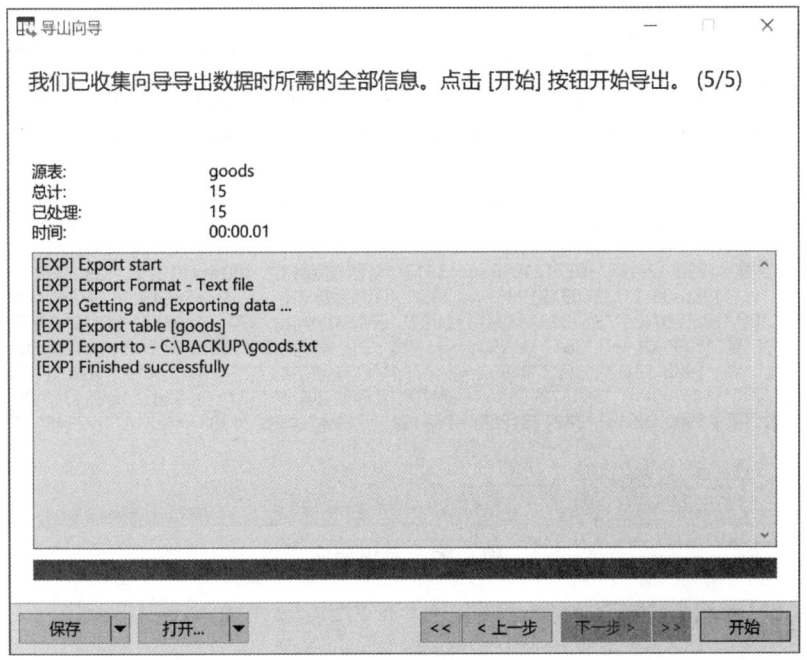

图 9.26　数据导出

2. 使用 SELECT…INTO OUTFILE 语句导出表

在 MySQL 数据库中导出数据时，可以使用 SELECT…INTO OUTFILE 语句将表中的数据导出为一个文本文件。其语法格式如下：

```
SELECT columnlist FROM table WHERE condition INTO OUTFILE filename [OPTION]
```

说明：

① filename：导出的文件名。

② OPTION 选项有多项。

- FIELDS TERMINATED BY '字符'：设置作为字段分隔符的字符，默认值为"\t"。
- FIELDS ESCAPED BY '字符'：设置括上字段值的符号，默认不使用任何符号。
- FIELDS OPTIONALLY ENCLOSED BY '字符'：设置括上 CHAR、VARCHAR 和 TEXT 等字符型字段值的符号，默认不使用任何符号。
- FIELDS ESCAPED BY '字符'：设置转义字符，默认值为"\"。
- LINES STARTING BY '字符'：设置每行开头的字符，默认无任何字符。
- LINES TERMINATED BY '字符'：设置每行结束的字符，默认值为"\n"。
- IGNORE n LINES：忽略文件中的前 n 行记录。

【例 9-30】 以 root 身份登录到 MySQL 控制台，使用 SELECT…INTO OUTFILE 语句导出 ebuy 库 customers 表中的所有男性顾客的信息。其中，字段之间使用","分隔，字符型数据用双引号括起来，每条记录以">"开头，每条记录仅占一行。

```
mysql> SELECT * FROM ebuy.customers WHERE c_sex = '男' ORDER BY c_id
       INTO OUTFILE 'C:\BACKUP\customers.txt'
       FIELDS TERMINATED BY ',' OPTIONALLY ENCLOSED BY '"'
       LINES STARTING BY '>' TERMINATED BY '\r\n';
```

执行上述命令前必须确保 C:\BACKUP 已经存在，并且不存在 customers.txt 文件。命令执行完毕后，打开 C:\BACKUP\customers.txt，结果如图 9.27 所示。

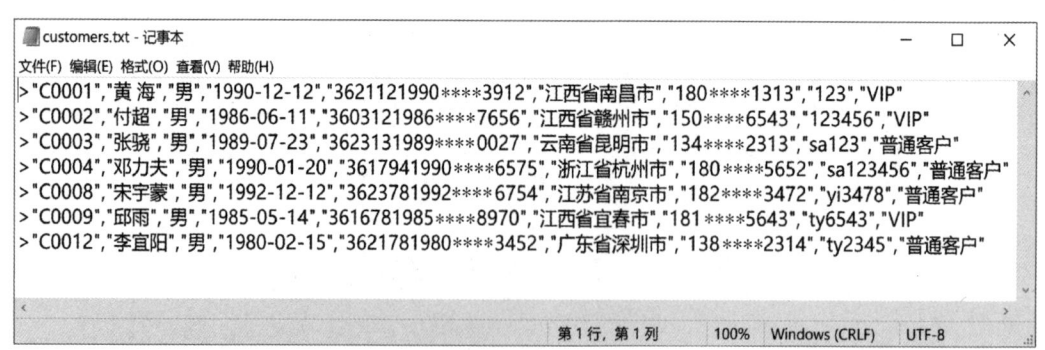

图 9.27 导出数据

3. 使用图形界面导入表

导入表之前，先在数据库 ebuy 中根据表 goods 复制一个空表 goods_copy1（仅复制结构）。

(1) 打开 Navicate for MySQL 控制台，双击连接名，依次展开 ebuy 和表，点击工具栏中的"导入向导"，如图 9.28 所示。

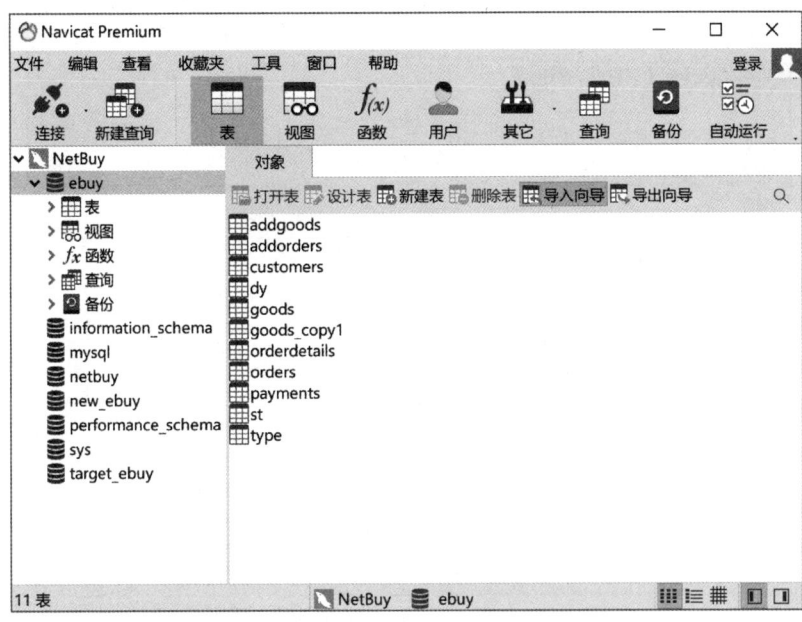

图 9.28　导入向导界面

(2) 选择"文本文件(*.txt)"，点击"下一步"，如图 9.29 所示。

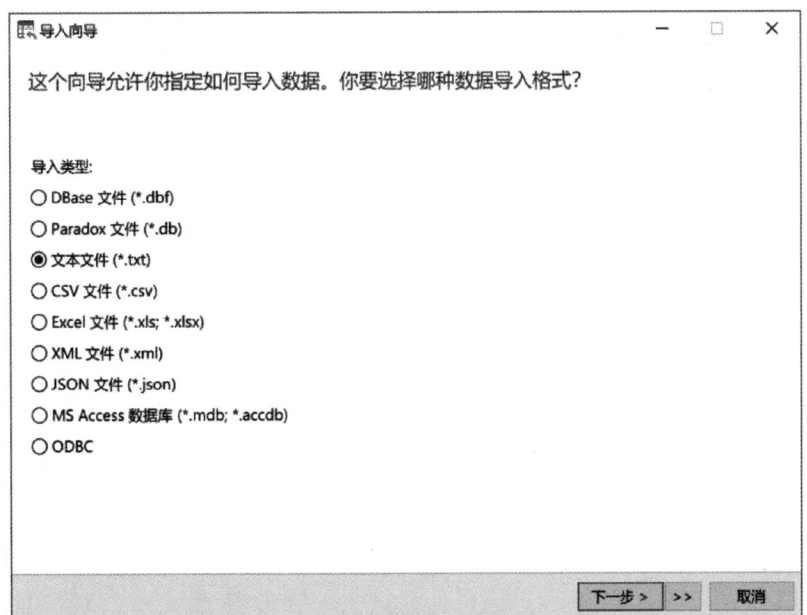

图 9.29　导入向导选项

(3) 点击"..."按钮,选择 C:\BACKUP 文件夹的 goods.txt,然后点击"下一步",如图 9.30 所示。

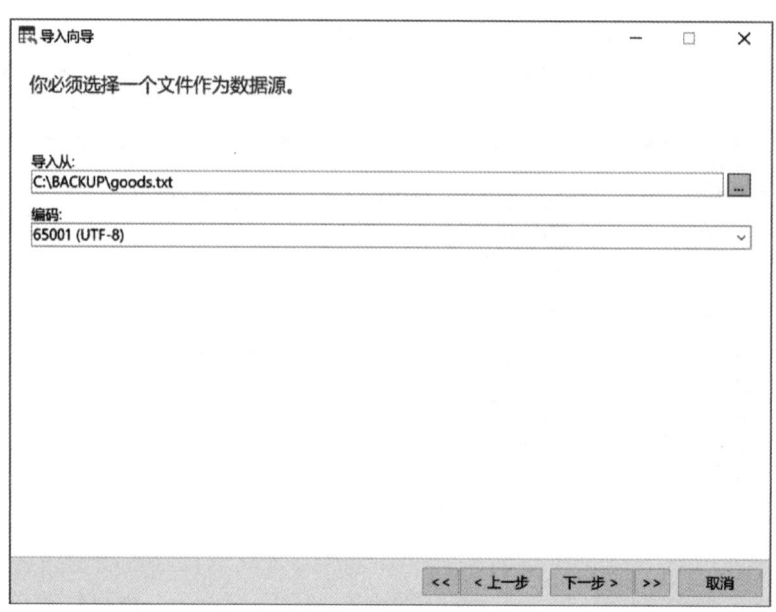

图 9.30　选择导入文件

(4) 选择记录分隔符、字段分隔符、文本识别符号,然后点击"下一步"按钮,如图 9.31 所示。

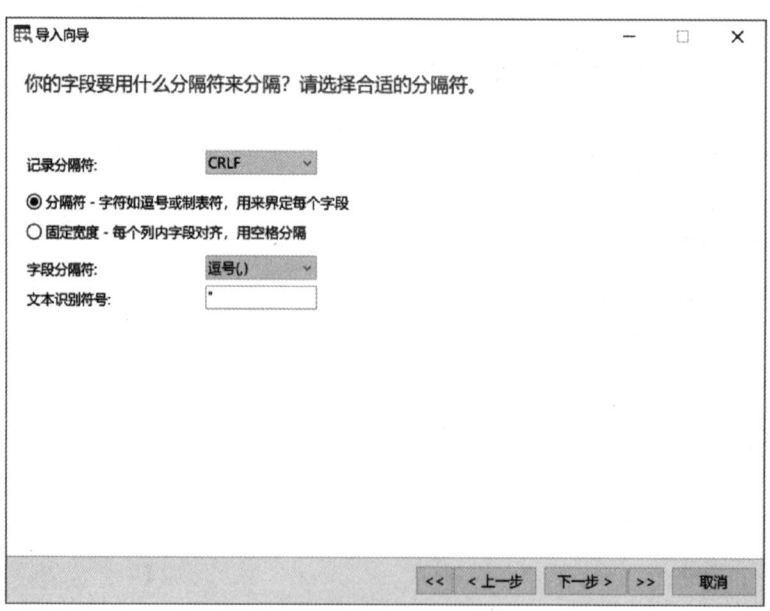

图 9.31　选择分隔符

(5) 进入导入向导附加选项界面,设置需要的选项后点击"下一步",如图 9.32 所示。

图 9.32 附加选项

(6) 在"目标表"选项中选择"goods_copy1",点击"下一步",如图 9.33 所示。

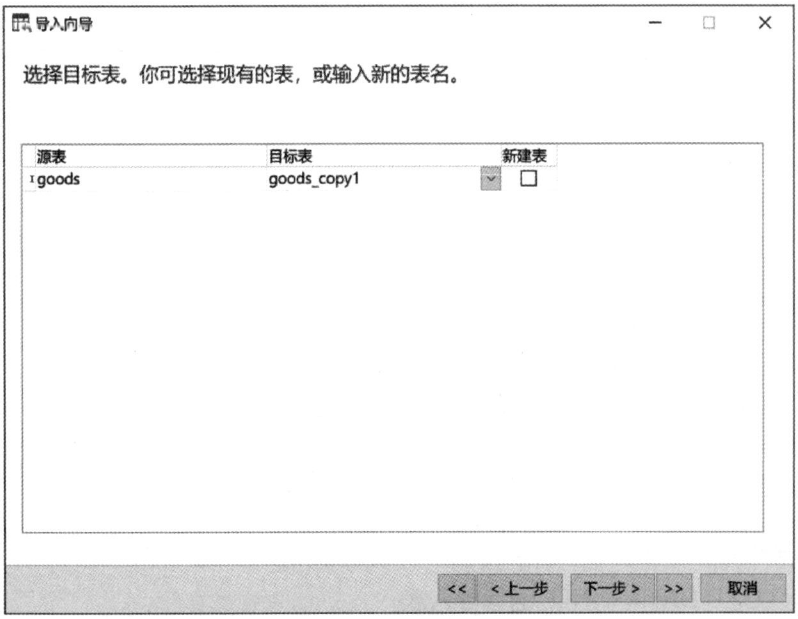

图 9.33 选择目标表

（6）进入定义字段映射界面，点击"下一步"，如图9.34所示。

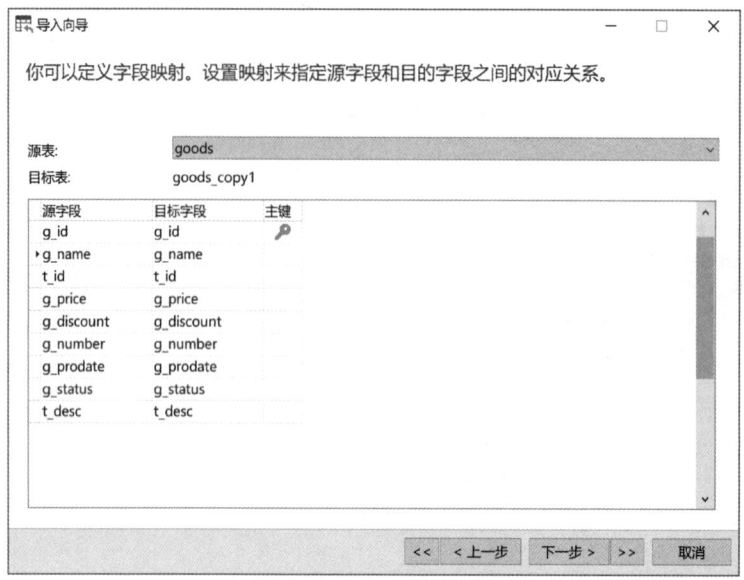

图9.34 定义字段映射

（7）选择导入模式，点击"下一步"按钮，如图9.35所示。

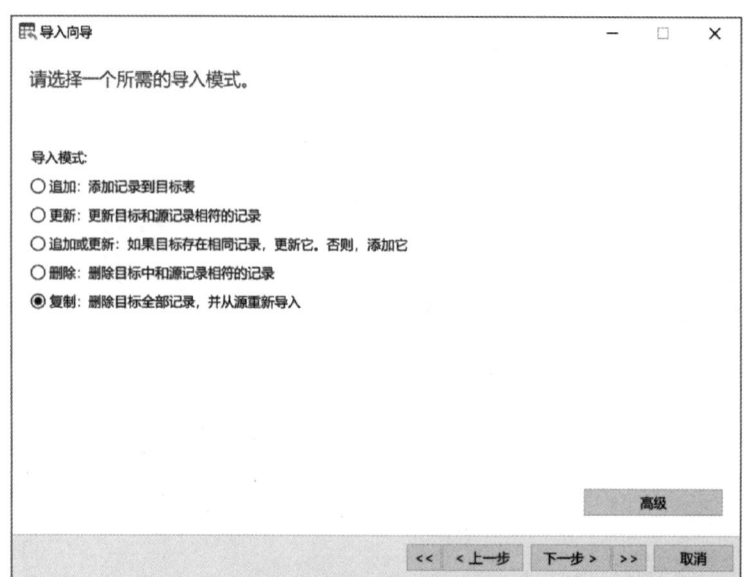

图9.35 选择导入模式

（8）点击"开始"按钮，然后点击"关闭"，完成数据导入。

4. 使用 LOAD DATA INFILE 语句导入表

LOAD DATA INFILE 的语法格式如下：

```
LOAD DATA INFILE filename INTO TABLE tablename [OPTIONS]
```

说明：

① filename：需要导入的文件名。

② tablename：目标表格。

③ OPTION 选项有多项（同导出）。

【例 9-31】 向数据库 ebuy 的 customers 表中重新导入数据。

假设已有 customers 的备份文件 customers.txt，放在"C:\BACKUP"文件下，并且已经根据 customers 表复制了表 customers_copy1，则可用下面的命令将数据重新导入 customers_copy1 表中。

```
mysql> LOAD DATA INFILE 'C:\BACKUP\customers.txt'
    INTO TABLE customers_copy1
    FIELDS TERMINATED BY ',' OPTIONALLY ENCLOSED BY '"'
    LINES STARTING BY '>' TERMINATED BY '\r\n';
```

 任务实施

1. 任务内容

(1) 使用图形界面完成 ebuy 库 orders 表的结构与数据的备份。

(2) 使用命令行完成 netbuy 库 orders 表的结构与数据的备份。

(3) 使用图形界面完成 ebuy 库 orders 表的结构与数据的恢复。

(4) 使用命令行完成 netbuy 库 orders 表的结构与数据的恢复。

2. 实施步骤

(1) 使用图形界面完成 ebuy 库 orders 表的结构与数据的备份

与 9.2.1 小节中使用图形界面备份数据库的操作步骤完全相同，在此不再赘述。

(2) 使用命令行完成 netbuy 库 orders 表的结构与数据的备份

```
mysql> mysqldump -u root -p netbuy orders > C:\BACKUP\orders.sql;
```

(3) 使用图形界面完成 ebuy 库的 orders 表的结构与数据的恢复

根据 9.2.2 小节中使用图形界面还原数据库和操作步骤进入备份文件列表，双击相应的备份文件，点击"还原"按钮，完成数据还原，如图 9.36 所示。

(4) 使用命令行完成 netbuy 库 orders 表的结构与数据的恢复

```
mysql>mysql -u root -p netbuy < C:/BACKUP/orders.sql
```

图 9.36 还原数据

任务9.3 "在线购物商城"系统数据库性能优化

 任务工单

完成数据库性能优化的任务,见任务工单9-3。

任务工单9-3 数据库性能优化

任务名称	数据库性能优化		课时	
组别		成员	小组成绩	
学号		姓名	综合成绩	
任务情境	随着公司的发展壮大,用户数量急剧增长,"在线购物商城"数据库每天要接受来自Web的成千上万用户的连接访问。在对数据库频繁操作访问的情况下,数据库的性能成为整个应用性能好坏的关键。			
任务目标	1. 知识目标:掌握数据库查询优化、MySQL服务器优化的方法。 2. 技能目标:能够进行数据库优化、MySQL服务器优化操作。 3. 素质目标:培养敬业精神,以及不断提升探究问题、解决问题的能力。			
任务要求	按本任务后面列出的具体任务内容,完成数据表记录的操作。			
课前知识链接	1. 观看在线学习平台课前发布的视频。 2. 完成课前发布的任务测试。 任务9.3课程预习			
任务实施	(1) 使用索引优化ebuy数据库orders表的查询。 (2) 使用配置文件优化MySQL服务器。			
任务实施总结				
任务检查与评估	任务检查			
	1. 能否正确优化"在线购物商城"数据表查询。 2. 能否正确优化MySQL服务器。			
	任务评估			
	评估项目	评估结果		
	是否小组合作完成任务操作	□是　　　　□否		
	能否独立完成任务操作	□不能　　□基本能够　　□能		
	自我评价任务操作	□仅能理解　　　　□不会操作 □会操作不理解　　□能理解会操作		
	改进措施			
任务点评				

 相关知识

9.3.1 查询优化

查询是数据库中最频繁的操作。在实际工作中,无论是对数据库系统(DBMS),还是对数据库应用系统(DBAS),查询优化都是一个热门话题,查询速度的提高可以有效地提高MySQL数据库的性能,从而提高工作效益。

1. 查看 SELECT 语句的执行效果

MySQL 中,可以使用 EXPLAIN 语句和 DESCRIBE 语句来分析查询语句的执行效果。本书仅介绍 EXPLAIN 语句。

Explain 命令是解决数据库性能第一推荐使用命令,大部分的性能问题可以通过此命令来简单地解决。Explain 可以用来查看 SQL 语句的执行效果,可以帮助用户选择更好的索引和优化查询语句,写出更好的优化语句。Explain 的语法格式如下:

```
EXPLAIN SELECT ... FROM ... [WHERE...]
```

例如,执行如下语句:

```
mysql> EXPLAIN SELECT * FROM customers WHERE c_name='付超';
```

结果如图 9.37 所示。

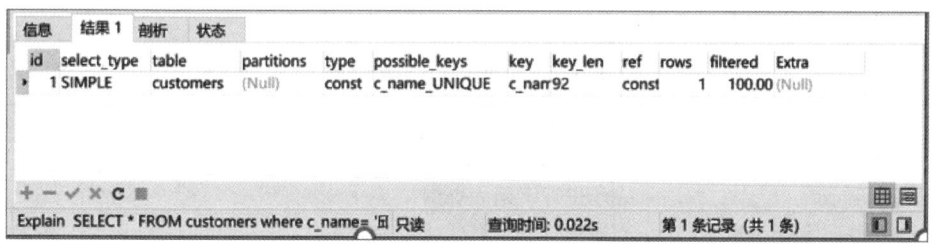

图 9.37　EXPLAIN 执行结果

下面对 EXPLAIN 语句输出行的相关信息进行详细说明。

说明:

(1) id:表示 SELECT 的查询序列号。

(2) select_type:表示查询的类型。常见的查询类型见表 9.2。

(3) table:表示正在查询的表。

(4) type:这列最重要,它显示了连接类别,是否使用索引。常用的参数取值见表 9.3。

(5) possible_keys:表示查询中可能用到的索引。如果该列是"Null",则没有相关的索引。

(6) key:显示查询实际使用的键(索引)。

(7) key_len:显示使用的索引字段的长度。

(8) ref:显示在 key 列记录的索引中,表查找时所用到的列或常量。

(9) rows:显示执行查询时必须检查的行数。

(10) Extra:包含解决查询的附加信息,也是关键参考项之一,常见的取值见表 9.4。

表 9.2 常见查询类型

类型	含义
simple	简单查询(不使用 union 和子查询)
primary	表示主查询或者是最外面的查询语句
union	表示连接查询(union)中的第二个或后面的查询语句
subquery	子查询中的第一个查询语句

表 9.3 常用 type 参数取值

取值	含义
system	表示表中只有一条记录
const	表示表中有多条记录,但只从表中查询一条记录
eq_ref	表示多表连接时,后面使用了 UNIQUE 或者 PRIMARY KEY
ref	表示多表查询时,后面的表使用了普通索引
unique_subquery	表示子查询中使用了 UNIQUE 或者 PRIMARY KEY
index_subquery	表示子查询使用了普通索引
range	表示查询语句给出了查询范围
index	表示对表中的索引进行了完整的扫描,比 ALL 型更快
ALL	表示对表中数据进行全表扫描

按照从最佳类型到最坏类型的顺序进行排序: system > const > eq_ref > ref > fulltext > ref_or_null > index_merge > unique_subquery > index_subquery > range > index > ALL。

表 9.4 常见 Extra 参数取值

取值	含义
Using Index	表示索引覆盖,不会回表查询
Using Where	表示进行了回表查询
Using Index Condition	表示进行了 ICP 优化
Using Flesort	表示 MySQL 须额外排序操作,不能通过索引顺序达到排序效果

一般来说,要保证查询至少达到 range 类型,尽量达到 ref 类型,否则很可能出现性能问题。

2. 使用索引优化查询

使用索引可以快速定位到符合条件的字段的值,提高查询的效率。

【例 9-32】 为搜索字段 c_type 建立普通索引。

```
mysql >EXPLAIN SELECT * FROM customers WHERE c_type = 'VIP';
```

运行结果如图 9.38 所示。

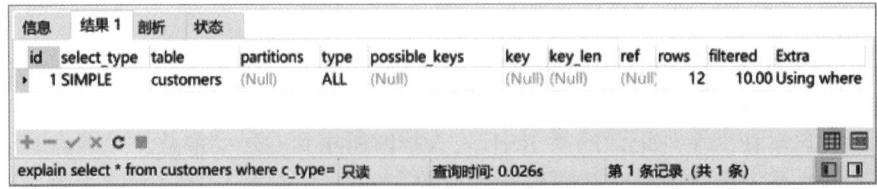

图 9.38 EXPLAIN 运行分析

可以看出例 9.37 只是使用了 WHERE 从句的一个简单查询,并没有使用索引进行查询,type 为 ALL 表示要对表进行全表扫描,执行查询时必须检查的行数是 12 行。

如果对性别增加索引,则应首先执行以下语句:

```
mysql> ALTER TABLE customers ADD INDEX (c_type);
```

然后再执行以下语句:

```
mysql> EXPLAIN SELECT * FROM customers WHERE c_type='VIP';
```

运行结果如图 9.39 所示。

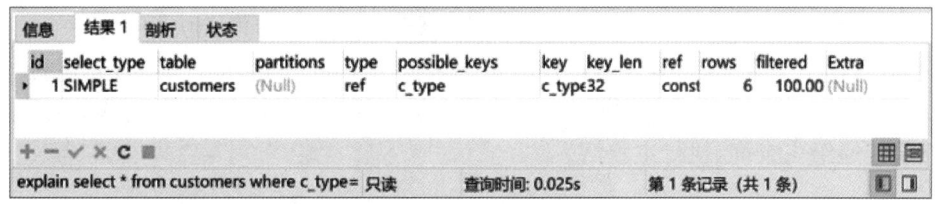

图 9.39 运行结果分析

可以看到,执行查询时要检查的行数只有 6 行,type 值类型上升到 ref。

【例 9-33】 为搜索字段建立 UNIQUE 索引。

g_name 尚未创建索引前,查看 EXPLAIN 语句的执行效果。

```
mysql>EXPLAIN SELECT * FROM goods WHERE g_name = '苹果 iphone xs';
```

运行结果如图 9.40 所示。

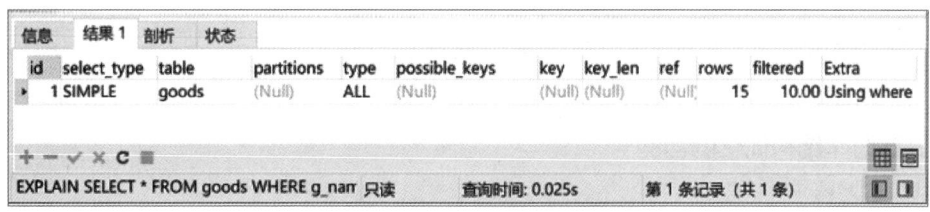

图 9.40 运行结果分析(前)

如果把 g_name 列建立 UNIQUE 索引,则可编写代码如下:

```
mysql> ALTER TABLEgoods ADD UNIQUE (g_name);
```

此时再查看 EXPLAIN 语句的执行效果,结果如图 9.41 所示。

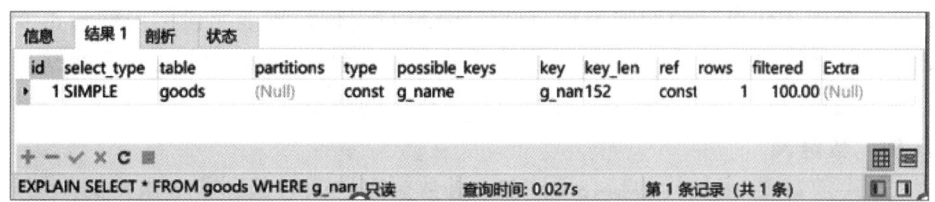

图 9.41 运行结果分析(后)

比较以上两图可以看出,未创建索引时,对表进行全表扫描(即 type 为 ALL),执行查询时要检查的行数为 15 行,创建索引后,查询的行数只有 1 行,type 类型已经上升至 const,查询性能明显提高。

3. 优化子查询

使用子查询可以一次性完成很多逻辑上需要多个步骤才能完成的 SQL 操作,同时也可以避免事务或者表锁死,并且其代码较易编写。但是 MySQL 在执行带有子查询的查询时,需要先为内层子查询语句的查询结果建立临时表,然后外层查询语句在这些临时表中查询记录,查询完毕后再撤销临时表。因此,子查询的运行速度会受到一定的影响,特别是查询的数据量比较大时,运行速度会显著降低。因此,应尽量使用连接查询(全连接或 JOIN 连接)来替代子查询,连接查询不需要建立临时表,其速度会比子查询要快。

例如,有以下子查询语句,表示查找消费金额低于 1 000 的会员姓名时,先运行子查询即先从 orders 表中找出消费金额低于 1 000 的会员编号 c_id,建立一个临时表,然后再将找到的结果传递给主查询,执行主查询。

```
mysql> SELECTc_NAME FROM customers WHERE c_id IN
       (SELECT c_id FROM orders WHERE o_sum<1000);
```

如果把上面的 SQL 语句改为使用 JOIN 连接,而且由于 c_id 字段建立了索引,其性能会更好。语句如下:

```
mysql> SELECTc_name FROM customers JOIN orders USING(c_id)
       WHERE o_sum < 1000;
```

9.3.2 数据库结构优化

数据库结构优化主要是数据大小优化,MySQL 数据类型优化,多表优化以及 MySQL 内部临时表的优化。

1. 数据库结构优化的目的

(1) 减少数据冗余。

(2) 尽量避免数据维护中出现插入、更新和删除异常。插入异常指如果表中的某个实体随着另一个实体而存在。更新异常指如果更改表中的某个实体的单独属性时,需要对多行进行更新。删除异常指如果删除表中某一实体会导致其他实体消失。

(3) 节约数据存储空间。

(4) 提高查询效率。

2. 数据库结构优化设计的原则

数据库结构优化设计的原则是精心设计表结构;合理设置表字段的属性和长度;最小化磁盘存储的空间;减少 I/O 次数。数据库操作中最为耗时的操作就是 I/O 处理,尽可能减少 I/O 读写量,可以在很大程度上提高数据库操作的性能。

3. 优化数据表

表用于存放数据,表结构的精心设计在改进数据库性能时起到非常重要的作用。优化数据表的措施有以下四种。

（1）添加中间表

在实际的数据查询过程中，经常查询来自两个及以上表的相关字段，这就要求进行基于多表的连接查询。但如果经常进行连接查询，就会增加耗时、降低 MySQL 数据库的性能。为避免频繁地进行多表连接查询，可以建立中间表。中间表包含需要经常查询的相关字段，从基表中将数据插入中间表，之后就可以使用中间表进行查询和统计，提高工作效率。

例如，在 netbuy 数据库中，假设要经常查询订单编号、商品名称和购买价格情况。由于这些信息分别来自 orders 表、goods 表和 orderdetails 表，必须进行连接查询。现将这些字段添加到一个中间表 orders_info 中，SQL 语句如下：

```
mysql> CREATE TABLE orders_info
    (o_id    varchar(13) not null,
    g_name varchar(50) not null,
    od_price float(6,2) not null
    );
```

将基表数据插入中间表，SQL 语句如下：

```
mysql> INSERT INTO orders_info
    SELECT orders.o_id, goods.g_name, orderdetails.od_price
    FROM orders, goods, orderdetails
    WHERE orders.o_id = orderdetails.o_id
    AND orderdetails.g_id = goods.g_id;
```

此时，就可以利用中间表 orders_into 进行查询统计，不再需要进行多表连接。例如，查询购买价格为 5 000 元以上的商品名称，SQL 语句如下：

```
mysql> SELECT * FROM orders_info WHERE od_price > 5000;
```

（2）增加冗余字段

在建立表的时候可以有意识地增加冗余字段，减少连接查询操作次数，提高性能。例如，商品的信息存储在 goods 表中，购买信息存储在 orderdetails 表，这两张表通过商品编号 g_id 建立关联。如果要查询购买某个商品的购买价格，必须从 goods 表中查找商品名称所对应的商品编号（g_id），然后根据这个编号去 orderdetails 表中查找该商品的购买价格。此时可以在 orderdetails 表中增加一个冗余字段 g_name，用于存储商品的名称，这样就不用每次都进行连接操作，提高查询效率。

（3）合理设置表的数据类型和属性

① 选取适用的字段类型。表中字段的宽度应尽可能小。例如，在定义地址字段时，一般使用 CHAR 或 VARCHAR。考虑到一般情况下地址字段的长度是 10 个字符左右，因此没必要设置 CHAR(255)，尽量减少不必要的数据库空间损耗。

对于"省份""性别""爱好""民族"或"部门"等字段，可以选择 ENUM 数据类型。一方面这样的字段取值有限且固定；另一方面，MySQL 数据库将 ENUM 类型当作数值型数据来处理，而数值型数据处理起来的速度要比文本类型快得多。

② 为每张表设置一个 ID。为数据库里的每张表都设置一个 ID 作为其主键,而且最好是一个 INT 型的主键(推荐使用 UNSIGNED),并设置自动增量(AUTO_INCREMENT)。

③ 尽量避免定义 NULL。在可能的情况下,尽量把字段设置为 NOT NULL,这样在执行查询时,数据库不用比较 NULL 值,节省查询时间。

(4) 优化插入记录的速度

对于大量数据,可以先加载数据再建立索引,如果已建立了索引,可以先把索引禁止。(MySQL 会根据表的索引对插入的记录进行排序,并不断地更新索引,如果插入大量数据,会降低插入的速度。)

禁止和启用索引的语法格式如下:

```
mysql> ALTER TABLE  table_name DISABLE KEYS;
mysql> ALTER TABLE  table_name ENABLE KEYS;
```

加载数据时可采用批量加载,尽量减少 MySQL 服务器对索引的更新频率。尽量使用 LOAD DATE INFILE 语句插入数据,而不用 INSERT 语句插入数据。如果必须使用 INSERT 语句,请尽量使这些语句集中,以便可以一次插入多行记录。

9.3.3 MYSQL 服务器优化

1. 通过修改 my.ini 文件进行性能优化

MySQL 配置文件(my.ini)保存了服务器的配置信息,通过修改 my.ini 文件的配置可以优化服务器,提高性能。例如,在默认情况下,索引的缓冲区大小为 16 MB,为得到更好的索引处理性能,可以指定索引的缓冲区。

若要指定索引的缓冲区大小为 256 MB,可以打开修改 my.ini 文件,在[MySQLd]后面添加如下代码:

```
key_buffer_size=256M
```

假设用作 MySQL 服务器的计算机内存为 4 GB 左右,则主要参数的推荐设置如下:

```
sort_buffer_size=6M       //查询排序时所能使用的缓冲区大小
read_buffer_size=4M       //读查询操作所能使用的缓冲区大小
join_buffer_size=8M       //联合查询操作所能使用的缓冲区大小
query_cache_size=64M      //查询缓冲区的大小
max_connections=800       //指定 MySQL 允许的最大连接进程数
```

2. 通过 MySQL 控制台进行性能优化

除了修改 my.ini 文件外,还可以直接通过 MySQL 控制台进行查看和修改设置。数据库管理人员可以使用 SHOW STATUS 或 SHOW VARIABLES LIKE 语句查询 MySQL 数据库的性能参数,然后使用 SET 语句对系统变量进行赋值。

(1) 查询主要性能参数

① SHOW STATUS 语句。

其语法格式如下:

```
SHOW STATUS LIKE 'value';
```

其中，value 参数为多项。常用的参数如下：
- connections：连接 MySQL 服务器的次数。
- uptime：MySQL 服务器的上线时间。
- slow_queries：慢查询的次数。
- com_select：查询操作的次数。
- com_insert：插入操作的次数。
- com_delete：删除操作的次数。
- com_update：更新操作的次数。

② SHOW VARIABLES 语句。

其语法格式如下：

```
SHOW VARIABLES LIKE 'value';
```

其中，value 参数为多项。常用的参数如下：
- key_buffer_size：索引缓存的大小。
- table_cache：同时打开表的个数。
- query_cache_size：查询缓冲区的大小。
- query_cache_type：查询缓存区的开启状态。0 表示关闭，1 表示开启。
- sort_buffer_size：排序缓存区的大小，这个值越大，排序就越快。
- Innodb_buffer_pool_size：InnoDB 类型的表和索引的最大缓存。该值越大，查询的速度就会越快。但是，值太大也会影响操作系统的性能。

(2) 设置性能指标参数

例如，要设置查询缓存区的系统变量，可先执行以下命令再进行观察。

```
mysql> SHOW VARIABLES LIKE '%query_cache%';
```

查询缓存区主要是为了提高经常执行相同的查询操作的速度，但是，查询缓冲区也无形中增加了系统的"开销"，因此有时为了减少系统的"开销"，也可以关闭查询缓冲区，命令如下：

```
mysql> USE MYSQL;
mysql> SET @@query_cache_type=0;
```

也可以设置 query_cache_size=0，禁用查询缓存，此时将没有明显的"开销"。命令如下：

```
mysql> USE MYSQL;
mysql> SET @@global.query_cache_size=0;
```

如果要设置缓存不大于 64 MB($64 \times 1\,024 \times 1\,024 = 67\,108\,864$)，可以输入如下命令：

```
mysql> set @@global.query_cache_limit=67108864;
```

其中 query_cache_limit 表示缓存不大于该值的结果，其默认值为 1 048 576(1 MB)。

9.3.4 其他方面的性能优化

(1) LIMIT 1 可以增加性能。如果已知查询的结果只有一行，那么添加 LIMIT 1 后，MySQL 数据库引擎会在找到一条数据后停止搜索，而不是继续往后查找下一条符合记录

的数据,从而提高查询效率。例如:

```
mysql> SELECT c_name, c_sex, c_type FROM customers
       WHERE c_name='涂牧' LIMIT 1;
```

(2) 尽量避免使用 SELECT * FROM TABLE 语句,查询时应明确查询字段。从数据库里读出的数据越多,服务器"开销"越大,查询效率越低。

(3) 尽量避免在查询中使 MySQL 进行自动类型转换,因为在转换过程中索引会变得不起作用,例如:

```
SELECT c_id, o_sum FROM orders WHERE o_sum >= '1000';
```

数字 1000 不能写成字符 '1000',虽然可以输出想要的结果,但会增加 MySQL 的类型转换,使其性能下降。

(4) 尽量避免在 WHERE 子句中对字段进行 NULL 值判断。NULL 对于大多数数据库都需要特殊处理,MySQL 也不例外。

NULL 也需要额外的空间,并且在进行比较时,其程序更加复杂。

(5) 尽量避免在 WHERE 子句中使用"!="或"<>"操作符。MySQL 只有在使用<、<=、=、>、>=、BETWEEN 和 LIKE 时才能使用索引。

(6) 尽量避免 WHERE 子句对字段进行函数操作。例如:

```
mysql> SELECT c_name FROM customers WHERE YEAR(c_birthday)='1990';
```

可以改为如下形式:

```
mysql> SELECT c_name FROM customers
       WHERE c_birthday >= '1990-1-1' AND c_birthday <= '1990-12-31';
```

(7) 尽量避免 WHERE 子句对字段进行表达式操作。例如:

```
mysql> SELECT c_id FROM orders WHERE o_sum / 2 = 40;
```

可以改为如下形式:

```
mysql> SELECT c_id FROM orders WHERE o_sum = 40 * 2;
```

(8) 尽量避免使用 IN 或 NOT IN。例如:

```
mysql> SELECT c_name FROM customers WHERE c_type IN('普通','vip');
```

可以改为如下形式:

```
mysql> SELECT c_name FROM customers WHERE c_type = '普通'
       UNION SELECT c_name FROM customers WHERE c_type = 'vip';
```

(9) 对于连续的数值,能用 BETWEEN 就不要用 IN。

 **任务实施**

1. 任务内容

(1) 使用索引优化 ebuy 数据库 orders 表的查询。

(2) 使用配置文件优化 MySQL 服务器,提高查询速度。

2. 实施步骤

(1) 使用索引优化 ebuy 数据库 orders 表的查询

① 使用 EXPLAIN 语句分析 orders 表的查询语句。语句如下:

```
EXPLAIN SELECT * FROM orders WHERE o_status='发货中';
```

运行结果如图 9.42 所示。

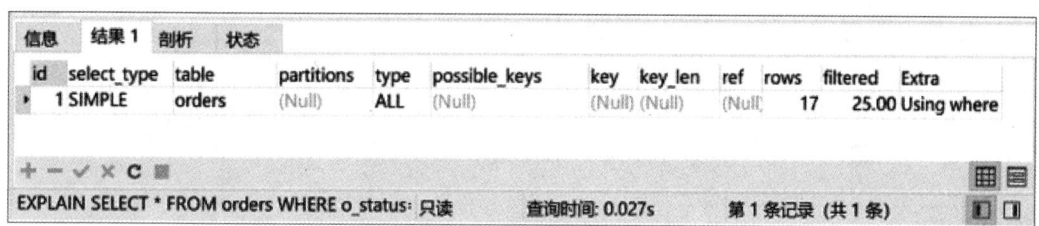

图 9.42　EXPLAIN 语句运行结果 1

在图中可以看到,查询的行数是 17,type 的值为 ALL。

② 登录 Navicate for MySQL,双击连接名,依次展开 ebuy 数据库和表,点击"orders",然后在右边窗口中点击"设计表"。点击"索引"→"添加索引",在弹出的输入框中输入索引名"status_idx",然后点击字段列的"...",创建索引,如图 9.43 所示。

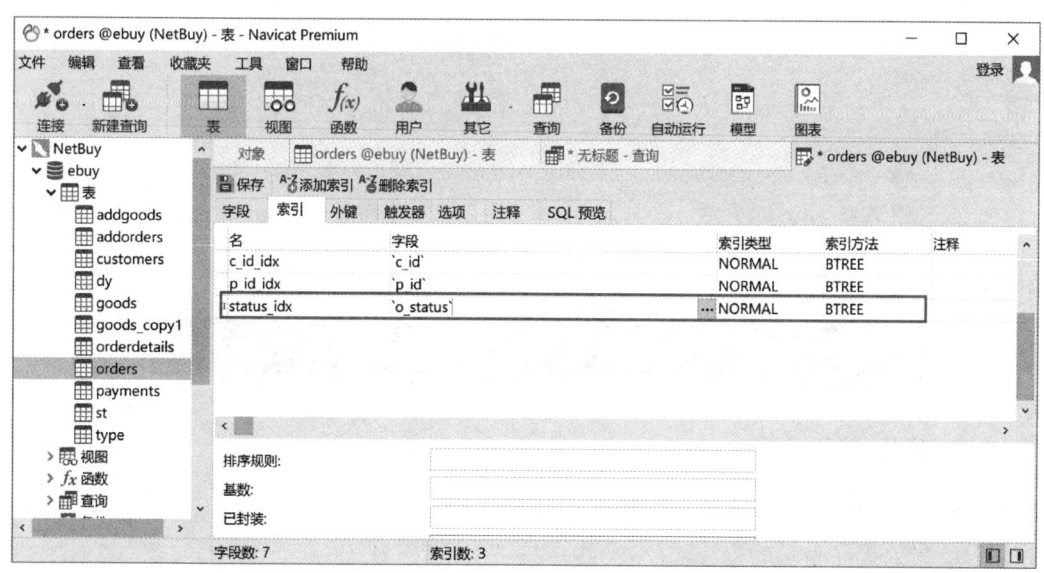

图 9.43　创建索引

③ 再次使用 EXPLAIN 语句分析 orders 表的查询语句。语句如下:

```
EXPLAIN SELECT * FROM orders WHERE o_status='发货中';
```

运行结果如图 9.44 所示。

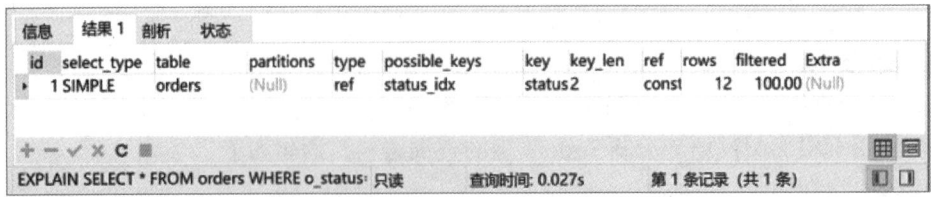

图 9.44　EXPLAIN 运行结果 2

在图中可以看到，查询的行数是 12，type 的值为 ref。

（2）使用配置文件优化 MySQL 服务器

① 根据 MySQL 安装路径，找到 my.ini 文件并打开，如图 9.45 所示。

② 设置读查询操作所能使用的缓冲区大小为 16 MB，联合查询操作所能使用的缓冲区大小为 32 MB，最大允许连接进行数为 1 200，如图 9.46 所示。

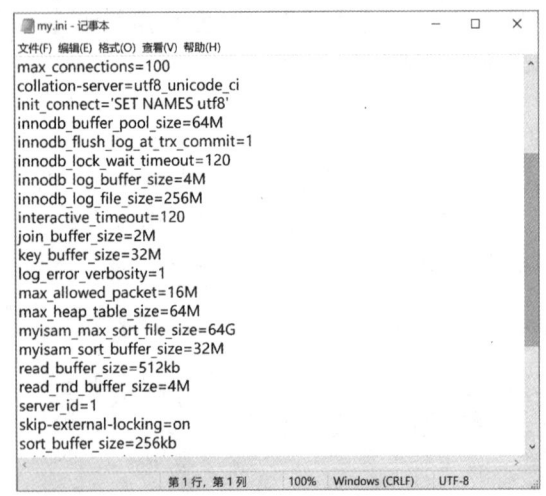

图 9.45　my.ini 文件

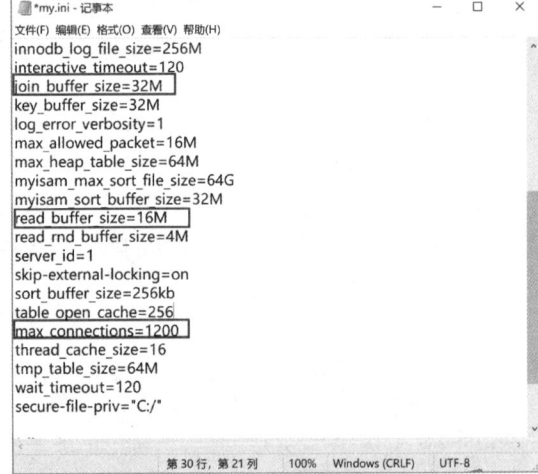

图 9.46　my.ini 文件设置

项目拓展实训　数据库安全与性能优化的操作

一、实训目的和要求

1. 掌握 MySQL 中创建数据库用户并授予权限的方法。
2. 掌握数据库备份的方法。
3. 掌握数据库恢复的方法。
4. 掌握数据库服务器优化的方法。

二、实训条件

MySQL、Navicate for MySQL、PHPMyAdmin。

三、实训内容

1. 在 teachdb 数据库中,创建用户

(1) 使用 Navicate for MySQL 创建用户 admin@localhost,并授予用户对 teachdb 数据库的 SELECT、INSERT、UPDATE、DELTE、INDEX 权限。

(2) 使用 MySQL Command Line Client 创建 teachdb 数据库 teachers 表的视图 view_teachers,并指定字段为 t_id、t_name。

2. 在 teachdb 数据库中备份数据

(1) 使用 Navicate for MySQL 备份 teachdb 数据库 students 表,并保存文件名为 stu.sql。

(2) 使用 MySQL Command Line Client 备份 teachdb 数据库 teachers 表,并保存文件名为 tr.sql。

3. 在 teachdb 数据库中恢复数据

(1) 使用 Navicate for MySQL 删除 teachdb 数据库 students 表的数据,然后根据 stu.sql 恢复 students 表的数据。

(2) 使用 MySQL Command Line Client 删除 teachdb 数据库 teachers 表的数据,然后根据 tr.sql 恢复 teachers 表的数据。

4. 掌握数据库服务器优化的方法

打开 my.ini 文件,设置读查询操作所能使用的缓冲区大小为 32 MB,联合查询操作所能使用的缓冲区大小为 64 MB,最大允许连接进行数为 1 000。

四、实训分析与总结

1. 对实训中遇到的问题进行分析、讨论。
2. 对实训过程、方法进行总结。

项目小结

本项目主要讲解了数据库的安全与性能优化,介绍了用户的权限、数据备份与恢复以及性能优化在数据库中的意义,采用任务驱动的方法,通过实例详细介绍了使用图形界面和命令行创建和管理用户及其权限的方法,还介绍并强调了数据备份与恢复和数据库性能优化的重要性。学习完本项目后,需要掌握通过图形界面和命令行方式进行用户的创建与管理、数据的备份与恢复和数据库性能优化的方法。

自测习题

一、选择题

1. 创建用户的命令是(   )。
   A. JOIN USER   B. CREATE USER
   C. CREATE ROOT   D. MySQL USER

2. 修改自己的 MySQL 服务器密码的命令是( )。
   A. MySQL   B. GRANT
   C. SET PASSWORD   D. CHANGE PASSWORD
3. 删除用户的命令是( )。
   A. DROP USER   B. DELETE USER
   C. DROP ROOT   D. TRUNCATE USER
4. 给用户为 zhangsan 的用户分配对 studb 数据库 stuinfo 表的查询和插入数据权限的语句是( )。
   A. GRANT SELECT，INSERT ON studb.stuinfo FOR 'zhangsan'@'localhost'
   B. GRANT SELECT，INSERT ON studb.stuinfo TO 'zhangsan'@'localhost'
   C. GRANT 'zhangsan'@'localhost' TO SELECT，INSERT FOR studb.stuinfo
   D. GRANT'zhangsan'@'localhost' TO studb.stuinfo ON SELECT，INSERT
5. ("1+X"真题)在 MySQL 中，关于数据库恢复说法正确的是( )。
   A. 执行备份的 SQL 文件里的 SQL 语句可达到数据库恢复的目的
   B. mysqldump 命令恢复数据库的命令是：mysqldump /path/db_name.sql
   C. 使用 mysql 命令恢复数据库的语法是 mysql -u username -p [dbname] < /path/db_name.sql
   D. mysqldump 命令恢复数据库与 mysql 命令一样都可在 DOS 命令窗口执行
6. (数据库系统工程师考试真题)下列用于 MySQL 中存储用户全局权限的表是( )。
   A. table_priv   B. procs_priv
   C. columns_priv   D. user
7. (数据库系统工程师考试真题)"授予用户 WANG 对视图 Course 的查询权限"功能的 SQL 语句是( )。
   A. GRANT SELECT ON TABLE Course TO WANG
   B. GRANT SELECT ON VIEW Course TO WANG
   C. REVOKE SELECT ON TABLE Course TO WANG
   D. REVOKE SELECT ON VIEW Course TO WANG
8. (数据库系统工程师考试真题)以下关于 SQL 语句优化的说法中，错误的是( )。
   A. 尽可能地减少多表查询   B. 只检索需要的属性列
   C. 尽量使用相关子查询   D. 经常提交修改，尽早释放锁

二、简答题

1. 在 MySQL 中可以授予的权限有哪几组？
2. 在 MySQL 的权限授予语句中，可用于指定权限级别的值有哪几类格式？
3. 为什么在 MySQL 中需要进行数据库的备份与恢复操作？
4. (企业面试题)MySQL 数据库备份与恢复的常用方法有哪些？
5. 使用直接复制方法实现数据库备份与恢复时，需要注意哪些事项？
6. 如何使用查询缓存区？
7. 为什么查询语句中使用了索引，但索引没有发挥作用？
8. 简述性能优化的基本方法。

项目10 "在线购物商城"系统数据库访问

 项目导读

一个信息系统的组成,既离不开前台用户界面,也离不开后台数据库管理系统的支撑,前台用户界面的开发使用的编程语言可以是 Java、Python、PHP、C♯等,后台数据库管理系统的编程语言可以是 MySQL、SQL Server、Oracle 等。本项目主要介绍通过 Java 和 Python 完成对 MySQL 数据库的连接,对数据的增加、修改、删除、查询以及在开发环境中对数据库进行备份和还原操作。

 项目目标

➢ 知识目标

1. 掌握 Python 连接 MySQL 数据库的方法和步骤。
2. 掌握 Python 操作表数据、备份、还原的方法。
3. 掌握 Java 连接 MySQL 数据库的方法和步骤。
4. 掌握 Java 操作表数据、备份、还原的方法。

➢ 技能目标

1. 能够使用 Python 连接 MySQL 数据库,并进行基本的查询、插入、更新、删除等操作。
2. 能够使用 Java 连接 MySQL 数据库,并进行基本的查询、插入、更新、删除等操作。
3. 能够处理 MySQL 数据库返回的结果集,进行数据的提取、转换和处理。

➢ 素质目标

1. 培养良好的逻辑思维和分析问题、解决问题的能力。
2. 培养创新、交流与团队合作能力。
3. 培养严谨的工作作风和工作态度。

 思政小课堂

2019 年,新型冠状病毒肺炎成为举国关注的焦点,牵动着全国人民的心。这是一场没有硝烟的战争,也是一次勇往直前的逆行。医务工作者、解放军、公安、社区人员都义无反顾地"逆行"着,用生命守望生命,用时间争夺时间,只为打赢这场"防疫阻击战"。疫情期间,信息报送、疫情定位与防控、物资调度与管理、医疗过程与管理、药品追溯体系、医疗信息安全、应急响应协同、疾病数据库建设、试点经验宣传等信息化业务场景的需求不断增加,全国科技部门和大量科研工作者投入抗疫一线,参与疫情防控,展开科技攻关,取得了积极的成效。健康码的诞生、模型预测系统的提出等实践证明,科技手段是打赢疫情防控阻击战不可或缺的坚实力量,必须切实发挥科技力量的支撑作用,用强大的科学武器保护人们健康安全。

任务 10.1　Python 访问"在线购物商城"系统的数据库

 任务工单

完成 Python 连接和操作 MySQL 数据库的任务，见任务工单 10-1。

任务工单 10-1　Python 连接和操作 MySQL 数据库

任务名称	Python 连接和操作 MySQL 数据库		课时	
组别		成员	小组成绩	
学号		姓名	综合成绩	
任务情境	假如你是一名数据分析师，需要从 MySQL 数据库中提取数据，并进行数据分析和可视化展示。此时可以使用 Python 编写代码来连接数据库，执行数据库的查询、修改、删除、更新等操作。			
任务目标	1. 知识目标：掌握 Python 连接数据库的步骤和方法；掌握 Python 操作数据库的方法。 2. 技能目标：能够通过 Python 连接 MySQL 数据库；能够通过 Python 完成对 MySQL 数据库的操作。 3. 素质目标：培养规范操作、勇于承担责任等方面的意识，团队合作和沟通能力，以及发现问题、分析问题、解决问题的能力。			
任务要求	按本任务后面列出的具体任务内容，完成订单发货紧急程度判断。			
课前知识链接	1. 观看在线学习平台课前发布的视频。 2. 完成课前发布的任务测试。				任务 10.1 课程预习
任务实施	(1) Python 连接 MySQL netbuy 数据库。 (2) Python 操作 netbuy 数据库数据。			
任务实施总结				
任务检查与评估	任务检查			
	1. 能否成功使用 Python 连接 MySQL 数据库。 2. 能否正确使用 Python 完成 MySQL 数据库的操作。			
	任务评估			
	评估项目	评估结果			
	是否小组合作完成任务操作	□是　　　　□否			
	能否独立完成任务操作	□不能　　□基本能够　　□能			
	自我评价任务操作	□仅能理解　　　　□不会操作 □会操作不理解　　□能理解会操作			
	改进措施				
任务点评				

 相关知识

10.1.1 Python 连接 MySQL 数据库

1. 使用 pycharm 连接 MySQL 数据库

（1）在 pycharm 主界面右侧点击"Database"，或者点击菜单"View"→"Tool Windows Bars"调出 Database 界面，如图 10.1 所示。

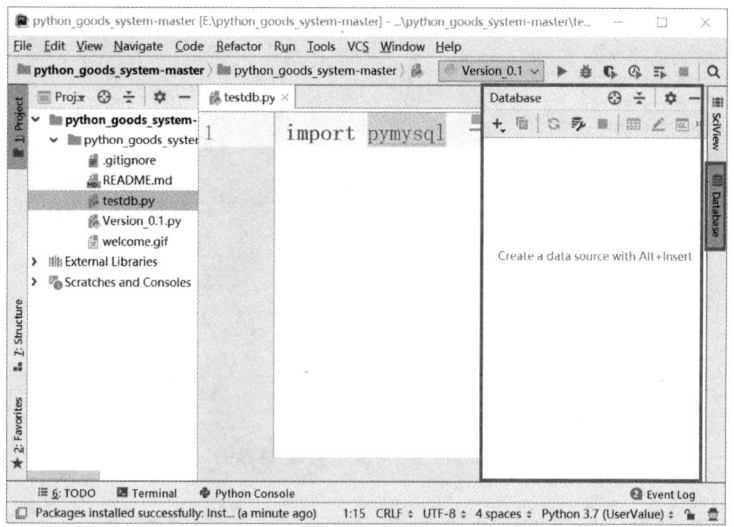

图 10.1　Database 创建数据源界面

（2）在 Database 创建数据源界面中依次点击"＋"→"Data Source"→"MySQL"，将弹出如图 10.2 所示的数据源配置界面。

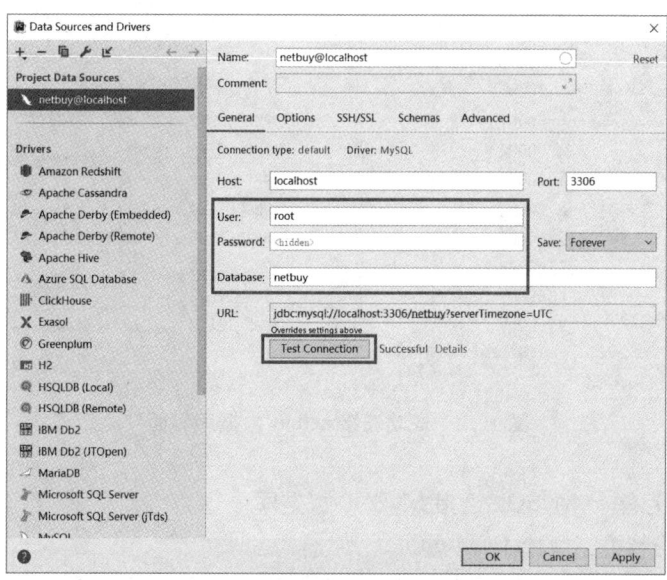

图 10.2　数据源配置界面

（3）在数据源配置界面输入 User 为 root，Password 为 1234，Database 为 netbuy，点击"Test Connection"，如果右边显示"Successful"则表示连接成功。再点击"OK"，弹出如图 10.3 所示的界面。

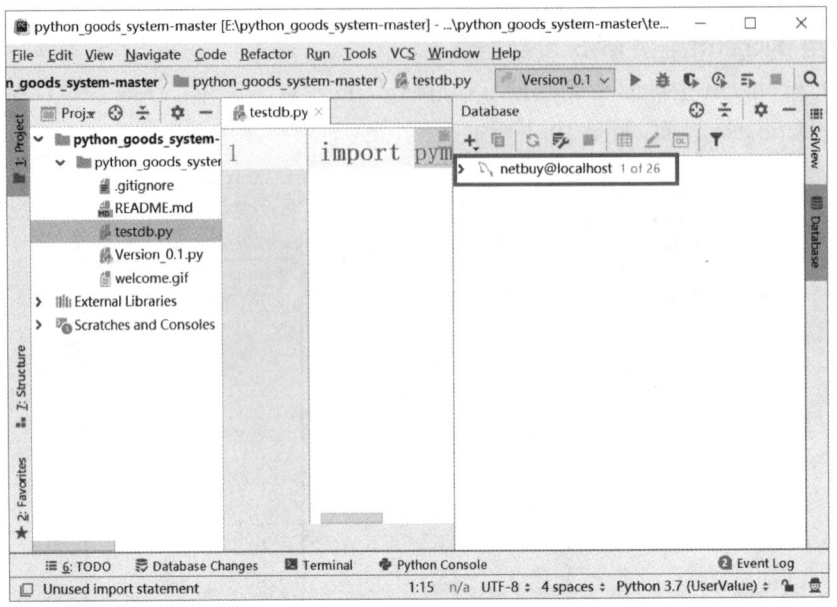

图 10.3　数据源配置成功界面

（4）在数据源配置成功界面中依次双击"netbuy@localhost"→"netbuy"→"tables"，就可以看到 netbuy 数据库中的所有表，双击其中任意一张表，如 customers 表，左边将显示表中的数据，如图 10.4 所示。

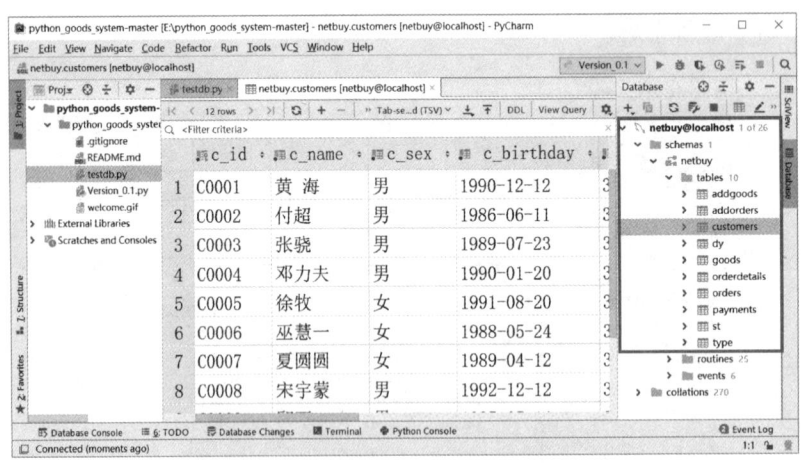

图 10.4　成功连接 netbuy 数据库界面

2. 使用第三方库 PyMySQL 连接 MySQL 数据库

（1）下载并安装第三方库 PyMySQL

默认情况下 Python 客户端不能对数据库进行访问，因此需要安装 Python 访问

MySQL 数据库的第三方库。在 Python3.x 版本中用于连接 MySQL 服务器的第三方库是 PyMySQL。PyMySQL 目前最新版本是 PyMySQL 1.1.0，可以登录 https://pypi.org/project/PyMySQL/#files 进行下载，下载完后进行安装即可。对于如何安装 Python 的第三方库请参考 Python 官方文档，本书不再进行讲解。

（2）Python 连接 MySQL 数据库的流程

首先依次创建 Connection 对象（数据库连接对象）用于打开数据库连接，创建 Cursor 对象（游标对象）用于执行查询和获取结果；然后执行 SQL 语句对数据库进行增删改查等操作并提交事务，此过程如果出现异常则使用回滚技术使数据库恢复到执行 SQL 语句之前的状态；最后，依次销毁 Cursor 对象和 Connection 对象。

① Connection 对象。在 Python 中可以使用 pymysql.connect()方法创建 Connection 对象，该方法的常用参数包括 host：连接的数据库服务器主机名，默认为本地主机（localhost），字符串类型；user：用户名，默认为当前用户，字符串类型；password（或 passwd）：密码，无默认认值，字符串类型；database（或 db）：数据库名称，无默认值，字符串类型；port：指定数据库服务器的连接端口，默认为 3306；charset：连接字符集，字符串类型。基本格式如下：

```
conn = pymysql.connect(host='数据库地址',user='用户名',password='密码',database='数据库',port=端口号,charset='字符集')
```

Connection 对象的常用方法包括 cursor()：使用当前连接创建并返回游标；commit()：提交当前事务；rollback()：回滚当前事务；close()：关闭当前连接。

② Cursor 对象。在 Python 中可以使用 conn.cursor()创建 Cwrsor 对象，其中 conn 为 Connection 对象。

Cursor 对象的常用方法和属性包括 execute()：执行数据库查询或命令，将结果从数据库获取到客户端；fetchone()：获取结果集的下一行；fetchmany()：获取结果集的下几行；fetchall()：获取结果集中剩下的所有行；close()：关闭当前游标对象；rowcount：最近一次的 execute 返回数据的行数或受影响的行数。

（3）连接 MySQL

第三方库 PyMySQL 安装完成后，在 Python 中导入，就可以连接 MySQL 数据库。

【例 10-1】 连接已创建好的 netbuy 数据库。

```
import pymysql
conn = pymysql.connect(host='localhost', user='root', password="1234567", database='netbuy', port=3306, charset='utf8')
```

10.1.2 Python 操作 MySQL 数据库

10.1.1 小节已成功连接了 MySQL 数据库，然后就可以对 MySQL 数据库中的数据进行查询、插入、更新和删除等操作。这些操作可以通过 Cursor 对象的 execute()方法执行相应的 SQL 语句来完成。

1. 创建 Cursor 对象

通过 Connection 对象的 cursor()方法可以创建 Cursor 对象。其语法格式如下：

```
cur = conn.cursor()
```

其中,cur 指游标。游标是映射在结果集中一行数据上的位置实体,有了游标,用户就可以访问结果集中的任意一行数据。

2. 数据的操作

通过调用 Cursor 对象的 execute()方法来进行数据的插入、删除、修改、查询等操作。其语法格式如下:

```
cur.execute(sql)
```

（1）插入数据

【例10-2】 向商品类别表 type 中插入一条数据。

```
sql_insert = "insert into type(t_id,t_name,t_desc) values('008','婴儿用品','包括婴儿奶粉、婴儿尿布等')"
try:
    cur.execute(sql_insert)
    conn.commit()
exceptException as e:
    conn.rollback()
cur.close()
conn.close()
```

（2）修改数据

【例10-3】 修改一条数据,把会员姓名为"邓力夫"的电话号码修改为"18012345652"。

```
sql_update = " update customers set c_phone = '18012345652' where c_name = '邓力夫'"
try:
    cur.execute(sql_update)
    conn.commit()
exceptException as e:
    conn.rollback()
cur.close()
conn.close()
```

（3）删除数据

【例10-4】 删除一条数据,把会员姓名为"邓力夫"的会员信息删除。

```
sql_delete = " delete from customers  where c_name = '邓力夫'"
try:
    cur.execute(sql_delete)
    conn.commit()
exceptException as e:
    conn.rollback()
cur.close()
conn.close()
```

(4) 查询数据

【例 10-5】 查询会员的姓名、地址和电话。

```
sql_select = "select c_name,c_address,c_phone from customers"
cursor.execute(sql_select)
rs = cursor.fetchone()
print(rs)
rs = cursor.fetchmany(3)
print(rs)
rs = cursor.fetchall()
print(rs)
cursor.close()
conn.close()
```

10.1.3 Python 备份与还原 MySQL 数据库

1. Python 备份 MySQL 数据库

Python 语言可以通过导入 os 模块调用 system,运行 mysqldump 命令来备份 MySQL 数据库。其语法格式如下:

```
mysqldump -u username -p password dbname table1 table2 ... >backupname.sql
```

其中,username 表示登录数据库的用户名;password 表示用户的密码;dbname 表示数据库名;table1 和 table2 表示表名,如果没有任何表名则表示将要备份整个数据库;backupname.sql 表示备份文件的名称,文件名前面可以加上一个绝对路径。

【例 10-6】 备份 netbuy 数据库到"E:\backup"目录下。

```
import os
cmdstr = "mysqldump.exe -h 127.0.0.1 -u root -p 1234 netbuy>E:\backup\netbuybase.sql"
os.system(cmd  /c" + cmdstr)
```

【例 10-7】 备份 netbuy 数据库中的 customers 表和 orders 表到"E:\backup"目录下。

```
import os
cmdstr = "mysqldump.exe -h 127.0.0.1 -u root -p 1234 customers orders>E:\backup\cotable.sql"
os.system("cmd  /c" + cmdstr)
```

2. Python 还原 MySQL 数据库

通常使用 MySQL 命令来还原 MySQL 数据库,其语法格式如下:

```
mysql -u root -p [dbname]<backup.sql
```

其中,dbname 参数表示数据库名称。该参数是可选参数,可以指定数据库名,也可以不指定。指定数据库名时,表示还原该数据库下的所有表;不指定数据库名时,表示还原特定的一个数据库。

【例 10-8】 假设数据库破坏,用备份的 netbuybase.sql 文件还原 netbuy 数据库。

```
import os
cmdstr="mysql -h 127.0.0.1 -u root -p 1234
netbuy<E:\backup\netbuybase.sql"
os.system(cmd /c"+cmdstr)
```

【例 10-9】 假如 customers 表和 orders 表中的数据被破坏,需要从"E:\backup"目录下还原 customers 表和 orders 表到 netbuy 数据库中。

```
import os
cmdstr="mysql -h 127.0.0.1 -u root -p 1234 --default-character-set=utf8
netbuy customers orders<E:\backup\cotable.sql"
os.system(cmd /c"+cmdstr)
```

任务实施

1. 任务内容

(1) Python 连接 MySQL netbuy 数据库。

(2) Python 操作 netbuy 数据库数据。

2. 实施步骤

(1) Python 连接 MySQL netbuy 数据库

```
#导入 pymysql 模块
import pymsql
#连接 MySQL netbuy 数据库
conn=pymysql.connect(host='127.0.0.1',port=3306,user='root',passwd='1234',db='netbuy',charset='utf8')
```

(2) Python 操作 netbuy 数据库数据

```
#使用 cursor()方法创建游标对象 Cursor
cursor=conn.cursor()
#定义 SQL 查询
sql="select * from payments"
#使用 execute()方法执行 SQL 查询
cursor.execute(sql)
#打印游标获取的行数
print(cursor.rowcount)
#使用 fetchone()方法获取一条数据
rs=cursor.fetchone()
#打印出数据
print(rs)
#使用 fetchmany()方法获取 3 条数据
rs=cursor.fetchmany(3)
```

```python
#打印出数据
print(rs)
#使用fetchall()方法获取剩下的数据
rs = cursor.fetchall()
#打印出数据
print(rs)
#向payments表中插入数据
sql_insert = "insert into payments(p_id,p_mode,p_remark) values('05','闪付支付','手机有NFC功能就能感应支付')"
#向xtdl表中修改数据
sql_update = "update payments set pmode='快捷支付' where userid='02'"
#向xtdl表中删除数据
sql_delete = "delete from payments where pid='03'"
#使用execute()方法执行插入操作
cursor.execute(sql_insert)
#打印出影响的行数
print(cursor.rowcount)
#使用execute()方法执行修改操作
cursor.execute(sql_update)
#打印出影响的行数
print(cursor.rowcount)
#使用execute()方法执行删除操作
cursor.execute(sql_delete)
#打印出影响的行数
print(cursor.rowcount)
#关闭游标
cursor.close()
#关闭连接
conn.close()
```

任务 10.2　Java 访问"在线购物商城"系统的数据库

 **任务工单**

完成 Java 连接和操作 MySQL 数据库的任务，见任务工单 10-2。

任务工单 10-2　Java 连接和操作 MySQL 数据库

任务名称	Java 连接和操作 MySQL 数据库		课时	
组别		成员	小组成绩	
学号		姓名	综合成绩	
任务情境	假如你是一名 Java 开发工程师，需要使用 Java 编程语言连接和操作 MySQL 数据库。此时需要编写代码来实现数据库的连接、数据的查询、插入、更新、删除等操作，并对数据库操作进行异常处理和错误处理。			
任务目标	1. 知识目标：掌握 Java 连接数据库的步骤和方法；掌握 Java 操作数据库的方法。 2. 技能目标：能够通过 Java 连接 MySQL 数据库；能够通过 Java 完成对 MySQL 数据库的操作。 3. 素质目标：培养规范操作、勇于承担责任等方面的意识，团队合作和沟通能力，以及发现问题、分析问题、解决问题的能力。			
任务要求	按本任务后面列出的具体任务内容，完成订单发货紧急程度判断。			
课前知识链接	1. 观看在线学习平台课前发布的视频。 2. 完成课前发布的任务测试。			任务 10.2 课程预习
任务实施	(1) Java 连接 MySQL netbuy 数据库。 (2) Java 操作 netbuy 数据库数据。			
任务实施总结				
任务检查与评估	任务检查			
	1. 能否成功使用 Java 连接 MySQL 数据库。 2. 能否正确使用 Java 完成 MySQL 数据库的操作。			
	任务评估			
	评估项目	评估结果		
	是否小组合作完成任务操作	□是　　　　□否		
	能否独立完成任务操作	□不能　　□基本能够　　□能		
	自我评价任务操作	□仅能理解　　　　□不会操作 □会操作不理解　　□能理解会操作		
	改进措施			
任务点评				

相关知识

10.2.1 Java 连接 MySQL 数据库

1. 下载并安装 JDBC 驱动 Connector/J

可以在 MySQL 的官方网站下载 JDBC 驱动,当前最新的 JDBC 驱动是 Connector/J 8.2.0。下载的网址是 https://dev.mysql.com/downloads/connector/j/,在下载页面选择 platform Independent,然后点击下载 mysql-connector-java-8.2.0.zip 压缩包。打开压缩包,将其中的 Java 包(mysql-connector-java-8.2.0.jar)复制到指定的目录下即可,例如: "E:\"。

要加载 Connector/J 驱动程序,最简单的方法是把 mysql-connector-java-8.2.0.jar 文件复制到 Java 安装目录的"%JAVA_HOME%\jre\lib"中去,Java 程序在执行时会自动寻找驱动程序。

也可以在 Myeclipse 中加载 Connector/J 驱动程序。在 Java Build Path 中单击"Add Externa JARS…"按钮,加载 mysql-connector-java-8.2.0.jar 即可。

2. java.sql 类和接口介绍

在 java.sql 包中有 DriverManager 类、Connection 接口、Statement 接口和 ResultSet 接口。

(1) DriverManager 类:管理一组 JDBC driver。DriverManager 通过 jdbcUrl,在 classpath 中加载相应数据库的 JDBC driver。当加载 driver 类时,它会创建一个实例并将其本身注册到 DriverManager 中。这样,就可以通过 DriverManager 获取到所有 driver 实例,并且可以通过 jdbcUrl 获取到 driver 及 Connection 实例。

(2) Connection 接口:与特定数据库的连接(会话),用于创建及执行 SQL 语句(Statement 对象)并在连接的上下文中返回结果。

(3) Statement 接口:表示 SQL 语句的接口。需要用一个 Connection 对象来创建 Statement 对象。执行 Statement 对象时,会生成 ResultSet 对象,这是一个表示数据库结果集的数据表。

(4) ResultSet 接口:Statement 执行 SQL 语句时返回 Result 结果集。

3. 连接 MySQL

首先,在 Java 程序中加载驱动程序,通过 Class.forName("指定数据库驱动程序")方式加载添加到开发环境中的驱动程序。以加载 MySQL 数据库的驱动程序为例,其语法格式如下:

```
Class.forName("com.MySQL.jdbc.Driver")
```

然后,创建数据库连接对象,通过 DriverManager 类创建数据库连接对象 Connection。DriverManager 类用于检查所加载的驱动程序是否可以建立连接,然后通过 getConnection()方法,根据数据的 URL、用户名和密码,创建一个 JDBC Connection 对象,其语法格式如下:

```
Connection.connection = DriverManager.getConnection("连接数据库的URL","用户名","密码")
```

【例10-10】 连接已创建好的数据库 netbuy。

```java
String url = "jdbc:mysql://127.0.0.1:3306/netbuy?useUnicode=true&characterEncoding=utf8&serverTimezone=GMT";
String user = "root";
String passwd = "123456";
try {
    Class.forName("com.mysql.cj.jdbc.Driver");
    Connection conn = DriverManager.getConnection(url,user,passwd);
    if (! conn.isClosed())
        System.out.println("成功连接到数据库!");
} catch (Exception e) {
    e.printStackTrace();
}
```

10.2.2 Java 操作 MySQL 数据库

10.2.1 小节成功连接数据库后，就可以对 MySQL 数据库中的数据进行查询、插入、更新和删除等操作。这些操作可以通过调用 Statement 对象的相关方法执行相应的 SQL 语句来完成。

1. 创建 Statement 对象

Statement 主要用于执行静态 SQL 语句并返回该语句所生成结果的对象。通过 Connection 对象的 createStatement() 方法可以创建一个 Statement 对象。其语法格式如下：

```java
Statement statement = Connection.createStatement();
```

其中，statement 是 Statement 的对象，对象名可以自定义，如缩写为 st。Statement 对象创建成功后，就可以调用其中的方法执行 SQL 语句。

2. 数据插入、修改和删除操作

通过调用 Statement 对象的 executeUpdate() 方法来进行数据的插入、删除、修改等操作。其语法格式如下：

```java
int result = statement.executeUpdate(sql);
```

（1）插入数据

【例10-11】 向支付方式表 payments 中插入一条数据。

```java
String sql1 = "insert into payments values('06','银行转账','通过银行转账的方式')";
Statement statement = conn.createStatement();
statement.executeUpdate(sql);
```

（2）修改数据库

【例10-12】 修改一条数据，把会员姓名为"吴海"的电话号码修改为"18070581302"。

```
String sql2 =
"update customers set c_phone='18070581302'where c_name='吴海'";
Statement statement = conn.createStatement();
statement.executeUpdate(sql2);
```

（3）删除数据

【例10-13】 删除一条数据,把会员姓名为"朱非"的会员信息删除。

```
String sql3 = "delete from customers where  c_name='朱非'";
Statement statement = conn.createStatement();
statement.executeUpdate(sql3);
```

3. 数据的查询操作

通过调用 statement 对象的 executeQuery()方法来进行数据的查询操作,查询结果会得到 ResultSet 对象,ResultSet 表示执行查询数据后返回的数据集合。调用 executeQuery()方法的语法格式如下：

```
ResultSet result= statement.executeQuery("select 语句");
```

【例10-14】 查询订单表 orders 中的订单编号 o_id 客户编号 c_id 和送货方式 o_sendmode。

```
String sql4= "select o_id,c_id, o_sendmode from orders";
Statement statement = conn.createStatement();
ResultSet rs = statement.executeQuery(sql4);
while (rs.next()) {
    String oid = rs.getString(1);
    String cid = rs.getString(2);
    String osendmode = rs.getString(3);
    System. out. println("\n 订单编号:" + oid + "\t 客户编号:" + cid + "\t 发货方式:"+ osendmode);
}
```

10.2.3 Java 备份与还原 MySQL 数据库

1. Java 备份 MySQL 数据库

同 Python 语言一样,Java 语言中通常使用 MySQLdump 命令来备份 MySQL 数据库,其语法格式如下：

```
MySQLdump-u username -p password dbname table1 table2 ...>backupname.sql
```

【例10-15】 备份 netbuy 数据库到"E:\backup"目录下。

```
String backdatabase = "MySQLdump -u root -p 123456 netbuy> E:\backup\netbuy.sql";
Java.lang.Runtime.getRuntime().exec("cmd /c" + backmysql);
```

【例10-16】 备份 netbuy 数据库中的 orders 表和 goods 表到"E:\backup"目录下。

```
String backtable = "MySQLdump -u root -p 123456 orders goods> E:\backup\ogtables.sql";
Java.lang.Runtime.getRuntime().exec("cmd /c" + backtable);
```

2. Java 还原 MySQL 数据库

同 Python 语言一样，Java 语言中通常使用 MySQL 命令来还原 MySQL 数据库，其语法格式如下：

```
MySQL -u root -p [dbname]<backup.sql
```

【例 10-17】 假设数据库破坏，用备份的 .sql 文件还原 netbuy 数据库。

```
String restoredatabase = "MySQL -u root -p 123456 --default-character-set=utf8 netbuy< E:\backup\netbuy.sql";
Java.lang.Runtime.getRuntime().exec("cmd /c" + restoredatabase);
```

【例 10-18】 假如 orders 表和 goods 表中的数据被破坏，需要从 "E:\backup" 目录下还原 orders 表和 goods 表到 netbuy 数据库中。

```
String restoretable = "MySQL -u root -p 123456 --default-character-set=utf8 netbuy orders goods< E:\backup\ogtables.sql";
Java.lang.Runtime.getRuntime().exec("cmd /c" + restoretable);
```

任务实施

1. 任务内容

(1) Java 连接 MySQL netbuy 数据库。

(2) Java 操作 netbuy 数据库数据。

2. 实施步骤

(1) Java 连接 MySQL netbuy 数据库

```
String url =
" jdbc:mysql://127.0.0.1:3306/netbuy? useUnicode = true&characterEncoding = utf8&serverTimezone=GMT";
String user= "root";
String passwd= "123456";
try{
    Class.forName("com.mysql.cj.jdbc.Driver");
    Connection conn = DriverManager.getConnection(url,user,passwd);
    if(! conn.isClosed())
        System.out.println("成功连接到数据库!");
}catch(Exception e){
    e.printStackTrace();
}
```

(2) Java 操作 netbuy 数据库数据

```
//向 type 表中增加一条数据
String sql1=
```

```
"insert intopayments values('009','个护化妆','包括面部护理、身体护理、口腔护理、男性护理等')";
Statementstatement = conn.createStatement();
statement.executeUpdate(sql);
//把 goods 表中商品编号为"D00003"的折扣修改为八五折
String sql2 =
"update goods set g_discount=0.85 where g_id='D00003'";
Statementstatement = conn.createStatement();
statement.executeUpdate(sql2);
//删除订单表中订单编号为 2019092800001 的订单信息
String sql3 = "delete from orders where o_id='2019092800001'";
Statementstatement = conn.createStatement();
statement.executeUpdate(sql3);
//查询江西省的客户编号 c_id、客户姓名 c_name 和身份证号 c_cardid
String sql4 = "select c_id,c_name, c_cardid from customers where c_address like '江西省%'";
Statementstatement = conn.createStatement();
ResultSet rs = statement.executeQuery(sql4);
while (rs.next()) {
    String cid = rs.getString(1);
    String cname= rs.getString(2);
    String ccardid= rs.getString(3);
    System.out.println("\n 客户编号:" + cid + "\t 客户姓名:" + cname + "\t 身份证号:"+ ccardid);
    }
```

项目拓展实训 开发语言访问操作 MySQL 数据库

一、实训目的和要求

1. 掌握开发语言访问 MySQL 数据库的基本流程。
2. 掌握访问操作 MySQL 数据库的常用对象和方法。
3. 掌握开发语言对 MySQL 数据库中数据的增加、修改、删除和查询操作。
4. 掌握在开发环境中备份、还原数据库和数据表的方法。

二、实训条件

MySQL、开发语言（如 Python、Java、PHP 等）。

三、实训内容

1. 配置开发环境，并连接到 MySQL。
2. 在开发环境中完成对 teachdb 数据库中的数据进行增加、修改、删除、和查询操作。具体任务为：

(1) 在开发环境中向 students 表中插入一条数据；

(2) 在开发环境中修改一条数据，把学生姓名为"刘光明"的系号修改为"D006"；

(3) 在开发环境中删除一条数据，把分数不及格的学生信息删除；

(4) 在开发环境中查询教师姓名和教师所在的系名。

3. 在开发环境中完成对 teachdb 数据库的备份和还原操作。具体任务为：

(1) 备份和还原 teachdb 数据库；

(2) 备份和还原 teachdb 数据库中的 course 表，score 表。

四、实训分析与总结

1. 对实训中遇到的问题进行分析、讨论。

2. 对实训过程、方法进行总结。

项目小结

本项目主要介绍了通过开发语言（如 Python、Java、PHP 等）连接 MySQL 数据库的基本流程和访问操作 MySQL 数据库的常用对象和方法，结合实例重点讲解了通过 Python 和 Java 开发语言连接 MySQL 数据库，对数据库中数据的增加、修改、删除和查询操作，以及对数据库和数据表的备份、还原操作方法。

自测习题

一、选择题

1. 连接数据库通过（　　）对象来实现。

　　A. Connection　　B. Cursor　　C. Execute　　D. Statement

2. Java 通过（　　）方法创建一个 Statement 对象。

　　A. createStatement()　　B. executeUpdate()

　　C. executeQuery()　　D. getConnection()

3. Python 执行 SQL 语句时通过（　　）对象实现游标。

　　A. Statement　　B. Connection　　C. Cursor　　D. ResultSet

4. Java 中调用 Statement 对象的（　　）方法来进行数据的插入、删除、修改等操作。

　　A. executeUpdate()　　B. getconnection()

　　C. executeQuery()　　D. getConnection()

5. 通常使用（　　）命令来备份 MySQL 数据库。

　　A. MySQLdump　　B. rollback

　　C. backup　　D. commit

6. 在 java.sql 包中（　　）接口与特定数据库的连接（会话），用于创建及执行 SQL 语句（Statement 对象）并在连接的上下文中返回结果。

　　A. DriverManager　　B. Connection

　　C. Statement　　D. ResultSet

7. python 中通过调用 Cursor 对象的（　　）方法来进行数据的插入、删除、修改、查询等操作。
   A. execute()　　　B. connect()　　　C. fetch()　　　D. close()

二、简答题

1. 简述 Python 访问 MySQL 数据库的流程。
2. 简述 Java 访问 MySQL 数据库的流程。
3. 简述 Python 和 Java 访问操作 MySQL 数据库常用对象和方法。

参 考 文 献

[1] 石坤泉,汤双霞,王鸿铭. MySQL 数据库任务驱动式教程[M]. 北京:人民邮电出版社,2014.

[2] 刘刚,苑超影. MySQL 数据库应用实战教程[M]. 北京:人民邮电出版社,2019.

[3] 麻进玲,陈婷,陈昌平. MySQL 8 数据库原理与实战[M]. 北京:机械工业出版社,2023.

[4] 鲁大林. MySQL 数据库应用与管理[M]. 北京:机械工业出版社,2019.

[5] 孙飞显,靳晓婷. MySQL 数据库实用教程(微课视频版)[M]. 2 版. 北京:清华大学出版社,2023.